はじめての

TECHNICAL MASTER 100

AlmaLinux 9 & Rocky Linux 9

Linux サーバエンジニア入門編

The textbook for the **AlmaLinux 9** and **Rocky Linux 9**,
to being Linux server engineer, suitable for beginners,
experienced engineers of other server platforms.

デージーネット　著

秀和システム

まえがき

インターネットは、私達の生活の中に深く関わってきています。メールやSNSなどのコミュニケーションだけでなく、動画や音楽の配信、ネットショッピング、各種サービスの予約など、様々なサービスや活動がインターネット上で行われています。いまや生活に欠かせないインフラとなりました。こうした、インターネット上のサービスを支えているのが、Linuxです。Linuxは、ネットワークサービスの基盤だけでなく、スマートフォン、カーナビ、スマートスピーカーなど、多くのIT製品の中でも使われています。そのため、近年、Linuxに関する技術は、ITの技術の中でも中核的で重要なものとなり、基礎として学ぶべき技術となってきています。

本書は、そのLinuxの入門書です。初めて使う人でもLinuxを学ぶことができるように、基礎的なLinuxの使い方から解説しています。また、実際にインターネットや企業内で活用できるように、ネットワークに関する知識や、Web、メール、ファイルサーバといった基本的なネットワークサービスの使い方も紹介しています。こうしたネットワークサービスについて学ぶことで、インターネットの基盤で使われている技術を理解するきっかけになればと考えています。

Linuxは、オープンソースソフトウェアと呼ばれる形態で開発されているOSです。誰でも無償で入手することができ、開発に参加することができます。当初は、ボランティア的に個人が参加していた開発コミュニティでしたが、今では多くのコンピュータメーカーやクラウドサービスベンダーなどが開発に参加しています。また、用途に応じて様々な種類のLinuxが作られています。

そのような中、日本ではCentOSという誰でも無償で入手できるLinuxが、長い間使われてきました。CentOSに関するたくさんの書籍が販売されていて、たいへん人気のあるLinuxでした。しかし、残念なことに開発元の方針が変わり、2020年12月に、当時最新だったCentOS 8の開発を2021年末で終了することが発表されました。この発表を受けて、2021年にAlmaLinux 8やRocky Linux 8がリリースされました。また、2022年には、次のバージョンであるAlmaLinux 9やRocky Linux 9がリリースされました。CentOSが利用できなくなった当初は、どのLinuxを使うのか迷う人や企業が多かったのですが、メジャーバージョンアップもスムーズにリリースされたことから、これらのLinuxの信頼性が高まり、徐々に利用する人や企業が増えてきています。また、AWSやAzureといった主要なクラウドサービス上でも利用す

ることができるようになってきています。

　AlmaLinuxやRocky Linuxも、CentOSと同様に無償で入手ができるLinuxです。コミュニティサイトから、誰でも自由にダウンロードすることができます。こうしたことから本書では、これからLinuxを学ぶ人にとって最適なLinuxとして、AlmaLinux 9/Rocky Linux 9を選択しました。AlmaLinux 9/Rocky Linux 9は、Webからの管理機能も充実し、初心者にとっても使いやすいLinuxとなっています。そのため、これまでLinuxに苦手意識を持っていた人にも、ぜひ使ってみていただきたいと思います。

　なお、本書の出版にあたって、出版社の皆様には私の希望を聞いていただき、たいへん迅速な対応をしていただきました。とても感謝しています。この本が多くの方々に届き、一人でも多くの人にLinuxを学んでもらえることを期待しています。

2023年1月13日

株式会社デージーネット

代表取締役 恒川 裕康

MAP テクノロジーマップ

基礎知識
Linuxやネットワークの基本がわかる

Chapter 01

Chapter 02

インストール
AlmaLinux/Rocky Linuxをインストールする

Chapter 03

あらゆるサーバの構築に先立って必要

Linuxの基本
GUI操作、コマンド操作の基本がわかる

Chapter 04

Chapter 06

進んだ使い方
リモートからの設定や管理方法がわかる。

Chapter 05

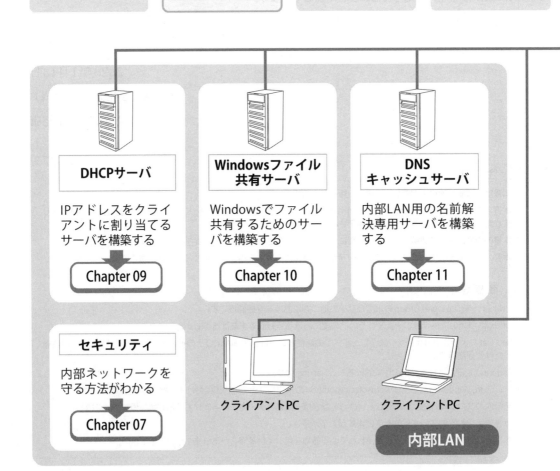

DHCPサーバ
IPアドレスをクライアントに割り当てるサーバを構築する

Chapter 09

Windowsファイル共有サーバ
Windowsでファイル共有するためのサーバを構築する

Chapter 10

DNS キャッシュサーバ
内部LAN用の名前解決専用サーバを構築する

Chapter 11

セキュリティ
内部ネットワークを守る方法がわかる

Chapter 07

クライアントPC

クライアントPC

内部LAN

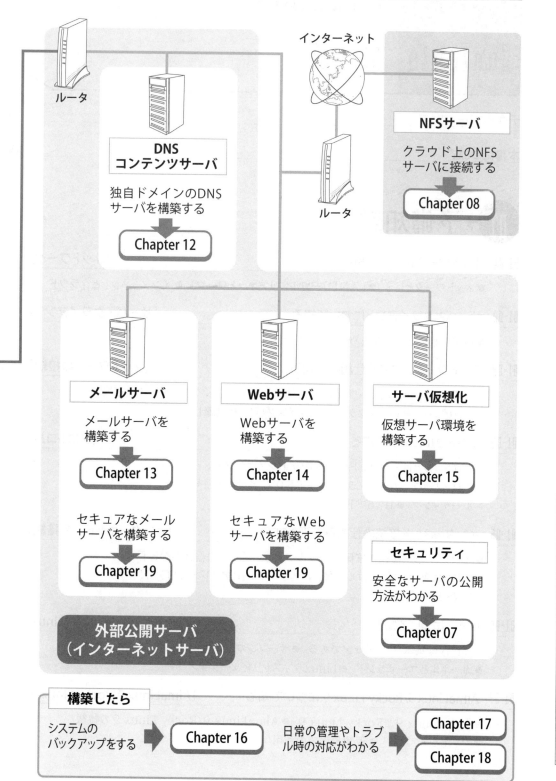

インターネット

ルータ

DNS コンテンツサーバ

独自ドメインのDNS サーバを構築する

Chapter 12

ルータ

NFSサーバ

クラウド上のNFS サーバに接続する

Chapter 08

メールサーバ

メールサーバを 構築する

Chapter 13

セキュアなメール サーバを構築する

Chapter 19

Webサーバ

Webサーバを 構築する

Chapter 14

セキュアなWeb サーバを構築する

Chapter 19

サーバ仮想化

仮想サーバ環境を 構築する

Chapter 15

セキュリティ

安全なサーバの公開 方法がわかる

Chapter 07

外部公開サーバ （インターネットサーバ）

構築したら

システムの バックアップをする → **Chapter 16**

日常の管理やトラブ ル時の対応がわかる → **Chapter 17** **Chapter 18**

01 02 03 04 05 06 07 08 09 10 11 12 13 14 15 16 17 18 19

Contents 目　次

Chapter 02 → 構築の準備

Chapter 03 → AlmaLinux 9/Rocky Linux 9のインストール

Chapter 04 → Web 管理画面からの操作

Chapter 05 → コマンドラインからの操作

Chapter 06 → 最初にやっておくべきこと

Contents | 目　次

Chapter 09 → DHCP サーバ

Chapter 10 → Windows ファイル共有サーバ

目　次｜Contents

Contents | 目　次

Chapter 17 → トラブル時の対応

Chapter 18 → 運用と管理

Chapter 19 → SSL/TLS 証明書の作成

コラム

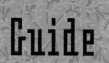 本書について

本書は、読者がAlmaLinux 9/Rocky Linux 9を使って、実際にネットワークサーバを構築できるようにすることを目的としています。特に、はじめてLinuxを使う方や、これまでLinuxには苦手意識のあった方にも比較的容易に取り組んでいただけるように、説明をしています。ぜひここに書かれた内容に目を通してから、本書を読み進めてください。

本書の読み進め方

本書は、ネットワークやLinuxの知識の紹介から始めて、Linuxの使い方、サーバの構築の仕方と徐々に知識を得られるような構成にしています。いわゆる初心者の方は、最初から順に読み進められることをお勧めします。また、目的を持って本書を手に取られた読者の方は、必要な部分だけを読み進めることもできます。巻頭（P.IV）のテクノロジーマップと合わせて、ガイドラインを紹介します。

■ ネットワークの構築やLinuxが初めての方

まずは、基本的な知識を獲得することからはじめるのが良いでしょう。テクノロジーマップの「基礎知識」からはじめてください。

■ Linuxが初めての方・苦手意識のある方

本書では、GUIユーティリティを使ったLinuxの使い方も説明しています。テクノロジーマップの「Linuxの基本」の部分を参考に、Linuxをインストールし、Web管理画面を使ってみることからスタートしてみてください。そうすることで、Linuxの使い方が徐々にわかってくると思います。

■ より進んだLinuxの使い方を身につけたい方

GUIではなくコマンドラインからさまざまな操作ができるようになると、できることが大きく広がります。そのため、より進んだLinuxの使い方を身につけたい方は、コマンドラインの使い方を身につけておくことをお勧めします（テクノロジーマップ：「進んだ使い方」）。

■ クラウド環境で利用される方

クラウド環境では、提供されたサーバ上のディスクだけでなく、NFSなどの外部ストレージサービスを使う場合があります。このような場合には、各サーバのインストールや設定を行う前に、Chapter 08の「NFSサーバを使う」を参考に、NFSを利用するための設定を行ってください。

■ DHCPサーバ、ファイルサーバを構築したい方

まず最初に最低限のセキュリティの知識を身につけ、それからサーバを構築することをお勧めします。テクノロジーマップの「セキュリティ」を読んだあと、「インストール」、各サーバの項目の順に取り組むことをお勧めします。

■ インターネットサーバを構築したい方

インターネットに公開するWebサーバ、メールサーバなどを構築したい場合には、セキュリティに充分配慮する必要があります。また、サービスを公開するためにはDNSの設定も必要です。いずれのサーバでも、最初からインターネットに公開してしまうのではなく、まずはLAN内で動作するものを作成することから始めてください。テクノロジーマップの「インストール」、「DNSサーバ」と各サーバの項目を参照してください。

■ サーバを運用する

実際にサーバを運用するようになると、さまざまなトラブルが発生する可能性があります。そうしたトラブルのときに慌てないように、サーバ運用に必要な知識をあらかじめ身につけておくことをお勧めします。テクノロジーマップの「構築したら」を参照してください。

記載ルールについて

■ AlmaLinux 9/Rocky Linux 9と使用パッケージ

本書で「AlmaLinux 9/Rocky Linux 9」と記載した場合には、AlmaLinux 9.0（x86_64版）またはRocky Linux 9.0（x86_64版）を意味しています。また、本書ではすべてダウンロードで入手できるISOイメージのパッケージを使用して解説を行っています。パッケージのインストール時に、インターネットへ接続しておくと、より新しい更新パッケージが使われる場合がありますので、注意してください。

■ 画面表示

Linuxのコマンドラインの画面表示例では、次のような表示が行われます。

■ コマンドラインの画面表示例

```
[admin@almalinux9 ~]$ _
```

　プロンプトは状況によって表示が変わるため、本書ではプロンプトの表示を省略し、単に「$ 」と表示しています。このプロンプトの部分は、入力を行う必要はありません。実際に入力が必要な箇所は、次の例のようにアンダーラインを引いて明示していますので、この部分を入力し [Enter] キーを押してください。

■ exitコマンドの表記例

```
$ exit [Enter]
```

■ ファイル画面

　本書では、ファイルの内容を表すときには、できるだけファイル全体を表すようにしています。ただし、実際に設定に影響を与えないコメント行は表示していませんので注意してください。実際の表示は、次のようになります。

■ /etc/postfix/main.cf

```
queue_directory = /var/spool/postfix
command_directory = /usr/sbin
daemon_directory = /usr/libexec/postfix
data_directory = /var/lib/postfix
mail_owner = postfix
myhostname = mail.example.com ——— メールサーバの名前
mydomain = example.com ——— ドメイン名
```

```
inet_interfaces = 192.168.2.2, 2001:DB8::2 ——— メールを受け付けるIPアドレス
inet_protocols = all
mydestination = $myhostname, localhost.$mydomain, localhost, $mydomain
                                                      ↑受信アドレスの指定
unknown_local_recipient_reject_code = 550
mynetworks = 192.168.2.0/24, [2001:DB8::]/64 ——— 利用するPCのネットワーク
alias_maps = hash:/etc/aliases
alias_database = hash:/etc/aliases
home_mailbox = Maildir/ ——— メールの保存形式
.........
```

　　　　ファイルの表示では、この例のように標準的な設定例からの変更箇所がわかるように注釈を入れています。また、逆にファイルの一部を表す場合には、できるだけ次のようにコメント行まで含めて表示をするようにしています。

■　文字コード設定の無効化（/etc/httpd/conf/httpd.conf）

```
#
# Specify a default charset for all content served; this enables
# interpretation of all content as UTF-8 by default.  To use the
# default browser choice (ISO-8859-1), or to allow the META tags
# in HTML content to override this choice, comment out this
# directive:
#
#AddDefaultCharset UTF-8 ——— コメントアウト
```

ご注意

- 本書で使用するドメイン名、ホスト名、IPアドレスなどは、インターネットの標準文書内でドキュメントでの利用のみを許可されたアドレスか、筆者の組織が所有しているものを使用しています。これらのアドレスを、読者の環境で使用することはできません。
- Chapter 1で紹介しているプライベートアドレスや、セクション02-03で解説している正式に割り当てられたアドレスを使う必要があります。
- 本書の記述は、あらゆる場面を想定して行われたものではありません。特に、インターネット上のサイトの情報等は、随時変更されていますので、本書の記述どおりではない場合もあります。
- PCメーカーによっては、Linuxをインストールするとサポートが受けられなくなる場合もあります。動作条件などを確認の上、購入するようにしてください。

予備知識

AlmaLinux 9/Rocky Linux 9 を使ってネットワークサーバを作るためには、ネットワークの基礎的な知識、Linux に関する知識など、いろいろな知識が必要です。この Chapter では、サーバを構築するために必要な基本的な知識を紹介します。

ネットワーク

Section
01-01

ネットワークについて知る

コンピュータとコンピュータをつなぎ、リアルタイムに情報交換ができるように
する役割を担うのがネットワークです。このセクションでは、組織内部にネット
ワークを作成し、インターネットへつなぐために必要な知識を紹介します。

このセクションのポイント

1 コンピュータとコンピュータをネットワークに接続することで、機器を共有して使ったり、コンピュータ間で
情報を交換したりすることができる。
2 LANとLANを接続することで、大きなパブリックネットワークが作られる。
3 インターネットは、世界最大のパブリックネットワークである。

ネットワークとは？

　ネットワークは、コンピュータとコンピュータ、コンピュータと機器をつなぎ、相
互に情報交換ができるようにする仕組みです。コンピュータは1台だけ単独でも
利用することができます。しかし、相互に接続することにより、用途が大きく広が
り、より便利に利用することができるようになります。例えば、複数のコンピュー
タから1台のプリンタを共有して利用するといった使い方のように、1つの機器を複
数のコンピュータで共有して使うことができます。また、コンピュータとコンピュー
タの間で情報を交換することで、コミュニケーションのツールとして利用したり、コ
ンピュータ間で処理を分担したりすることもできます。ネットワークは、近年のコン
ピュータにとっては、欠かせないインフラとなっています。

図1-1 ネットワーク

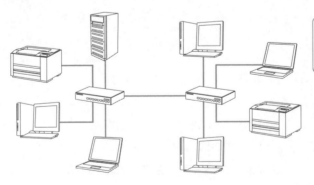

コンピュータとコンピュータ、
機器をつなぎ、相互に情報
交換できるようにする仕組
みを**ネットワーク**といいます。

LAN（ローカルエリアネットワーク）

＊1　Local Area Network

ネットワークのうち、1つの建物の中など、地域や利用者が限られた範囲で利用する比較的小さなネットワークを **LAN（ローカルエリアネットワーク）** [1] と呼びます。例えば、企業の内部に用意されたネットワークや学校の中のネットワーク、家庭内のネットワークなどが LAN に相当します。

インターネットとクラウド

地域や利用者が限られた LAN に対して、インターネットは世界中の組織や家庭が接続している **パブリックネットワーク** です。インターネットは、LAN と LAN を相互に接続してできた、とても大きなネットワークです。最近では、PC だけではなく、スマートフォン、タブレット端末、スマートスピーカーなどの IoT 機器もインターネットに参加することができるようになってきました。

＊2　Internet Service Providor

現在の **インターネット** は、さまざまな組織や ISP（インターネットサービスプロバイダ）[2] が相互に接続していて、網の目のようなネットワークになっています。そのため、インターネット上にはさまざまな迂回経路が用意されていて、どこかで故障が発生しても、インターネット全体が停止するようなことが起きないようになっています。

最近では、「クラウド」とか「クラウドサービス」と呼ばれるサービスが登場してきています。私たちは、PC やスマートフォンなどで、ほぼ無意識にクラウドサービスを利用しています。クラウドサービスでは、インターネットのどこにあるコンピュータなのかということを意識することなく、通信できます。しかし、そのクラウドサービスを提供しているコンピュータも、何らかの形で LAN につながっているのです。

図1-2　インターネット

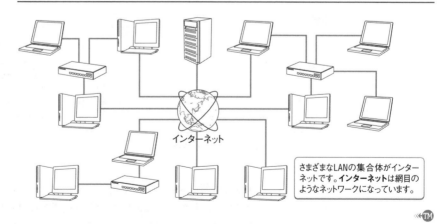

インターネット

さまざまな LAN の集合体がインターネットです。**インターネット** は網目のようなネットワークになっています。

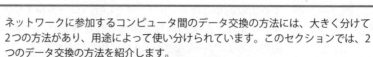

01-02

サーバ・クライアント

サーバとクライアントについて知る

ネットワークに参加するコンピュータ間のデータ交換の方法には、大きく分けて2つの方法があり、用途によって使い分けられています。このセクションでは、2つのデータ交換の方法を紹介します。

このセクションのポイント

1 インターネットでは、一般的にサーバ・クライアント方式がよく使われている。
2 利用者側のコンピュータをクライアント、情報を仲介・提供する側をサーバと呼ぶ。
3 サーバで高度な処理を行い、結果をクライアントに送るという使い方もされている。

情報交換の2つの方法

コンピュータ間の情報交換の方法には、大きく分けてサーバ・クライアント方式と、ピア・ツー・ピア方式の2つがあります。

コンピュータとコンピュータがデータを交換する場合に、お互いのコンピュータがどこにあり、どうやって通信したらよいかという情報が完全にわかっていれば、直接的に通信して情報を交換することができます。例えば、電話のような情報、つまりコンピュータ間でリアルタイムに音声を交換するような場合には、直接相手のコンピュータとデータを交換するのが効率的です。電話のネットワークでは、電話番号という特別な番号を使って、相手のコンピュータを特定して電話ができるようにしています。このように、相手のコンピュータと直接情報を交換する方法を、**ピア・ツー・ピア方式**と呼びます。

1対1のWeb会議システムなどでは、ピア・ツー・ピア方式が使われています。

図1-3 ピア・ツー・ピア方式

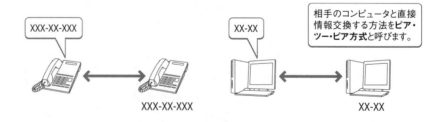

しかし、このような情報交換の方法は、相手のコンピュータの情報が何らかの方法で明らかになっていて、しかも直接通信ができる状態でなければ利用することができません。また、1対1での情報交換しか行うことができません。そのため一般的には、ネットワーク上の1つのコンピュータを仲介して情報を交換したり、機器や

情報（ファイル）などのリソースを共有したりする方法が広く利用されています。この方法を**サーバ・クライアント方式**と呼びます。

サーバとクライアント

サーバ・クライアント方式の通信では、コンピュータはサーバとクライアントのどちらかの役割を担います。利用者側のコンピュータは、**クライアント**と呼ばれます。また、それに対して情報を仲介したり、機器などのリソースを共有したりするために利用するコンピュータは**サーバ**と呼ばれます。クライアントは、PCとは限りません。最近では、スマートフォンやスマートスピーカーなどもクライアントとして利用されています。

図1-4 リソースを共有するサーバのモデル

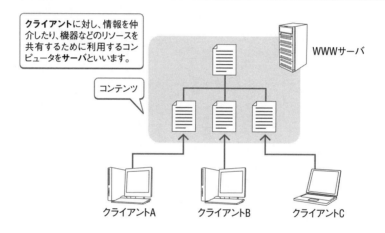

図1-5 通信を仲介するサーバのモデル

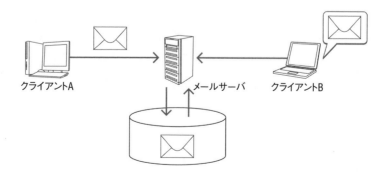

　サーバ・クライアント方式の通信では、サーバ側で情報を集中管理できることから、セキュリティの面でも有利だと考えられています。また、サーバ側で高度な処理を行い、クライアントにその結果を提供するという形式で通信することもあります。こうしたサーバ側で行われる処理を**サービス**とも呼びます。

　インターネットには、こうしたサーバがたくさんあり、ホームページを公開する機能を提供するサーバのことをＷＷＷサーバ、Web会議の機能を提供するサーバのことをWeb会議サーバというように呼びます。サーバは、組織のLAN内にあるとは限りません。また、一台のサーバだけでサービスが実現されているとも限りません。複雑なサービスでは、機能の異なる様々なサーバが連携して一つのサービスを提供しています。また、SNSのような巨大なクラウドサービスでは、非常に多くのサーバを使ってサービスが提供されています。

ネットワークの接続

ネットワークにつなぐ
仕組みを知る

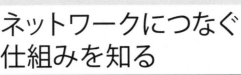

LANを構築する場合には、コンピュータとネットワーク機器を適切につないでいく必要があります。このセクションでは、そのために必要とされる最低限の知識について解説します。

このセクションのポイント

1通信速度と使用するケーブルによっていくつかの規格があるため、利用する環境に応じたケーブルや製品を選ばなければいけない。

2コンピュータとスイッチングハブ、スイッチングハブとスイッチングハブを接続してネットワークを構成する。

3最近のコンピュータには、あらかじめ通信ポートが備わっているので、どの規格に対応しているのかを調べておく。

一般的なLANのネットワーク

コンピュータとコンピュータが実際に通信するためには、すべてのコンピュータが同じ方法で通信する必要があります。そのため、ネットワーク上での通信のやり方は、事前に取り決めて規格化されています。

現在、LANで最もよく使われている通信規格は、**Ethernet（イーサネット）**と呼ばれる規格と、それを拡張したもので、米国電気電子学会（IEEE）が規格を取りまとめています。

表1-1 主な通信速度の規格

通信速度	名称	通称	規格	使用ケーブル	距離
10Mbps	—	—	IEEE 802.3i	UTP/STP (Caegoryt3)	100m
100Mbps	100BASE-TX	Fast Ethernet	IEEE 802.3u	UTP (Category5)	100m
1000Mbps (1Gbps)	1000BASE-T	Gigabit Ethernet	IEEE 802.3ab	UTP (Enhanced Category 5)	100m
	1000BASE-SX	—	IEEE 802.3z	光マルチモード	550m
	1000BASE-LX	—		光マルチモード 光シングルモード	550m 5000m
10Gbps	10Gbase-T	—	IEEE 802.3an	UTP (Category 6A)	100m
	10GBASE-SR	—	IEEE 802.3ae	光マルチモード	300m
25Gbps	25GBASE-T	—	IEEE P802.3bq	UTP Category 7	30m

40Gbps	40GBASE-T	—	IEEE P802.3bq	UTP Category 7	30m
	40GBASE-SR4	—	IEEE 802.3ba	光マルチモード	300m
	40GBASE-LR4	—	IEEE 802.3ba	光シングルモード	10km
	40GBASE-ER4	—	IEEE 802.3ba	光シングルモード	40km
100Gbps	100GBASE-SR10	—	IEEE 802.3ba	光マルチモード	100m
	100GBASE-SR4	—	IEEE 802.3bm	光マルチモード	125m
	100GBASE-LR4	—	IEEE 802.3ba	光シングルモード	10km
	100GBASE-ER4	—	IEEE 802.3ba	光シングルモード	40km

Ethernetでは、いろいろな通信速度をサポートしています。現在、一番よく使われている規格はFast Ethernet（100BASE-TX）、Gigabit Ethernet（1000BASE-T）です。最近では、徐々に10GBASE-Tなども使われるようになってきました。また、表1-1に記載した規格よりもさらに高速な200Gbps,400Gbpsの規格も登場しています。

ネットワークへつなぐケーブルと通信速度

一般的には、通信速度が速くなればなるほど、精度の高いケーブルを使う必要があります。利用するネットワークの種類によって、ケーブルの種類が異なりますので、用途に合わせて購入する必要があります。Ethernetで使う主なケーブルには次のような種類があります。

STP

* 1 Shielded twisted pair cable

STP[1]はシールデット・ツイステッド・ペア・ケーブルの略で、シールドされたより対線のケーブルです。

UTP

* 2 UnShielded twisted pair cable

UTP[2]はアンシールデット・ツイステッド・ペア・ケーブルの略で、シールドされていないより対線のケーブルです。UTPのケーブルは、精度や本数によってCategory 3、Category 5、Enhanced Category 5、Category 6、Category 7と何種類かの規格があります。数字が大きいものほど高速な通信に適しています。

シングルモード光ファイバー

細い光ファイバーで、長距離通信をするのに適しています。光ファイバーケーブル

は、ファイバー（つまりガラス）で作られているため、簡単に曲げることができません。特に、シングルモード光ファイバーは曲げにくいため、近距離で利用するには不便です。

■ マルチモード光ファイバー

太い光ファイバーです。シングルモード光ファイバーに比べると曲げやすい材質ですが、光の損失が大きくあまり長距離で利用することができません。

図1-6　UTPケーブル

コンピュータ側のアダプタ

*3　Network Inter
face Card

最近のほとんどのコンピュータは、ネットワークに接続できるように、最初から1000BASE-Tに対応したネットワークインタフェースカード（NIC [*3]）を内蔵しています。ネットワークに接続する場合には、コンピュータ側のNICには**RJ-45**と呼ばれる接続端子で接続します。

図1-7　RJ-45の端子

このRJ-45の端子を一般的に**ポート**と呼びます。最近のサーバコンピュータでは、標準で2〜4ポートを備えた製品も増えています。また、ほとんどの製品では100BASE-TXと1000BASE-Tのどちらでも通信できるオートネゴシエーションという機能を採用しています。最近は、10GBASE-Tに対応した製品も増えています。仮想サーバやクラウドサーバでも、こうした通信規格に準じて通信速度設定ができるようになっています。いずれにしても、これから使おうとするコンピュータがどのような通信速度に対応しているのかは、ハードウェ　ア仕様表や仮想サーバ、

クラウドサーバの設定などを確認しておきましょう。

　通信ポートが足りない場合には、コンピュータにNICを追加することができます。デスクトップコンピュータやサーバコンピュータでは、PCI、PCI-X、PCI-Expressのような拡張インタフェースが用意されていますので、そのインタフェース規格に対応したNICを増設することができます。また、ノートPCの場合にも、USBを使って、USB規格に対応したNICを追加することができます。

スイッチングハブ

　1000BASE-Tや10GBASE-Tを使ってネットワークを構成する場合には、**スイッチングハブ**（通称：スイッチ）と呼ばれる機器を使ってネットワークを作ります。

図1-8　スイッチングハブ

　スイッチングハブには、必ず複数のコンピュータをつなぐポートがあります。8個のポートを持ったスイッチングハブを8ポートスイッチ、24個のポートを持ったスイッチングハブを24ポートスイッチというように呼ぶこともあります。

　スイッチングハブによっては、1000BASE-Tのポートを8個、10GBASE-Tのポートを2個のように、ポートによって複数の通信速度に対応している製品もあります。また、接続されたコンピュータに合わせて通信速度を自動的に切り替えることができるオートネゴシエーションの機能を備えた製品もあります。こうした製品では、コンピュータから出力される信号に合わせて、100BASE-TX、1000BASE-T、10GBASE-Tを自動的に切り替えてくれます。

図1-9 スイッチングハブを使用したネットワーク構成

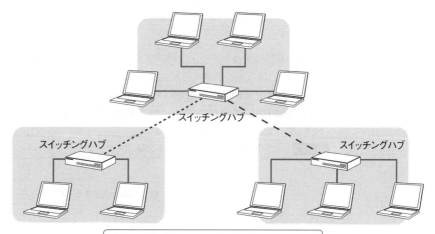

スイッチングハブとスイッチングハブをつないでいくことで、
大きなネットワークを構成することができます。

スイッチングハブとスイッチングハブをつないでいくことで、大きなネットワークを構成することができます。なお、クラウド等の仮想的なネットワークでも、同じような考え方でネットワークを構成できるようになっています。

無線LAN

これまで解説してきたEthernetでは、光ファイバー、UTP、STPのような専用のケーブルでコンピュータとネットワークをつなぎます。最近では、このケーブルを使わずにネットワークに参加することができる**無線LAN**もよく使われるようになってきました。

無線LANの規格もIEEEで決められていて、いくつかの種類があります。

表1-2 無線LANの規格

規格	周波数帯	公称速度	チャンネル幅
IEEE 802.11	2.4GHz	2Mbps	22MHz
IEEE 802.11b	2.4GHz	11Mbps/22Mbps	22MHz
IEEE 802.11a	5GHz	54Mbps	20MHz
IEEE 802.11g	2.4GHz	54Mbps	20MHz
IEEE 802.11j	5GHz	54Mbps	20MHz
IEEE 802.11n	2.4G/5GHz	600Mbps	20/40MHz
IEEE 802.11ac（Wifi 5）	5GHz	6.9Gbps	80/160MHz

IEEE 802.11ad	60GHz	6.7Gbps	2.16GHz
IEEE8.2.11ax（Wifi 6）	2.4G/5GHz	9.6Gbps	160MHz

　無線LANでネットワークを構成する場合には、コンピュータ側には通常のLAN用のNICではなく、無線LAN用のNICが必要です。また、スイッチングハブの替わりに、**アクセスポイント**と呼ばれる装置を使ってネットワークを構成します。このような無線LANの通信方式を**インフラストラクチャモード**と呼びます。

図1-10　インフラストラクチャモードの通信イメージ

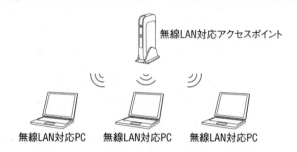

無線LAN対応アクセスポイント

無線LAN対応PC　　無線LAN対応PC　　無線LAN対応PC

> スイッチングハブの替わりに、アクセスポイントと呼ばれる装置を使ってネットワークを構成する無線LANの通信方式を**インフラストラクチャモード**と呼びます。

　無線LANでは、このほかに**アドホックモード**と呼ばれる通信方式もサポートしています。アドホックモードでは、アクセスポイントを使わずにコンピュータとコンピュータが直接通信することができます。しかし、主に1対1での通信の場合に使い、ネットワークを構成するのには向いていません。

図1-11　アドホックモードの通信イメージ

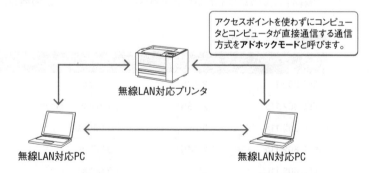

> アクセスポイントを使わずにコンピュータとコンピュータが直接通信する通信方式を**アドホックモード**と呼びます。

無線LAN対応プリンタ

無線LAN対応PC　　　　　　　　無線LAN対応PC

　インフラストラクチャモードの無線LANでは、アクセスポイントが通常のFastEthernetやGigabit Ethernetに対応しています。それを仲介して、有線で接続されたコンピュータとも通信することができます。

図1-12 無線LANと有線LANの混在したネットワーク構成

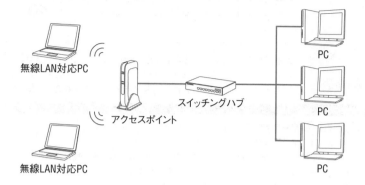

なお、クライアントでは無線LANを利用しても、サーバでは有線LANを利用するのが　般的です。また、Web会議やゲーム等のリアルタイム性の高い通信をする場合にも、優先LANが適しています。無線LANは、電波の状態や他の通信機器の通信状況によって通信が途切れたり遅くなったりすることがあるからです。有線LANの方が通信速度も速く、セキュリティの面や安定性の面でも安心です。

プロトコル

プロトコルについて知る

通信速度や通信ケーブルなどの物理的なネットワークとは関係なく、携帯電話からでも、PCからでも、同じ情報やサービスにアクセスできればとても便利です。このセクションでは、それを可能にするデータ交換の方法について解説します。

このセクションのポイント

■コンピュータ間でのデータ交換の手順は、プロトコルと呼ばれ規格化されている。
■インターネットでは、TCP/IPと呼ばれるプロトコル群が使われている。
■インターネットでは、IPアドレスが使われ、ネットマスクやポート番号なども一緒に使われる。
■IPアドレスには、グローバルアドレスとプライベートアドレスがある。
■異なるネットワークへの通信では、ルーティングを行う必要がある。
■IPv6という次世代のプロトコルも利用できる。

プロトコルとは？

インターネットでは、**プロトコル**と呼ばれるデータ交換の方法が、物理的な規格とは別に決められています。プロトコルは、実際に通信するためのデータ交換の手順を取り決めたものです。例えば、電話のネットワークでは、次のような手順で通信をします。

①相手の電話番号をボタンで入力する。
②電話局（通信事業者）が相手の電話を探して回線をつなぐ。
③電話が着信すると、着信側の電話機の音が鳴る。
④着信ボタンを押すと発信者との回線につながる。

この手順は、相手が携帯電話でも固定電話でも同じです。しかし、同じような機能のものでも、この手順に従っていない相手とは通信はできません。例えば、無線機と電話機ではお互いの通信手順が違うため通信ができません。このように、通信するためには、お互いが同じプロトコルを使える必要があります。

また実際には、この手順以外にも電話機や通信事業者の中では、様々な処理が行われています。そして、それにも取り決められた手順があります。しかし、私たちはそれを知らずに電話をかけることができるのです。このように、通信の手順は階層構造になっていて、利用者は下の階層の処理のことは知らなくても利用できるように作られています。

図1-13 OSIの通信モデル

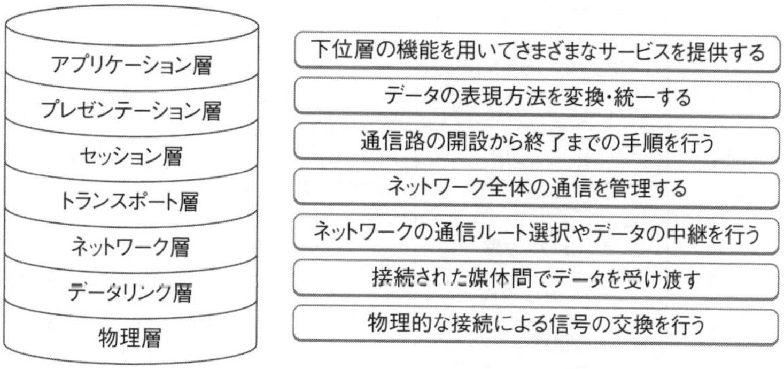

アプリケーション層	下位層の機能を用いてさまざまなサービスを提供する
プレゼンテーション層	データの表現方法を変換・統一する
セッション層	通信路の開設から終了までの手順を行う
トランスポート層	ネットワーク全体の通信を管理する
ネットワーク層	ネットワークの通信ルート選択やデータの中継を行う
データリンク層	接続された媒体間でデータを受け渡す
物理層	物理的な接続による信号の交換を行う

＊1 Open Systems Interconnection

　OSI＊1では、通信するための論理的かつ理想的なモデル（**OSIモデル**）を決めています。すべての通信モデルがこのOSIモデルに従うわけではありませんが、私たちが日常的に利用する通信手段の多くはこのモデルに従っています。例えば、電話のネットワークでは次のように考えることができます。

固定電話網や携帯電話網	ハードウェア層
電話会社の内部の処理	データリンク層～トランスポート層
電話をかける手順	セッション層
電話の中で話す内容	アプリケーション層

　私たちは、電話をかけるときには、「もしもし、○○社さんでしょうか？　△△さんをお願いします。」と相手を呼び出しますが、これもセッション層やプレゼンテーション層の働きをします。この会話の中では、正確な通信相手を決め、日本語で話をすることが暗黙で決められています。

TCP/IP

＊2 Transmission Control Protocol/ Internet Protocol

　インターネットでは、さまざまな通信が行われていますが、この通信は**TCP/IP**＊2と呼ばれるプロトコル群で成り立っています。

図1-14　TCP/IPの通信モデル

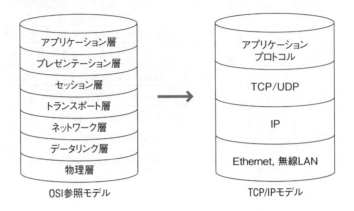

OSI参照モデル　　　　　　　　　　TCP/IPモデル

TCP/IPでは、各階層で次のようなプロトコルが働いています。

■ 物理層、データリンク層

TCP/IPでは、この階層のことはあまり取り決められておらず、さまざまな物理ネットワークで利用することができます。一般的にはEthernetや無線LANなどの物理ネットワークが使われます。

■ ネットワーク層

＊3　Internet Protocol

特定の相手と通信する基本的な通信のレベルです。**IP**[3]が担います。インターネットの語源となっているプロトコルです。

■ トランスポート層、セッション層

＊4　Transmission Control Protocol

＊5　User Datagram Protocol

正確に情報を伝えるための手続きである**TCP**[4]と、迅速に情報を伝えるための手続きである**UDP**[5]などが、トランスポート層とセッション層の役割を担います。

■ アプリケーション層

TCP/IPには、利用用途に合わせて多種多様なアプリケーション層のプロトコルがあります。ここでは、そのうちの代表的なものを紹介しておきます。

HTTP

ＷＷＷサーバとクライアントの間のデータ通信方法を規定したプロトコルです。

SSH

リモートからサーバを管理するための暗号化された安全な通信のためのプロトコルです。

FTP

ファイルを転送する方法を規定したプロトコルです。

SMTP

コンピュータ間での電子メールの交換方法を規定したプロトコルです。

POP

メールサーバとクライアント間のデータ通信方法を規定したプロトコルです。

IMAP

POPと同様に、メールサーバとクライアント間のデータ通信方法を規定したプロトコルです。POPに比べて複雑な処理を行うことができ、サーバ上でメールフォルダの管理をするなどの機能が利用できます。

DNS

「http://www.designet.jp/」のようなURLから、IPで利用できる形式のアドレス（IPアドレス）を調べるためのプロトコルです。

IPアドレスとサブネット

TCP/IPでは、通信する機器を特定するために**IPアドレス**と呼ばれる番号を使います。TCP/IPで通信する機器には、個別に異なるIPアドレスをつける必要があります。

IPアドレスは、0～255までの数値を4つ組み合わせて表現します。数字と数字の間には「.」（ドット）を記載し、次の例のように表記します。

例 192.168.10.1

*6 The Internet Corporation for Assigned Names and Numbers

IPアドレスは、正式にはICANN[6]を中心とした組織で管理されていて、この組織から割り当てを受けたアドレスを利用する必要があります。日本では、JPNIC（日本ネットワークインフォメーションセンター）が管理をしています。私たちが実際にIPアドレスを割り当ててもらうためには、インターネットへの接続サービスを提供してくれているISPが窓口となって、IPアドレスの割り当てを受けることができます。

IPアドレスは、組織に対して必要なエリアで割り当てられます。例えば、筆者の会社では211.5.215.224～211.5.215.231までのエリアでIPアドレスを割り当てられています。実際のIPアドレスは、このエリアを示す**ネットワーク部**と**ホスト部**の2つの部分から成り立っています。筆者の会社の場合には、実際には次のような表記でIPアドレスが割り当てられています。

211.5.215.224/29

後ろに付いている「/29」は、このIPアドレスの中のネットワーク部が29ビットであることを示しています。

図1-15 ネットワーク部とホスト部

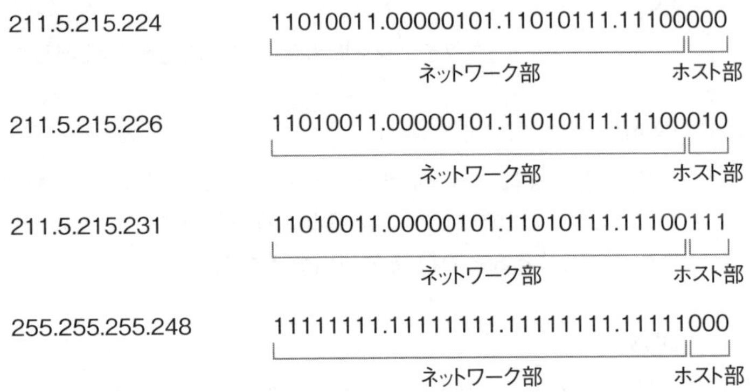

211.5.215.224	11010011.00000101.11010111.11100000
211.5.215.226	11010011.00000101.11010111.11100010
211.5.215.231	11010011.00000101.11010111.11100111
255.255.255.248	11111111.11111111.11111111.11111000

ネットワーク部　ホスト部

■ プレフィックス（ネットワークアドレス長）

このネットワーク部の長さを示す数値29を**プレフィックス**と呼び、211.5.215.224/29のように「/」をつけてIPアドレスと区別して表記します。プレフィックスは、ネットワークアドレスの長さを表すため、**ネットワークアドレス長**とも呼びます。

■ ネットマスク

ネットワークアドレスの大きさを示すために、ネットワーク部のすべてのビットが1で、ホスト部のビットがすべて0のアドレスという、**ネットマスク**と呼ばれる表記を使う場合があります。この例では、「255.255.255.248」がネットマスクになります。

■ ネットワークアドレス

この例の211.5.215.224のように、ホスト部がすべて0のIPアドレスを**ネットワークアドレス**と呼び、ネットワーク全体を指し示すために使います。

■ ブロードキャストアドレス

この例の211.5.215.231のように、ホスト部がすべて1のIPアドレスをブロードキャストアドレスと呼びます。**ブロードキャストアドレス**は、このネットワークのすべてのホストに通信する特殊な通信で使います。

グローバルアドレスとプライベートアドレス

　IPアドレスのうち ICANNから正式に割り当てられたアドレスを**グローバルアドレス**と呼びます。IPアドレスは0 〜 255の数値を4つ使って表記しますので、256の4乗（4,294,967,295）個のアドレスを表現することができます。しかし、インターネットにつながっているコンピュータのすべてがこのIPアドレスを使うとなると、この数では不足する可能性があります。そのため、インターネットに対して公開するサービス用のサーバなどではグローバルアドレスを使い、組織の中で利用するコンピュータには**プライベートアドレス**と呼ばれるIPアドレスを使うようになりました。プライベートアドレスとしては、表1-3の領域の使用が許されています。

表1-3 プライベートアドレスの領域

プライベートアドレスの領域	プレフィックス	利用可能なホスト数
10.0.0.0 〜 10.255.255.255	8	213,847,190
172.16.0.0 〜 172.31.255.255	16	65,534
192.168.0.0 〜 192.168.255.255	24	255

ポート番号

　TCP/IPで通信する場合には、IPアドレスの他に**ポート番号**と呼ばれる数値も使います。ポート番号は、1 〜 65535の数値で、ホスト上の通信を管理するために使う数値です。

図1-16 通信に使用されるポート番号の例

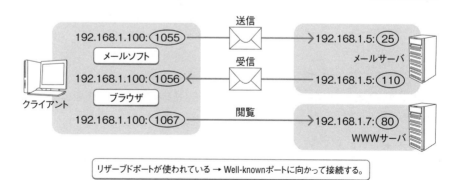

192.168.1.100:(1055) 送信 → 192.168.1.5:(25) メールサーバ
メールソフト
192.168.1.100:(1056) 受信 ← 192.168.1.5:(110)
ブラウザ
クライアント
192.168.1.100:(1067) 閲覧 → 192.168.1.7:(80) WWWサーバ

リザーブドポートが使われている → Well-knownポートに向かって接続する。

　ポート番号は、IPアドレスと「：」で区切って表記します。この例では、次の3つの通信が行われています。

192.168.1.100:1055	⟷	192.168.1.5:25
192.168.1.100:1056	⟷	192.168.1.5:110
192.168.1.100:1067	⟷	192.168.1.7:80

このような1つ1つの通信のつながりを**セッション**と呼びます。例えば、図1-17のメールサーバとクライアント間では、メールの送信用と受信用の2つのセッションが作成されています。

また、メールサーバやＷＷＷサーバで使われているポート番号は、**Well-knownポート**（よく知られたポート、の意）と呼ばれています。メール送信用サービスであればポート25、メール受信用サービスであればポート110、ＷＷＷサービスであればポート80というように、アプリケーションプロトコルの種類によって利用するポート番号が決まっています。ＷＷＷサーバのサービス用のポートはいつも80番ですから、ＷＷＷサーバのIPアドレスだけを知っていれば、ホームページを閲覧することができます。

一方で、クライアント側のポート番号は**リザーブドポート**とよばれ、1024番以降の任意の番号が使われます。この番号は、同時に同じ番号が使われないように管理されていて、セッションを作るたびに、新しい未使用の番号が使われます。

表1-4 代表的なWell-knownポート

ポート番号	用途
22	SSH
25	SMTP
53	DNS
80	WWW
110	POP3
143	IMAP

ルーティング

TCP/IPでは異なるネットワークに所属するホスト同士は、直接は通信することができません。

図1-17 直接通信できないホストの例

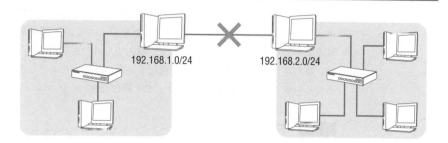

異なるネットワーク間で通信するためには、ネットワークとネットワークの間に**ルータ**と呼ばれる装置を配置し、通信を中継する必要があります。

図1-18 ルータを使った通信の例

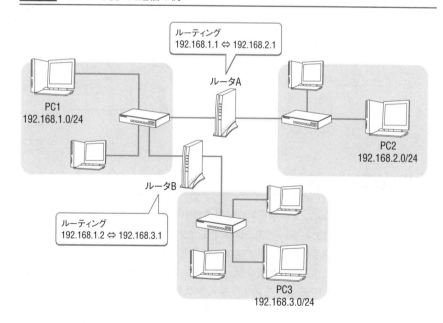

例えば、PC1とPC2が通信する場合には、必ずルータを経由する必要があります。このときにルータが行う中継処理を、**ルーティング**と呼びます。PC1はPC2へ通信するときはルータA、PC3へ通信するときはルータBを経由しなければなりません。そのため、PC1にはあらかじめ経路の情報を記録しておく必要があります。

表1-5 宛先ネットワークとルータ

宛先ネットワーク	ルータ
192.168.2.0/24	192.168.1.1
192.168.3.0/24	192.168.1.2

　このような情報を**ルーティングテーブル**と呼びます。宛先ネットワークに応じて、このルーティングテーブルに経路を設定しておく必要があります。しかし、インターネット上にはさまざまなネットワークがあり、すべての経路情報を設定しておくことはとてもできません。そこで、宛先のネットワークが特に設定されていない場合には、すべて同じルータを経由して通信するという設定をすることができます。このようなルータを**デフォルトゲートウェイ**と呼びます。

図1-19 デフォルトゲートウェイ

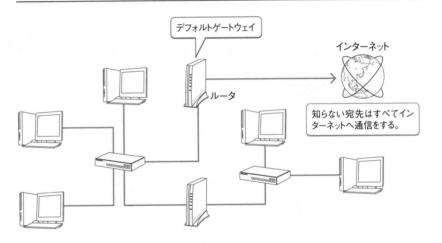

IPv6アドレス

　インターネットで利用されているグローバルアドレスは、2011年中に枯渇したと言われています。世界中でインターネットが普及し、インターネットに接続する組織やサーバが増えたために、IPアドレスが足りなくなってしまったのです。そのため、より大きな数値を使ってアドレスを管理する必要が出てきました。

　IPv6は、そのような大きな数値をアドレスとして使うことができる、次世代のプロトコルです。ここまで解説してきたIPは、正式にはInternet Protocol Version 4（通称**IPv4**）ですが、この次世代のプロトコルはIP Protocol Version 6（通称IPv6）と呼ばれています。

　IPv6のアドレスの割り当てはすでに始まっていて、実際に利用することができます。さらに、2012年6月6日には、Google、Facebook、Yahoo!などの主要な

ネットサービス、AT&TやKDDIなどの通信事業者、シスコシステムズなどのネットワーク機器メーカーなどが正式にIPv6対応をスタートしました。これを、「IPv6ローンチ」と呼びます。IPv6ローンチ以降は、IPv6アドレスの利用が徐々に増えています。

■ アドレス表記

IPv6で利用するIPアドレスは、次の例の0000 ～ FFFFまでの16進数の数値8個を「：」で区切って表記します。

> 例 fe80:0000:0000:0000:5e26:0aff:fe09:f7ae

これだと長いので、連続した0000は1つの「::」で置き換えます。また、「0aff」のような各16進数の先頭の0も省略して、「aff」のようにすることができます。こうして省略すると、次の例のようになります。

> 例 fe80::5e26:aff:fe09:f7ae

なお、IPv6でもIPアドレスとポート番号とを併せて表記する場合があります。このような場合には、単純にポート番号を「:80」のように付けて、次のようにすることができます。

> 例 fe80::5e26:aff:fe09:f7ae:80

しかし、これでは紛らわしいため、次のようにIPアドレスを [ ] で囲って表記する場合があります。

> 例 [fe80::5e26:aff:fe09:f7ae]:80

■ プレフィックス

IPv6アドレスでも、このアドレスはホスト部とネットワーク部とで分かれています。例えば、ネットワーク長が64ビットの場合には、次の例のように表記します。IPv6では、このネットワーク長をプレフィックスと呼びます。

> 例 fe80::5e26:aff:fe09:f7ae/64

■ スコープ

IPv6ではアドレスの領域に余裕があるため、すべてのホストにインターネット上で通信可能なアドレスを割り振ることができます。そのため、通常は**グローバルユニキャストアドレス**を使います。しかし、用途に合わせて、同時に**リンクローカル**

ユニキャストアドレス、ユニークローカルユニキャストアドレスというアドレスを独自に付けることもできるようになっています。このようなアドレスの範囲を、IPv6ではスコープと呼びます。

表1-6　アドレスと用途

用途	プレフィックス	アドレス数
予約領域	0000::/8	
	0100::/8	
	0200::/7	
	0400::/6	
	0800::/5	
	1000::/4	
	4000::/3	
	6000::/3	
	8000::/3	
	A000::/3	
	C000::/3	
	E000::/4	
	F000::/5	
	F800::/6	
	FE00::/9	
	FE80::/10	
	FEC0::/10	
グローバルユニキャストアドレス	2000::/3	4.3×10^{37}
ユニークローカルユニキャストアドレス	FC00::/7	2.7×10^{36}
リンクローカルユニキャストアドレス	FE80::/64	3.3×10^{35}
マルチキャストアドレス	FF00::/8	1.3×10^{36}

先ほどから例として使ってきたfe80::5e26:aff:fe09:f7aeは、リンクローカルユニキャストアドレスであることがわかります。

ユニークローカルユニキャストアドレスは、インターネットに接続されていないネットワーク内で自由に利用できるアドレスです。アドレスのうち40ビットは、グローバルIDと呼ばれるエリアで、乱数で計算して算出する必要があります。乱数を使うことで、他の組織で使っているアドレスと重複しにくくなっています。ただし、乱数の計算方法が特殊ですので注意が必要です。

次のホームページ上で、このアドレスを計算することができます。

https://dnschecker.org/ipv6-address-generator.php

インターネット接続の仕組みを理解する

現在、私たちはほぼ無意識にインターネットを利用しています。しかし、インターネットを利用するときには、さまざまな仕組みが連携して動作しています。このセクションでは、その基本的な動作原理について解説します。

このセクションのポイント

1 インターネットを使うためには、何らかの接続を確保する必要がある。
2 企業や家庭がインターネットに接続する場合には、通信事業者との契約が必要である。
3 インターネットと通信する場合、通信機器にはIPアドレスが割り当てられる。
4 インターネット上のさまざまな機器からアクセスできるサービスでは、グローバルIPアドレスが使われている。
5 グローバルIPアドレスと通信するためには、アドレス変換やプロトコル変換が実施されている。
6 インターネットのサービス名は、DNSキャッシュサーバを使ってグローバルIPアドレスに変換されている。

インターネット接続の確保

　現在、私たちは非常に簡単にインターネットに接続できるようになりました。一般の企業や家庭にもインターネットは接続されていて、PCやスマートフォンを無線LANや有線LANにつなぐだけで、インターネットに接続することができます。また、街中のいたるところで、公衆無線LANサービスが提供されています。そのため、インターネットに接続するだけであれば、このような設備をそのまま利用することができます。

　インターネットに接続されていない企業や家庭でインターネットが使えるようにするには、インターネットへの接続サービスを提供する通信事業者と契約する必要があります。こうしたインターネットへの接続サービスを提供している事業者を**インターネットサービスプロバイダ**と呼びます。最近では、多くのインターネットサービスプロバイダが光回線や無線回線を使った100Mbps以上の速度のインターネットサービスを提供しています。

アドレスの割り当てと通信経路の確保

　私たちが、PCやスマートフォンなどの通信機器を使ってインターネットに接続する場合、各通信機器には個別にIPアドレスが割り振られています。ほとんどの場合にはDHCP（Dynamic Host Configuration Protocol）という仕組みを使って、自動でIPアドレスが割り振られます。通信事業者から提供されるルータやWi-Fi機器には、標準でDHCP機能が組み込まれていますので、私たちはほとんどIPアドレスを意識することはありません。しかし通信のためには、IPアドレスが必要なのです。

　DHCPでは、IPアドレスだけではなく、インターネットと通信するために経由す

べきルータのIPアドレス（デフォルトゲートウェイ）と、DNSサーバのアドレスが一緒に割り振られます。

　なお、企業など、セキュリティの厳しいネットワークでは、DHCPを使って自動的にIPアドレスを割り当てるのではなく、個別にIPアドレスを割り当てる場合があります。この場合には、組織のネットワークの管理者にお願いして、IPアドレスの割り当てを受け、デフォルトゲートウェイのアドレスと、DNSサーバのアドレスを教えてもらう必要があります。

アドレス変換とプロトコル変換

　インターネットを利用するために通信機器に割り当てられるアドレスは、通常はIPv4のプライベートアドレスです。しかし、実際のインターネット上ではグローバルアドレスを使って通信します。プライベートアドレスのままではインターネットと直接通信することができないため、プライベートアドレスからグローバルアドレスへのアドレス変換が必要になります。インターネットに接続するルータには、このアドレス変換の機能が必ず組み込まれています。

　また、最近は通信事業者が、IPv6アドレスを使ったインターネット接続サービスを提供している場合があります。IPv6アドレスも自動的にPCやスマートフォンに割り振られますので、特に意識せずに利用することができます。ただし、インターネット上のサービスの多くはIPv4のグローバルアドレスで提供されているため、PCやスマートフォンにはIPv6アドレスとIPv4のアドレスの両方が割り当てられます。PCやスマートフォンがIPv4のサービスを使う場合には、次のような段取りでプロトコル変換が実施されます。

①PCやスマートフォンは、IPv4アドレスを使って接続を開始する
②インターネットに接続するルータが、IPv4の通信をIPv6にプロトコル変換し、通信事業者内にあるゲートウェイへ送信する
③通信事業者のゲートウェイで、IPv6の通信をIPv4にプロトコル変換し、IPv4アドレスのサービスに接続する

このような通信方式を**IPv4 over IPv6**と呼びます。

グローバルIPアドレスとFQDN

　インターネット上にあるさまざまなサイトやサービスでは、グローバルIPアドレスが使われています。このグローバルアドレスに対して通信することで、さまざまな情報をやり取りしたり、サービスを受けたりすることができます。しかし、IPアドレスという数字の羅列では使いにくいため、インターネットではwww.google.co.jpやwww.yahoo.comのような名前でサービスを利用できるようになっています。この

名前は、いわばインターネット上の住所のような役割を持っています。

例えば、www.example.comは、example.comという組織のwwwという名称のホストを示しています。この「example.com」の部分を、**ドメイン名**と呼びます。また、「example」は「com」ドメインの**サブドメイン**であるというように表現されます。

図1-20 ドメイン名とホスト名

この住所は階層的に管理されています。

図1-21 ドメインの階層構造

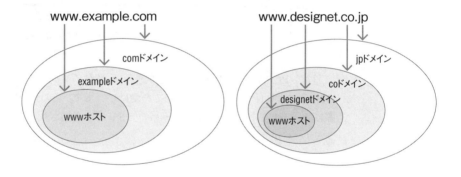

つまり、www.example.comという名称は、example.comという組織の中の、wwwという名称のコンピュータであるということです。ふつう、example.com組織の中ではwwwと言えば特定のコンピュータを指しますので、www.example.comという正式な名称を使わず、単純にwwwという省略名で呼ぶ場合があります。wwwもwww.example.comもどちらも**ホスト名**と呼ばれていますが、www.example.comのようにドメイン名まですべてを含む正式な名称を**FQDN**と呼びます。

DNSサービス

DNSは、このホスト名からIPアドレスを調べるための仕組みです。私たちがインターネットを利用するときにはあまり意識していませんが、DNSを使ったIPアドレスへの変換処理は、Windows、Linux、macOS、iOS、AndroidなどのOSの

仕組みで自動的に実行されています。

　私たちが利用しているPCやスマートフォンが実際に名前からIPアドレスを調べる場合には、DNSキャッシュサーバというサーバへ名前解決を依頼します。DNSで情報を問い合わせる処理を**DNSクエリ**と呼びます。

　実際にインターネット上で名前解決するためには、DNSの階層ごとに管理しているDNSコンテンツサーバがあるため、いくつかのサーバに問い合わせてアドレスを調査します。このように階層をさかのぼって調査をするような問い合わせを**再帰クエリ**と呼びます。

図1-22　DNSの仕組み

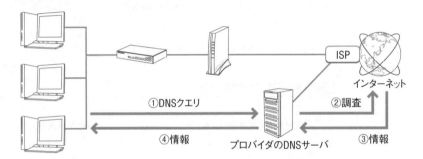

通常、PCやスマートフォンなどの通信機器がインターネットを使う場合には、DHCPによりIPアドレスの割り当てを受けています。このIPアドレスの割り当ての際に、同時にDNSキャッシュサーバのアドレスが通知され、自動的にDNSキャッシュサーバが使われているのです。

Linux

Linuxについて知る

本書で扱うAlmaLinux 9/Rocky Linux 9は、Linuxの一種です。このセクションでは、Linuxとは何かについて説明します。

このセクションのポイント

1 Linuxはオープンソースの基本ソフトウェアである。

2 Linuxディストリビューションは、カーネルとユーザランドをまとめて配布する。

3 Linuxディストリビューションは、用途や目的に合わせて選ぶ必要がある。

Linuxは基本ソフトウェアである

みなさんのPCの電源を入れると、どのようなソフトが動作するでしょうか?おそらく、最初に動作するのはWindowsだと思います。Windowsは、キーボード、マウス、モニタ、ハードディスク、メモリのようなハードウェアを制御し、アプリケーションソフトウェアを動作させるのに必要な基本的な機能を提供してくれます。このような機能のソフトウェアを、**基本ソフトウェア**と呼びます。Linuxは、この基本ソフトウェアの一種で、インターネットのサーバなどでよく使われています。最近では、スマートフォン用の基本ソフトウェアとしてAndroidが注目されていますが、AndroidもLinuxを基礎として開発されたものです。

オープンソースソフトウェア

Linuxは、Linus Torvalds氏が中心となって開発している基本ソフトウェアです。Linuxの最大の特徴は、オープンソースソフトウェアだということです。つまり、ソースコードと呼ばれる設計情報が全面的に公開されていて、しかも無料で配布されているのです。ソースコードが全面的に公開されているため、誰でも機能を修正したり付け加えたりすることができます。そのため、全世界でたくさんの技術者がさまざまな形でLinuxに関わっています。こうした技術者や利用者の団体をコミュニティと呼びます。

Linuxのコミュニティは、とても活発に活動していますので、非常に早く機能が追加され、ソースコード上に間違いなどがあっても迅速に修正が行われています。また、Linux上で動作するWebサーバ、メールサーバ、データベースなどのソフトウェアもオープンソースソフトウェアとして公開されていて、いろいろな用途で安くシステムを作ることができます。

Linuxの特徴

Linuxは、近年とても注目されている基本ソフトウェアです。注目を集めている理由の1つはオープンソースソフトウェアであり、無償で使うことができることです。しかし、その他にも次のような理由があります。

■ 高品質

多くの人が参加した結果、不具合が迅速に修正され、Linuxはとても安定した品質の良いシステムになってきました。最近では、商用のUNIXやWindowsサーバなどと比べても安定性が高いと言われていて、24時間365日の連続稼働にも耐えられる基本ソフトウェアとして、厳しい環境の中でも利用されるようになってきています。

■ 軽量な基本ソフトウェア

さまざまな人が開発に参加した結果、Linuxにはとてもたくさんの機能が組み込まれています。これらの機能は、利用者の必要に応じて選択して利用することができます。例えば、LinuxではWindowsのようなGUIの画面も利用することができますが、それが不要な場合には削除してしまうことすら可能です。このように、不要な機能を削除し、必要な機能だけを利用すれば、Linuxは非常に軽量な基本ソフトウェアでもあります。旧型の性能の低いコンピュータ上でも、十分に動作することができます。

■ 幅広い用途

Linuxは、サーバとしてだけではなくさまざまな用途で使われています。例えば、スーパーコンピュータの世界でも、標準的な基本ソフトウェアはLinuxで、世界のスーパーコンピュータのランキングの上位500台のすべてがLinuxを採用しています。最近は、Androidのようなスマートフォン、カーナビのような組み込みデバイスでも頻繁に使われるようになってきました。

このように、最近ではPC以外のほとんどの分野でLinuxが利用されるようになってきています。

カーネルとユーザランド

Linuxは基本ソフトウェアであると説明しましたが、実際のLinuxは次の2つの部分で構成されています。

■ カーネル

ハードウェアを直接制御し、アプリケーションソフトウェアを動作させるのに必要な基本的な機能を提供します。

■ ユーザランド

コンピュータとしての基本的な機能を制御するソフトウェア群です。Linuxでは カーネル以外が直接ハードウェアを制御することができません。そのため、ファイ ルの管理、プログラムの実行の管理、ネットワークの設定管理などは、カーネル外 のユーティリティプログラムがカーネルとの橋渡しをする役割を果たします。これら のユーティリティプログラムを総称して**ユーザランド**と呼びます。Linuxは、カーネ ルだけでなくユーザランドの部分まで、すべてオープンソースソフトウェアで構成さ れています。

Linuxディストリビューション

オープンソースソフトウェアであるLinuxの最大の特徴は、さまざまな選択肢の 中から必要に応じて機能を選ぶことができることです。例えば、プログラムの実行 を管理するシェルと呼ばれるユーザランドのプログラムだけでも、1種類ではなく何 種類ものソフトウェアが公開されています。私たちは、こうしたソフトウェアの中か ら自分の好みに合うものを選んで使うことができます。

しかし、必要なソフトウェアを1つ1つ選ぶのはとても大変ですし、ソフトウェア 同士の相性や技術的な難しさもあります。そのため、Linux カーネルにさまざまな ユーザランドのプログラムやアプリケーションを組み合わせたものが、**Linuxディス トリビューション**としてまとめられています。

Linux ディストリビューションには、企業が提供する商用ディストリビューション と、企業とは関係なくコミュニティで管理されるディストリビューションがあります。 日本国内でよく使われている主なディストリビューションには、次のようなものがあ ります。

■ RedHat Enterprise Linux

日本で一番よく使われている商用のLinuxディストリビューションです。RedHat 社から提供されていて、パッケージのアップデート、Q&Aなどの有償サポートが付 いています。

■ CentOS

RedHat Enterprise Linuxと同じ設計情報 (ソースコード) を使って作られた無 償のディストリビューションです。CentOSプロジェクトは、従来は完全なコミュニ ティーベースの開発でしたが、2013年からはRedHat社の支援もあり、半ば公式 の無償ディストリビューションという位置付けになっていました。サポートはないも のの、インターネット上で パッケージのアップデートを受けることができ、日本国 内では書籍も充実していることから、非常に多くの人が利用していました。しかし、 2021年12月にサポートが終了し、CentOS StreamというRed Hat Enterprise Linuxの提供前の試験的なディストリビューションとなったことから、利用者が減少 しています。

AlmaLinux

　CentOSのサポート終了を受けて、CloudLinux Inc.という企業が母体になって開発されたディストリビューションです。RedHat Enterprise Linuxと同じ設計情報（ソースコード）を使って作られていることから、CentOSの後継として注目されています。現在は、CloudLinux社から独立したコミュニティによって開発が行われています。

Rocky Linux

　AlmaLinuxと同じように、CentOSのサポート終了を受けて開発されたディストリビューションです。CentOSの共同創設者であるRocky McGaugh氏にちなんで、Rocky Linuxと名づけられました。Rocky LinuxもRedHat Enterprise Linuxと同じ設計情報（ソースコード）を使って作られていることから、CentOSの後継として注目されています。また、Amazon Web Service, Google Cloud, Microsoft Azureなどが開発スポンサーとなっていることから、CentOSのように突然サポートが停止される可能性が低いとして期待されています。

Fedora

　RedHat社が主宰するFedoraプロジェクトが提供しているディストリビューションです。年に1回から2回ほど新しいバージョンが出ます。RedHat社は、このプロジェクトでの成果をまとめて、数年に1度RedHat Enterprise Linuxをリリースしています。最新の技術を使いたい上級者向けのLinuxです。

Ubuntu

　軽量なデスクトップで日本国内でも人気のあるLinuxディストリビューションです。最近になって、デスクトップ用途でもサーバ用途でも、日本国内でサポートが提供されるようになりました。

Section 01-07

AlmaLinux 9/Rocky Linux 9について知る

AlmaLinux 9とRocky Linux 9は、どちらも無償のLinux ディストリビューションであり、日本国内で最も人気 のある RedHat 社の商用ディストリビューションをベースに開発されたディストリビューションで、最先端の技術が使われています。このセクションでは、その特徴と違いについて解説します。

このセクションのポイント

1 AlmaLinux 9/Rocky Linux 9は、RedHat Enterprise Linux 9のソースコードから作られた最新のLinuxディストリビューションである。

2 AlmaLinux 9とRocky Linux 9は同じ機能を提供しているが、スポンサーやアップデートの方針に違いがあり、それを理解して選択する必要がある。

3 AlmaLinux 9/Rocky Linux 9では、Web画面からシステム管理を行えるようになった。

4 AlmaLinux 9/Rocky Linux 9では、モジュラーパッケージが採用されている。

AlmaLinux 9とRocky Linux 9

AlmaLinux 9とRocky Linux 9は、どちらもRed Hat Enterprise Linux 9と同じソースコードから作られたディストリビューションです。Red Hat Enterprise Linux 9が2022年5月に公開されると、同じ2022年5月にAlmaLinux 9が公開されました。そして、Rocky Linux 9は、2022年7月に公開されています。

どちらのディストリビューションも、Red Hat Enterprise Linux 9をベースにしているため、機能的な違いはまったくありません。しかし、いくつかの点で違いがあります。私たちは、これらの違いを考慮して、どちらのディストリビューションを選ぶのかを考慮する必要があります。

■ スポンサー

CentOSは、スポンサーであるRed Hat社の意向でサポート中止になりました。そのため、スポンサーとなっている企業の意向に左右されず、サポートが継続されるかを選考の基準にする人や企業が多くなっています。

AlmaLinuxは、CloudLinux Inc.がスポンサーですが、独立したコミュニティによって開発されていると表明されています。一方、Rocky Linuxは、Amazon Web Service、Google Cloud Platform、Microsoft Azureなどの主要なクラウド事業者がスポンサーになっていることから、より安定し継続したサポートを受けられるのではないかと期待されています。

■ アップデートの対応

AlmaLinuxもRocky Linuxも、Red Hat Enterprise Linuxのアップデートに合わせてバージョンアップされています。そのため、バグやセキュリティへの対応

が継続していますが、アップデートポリシーに少し差があります。これまでのところ、AlmaLinuxの方が、短期間でアップデートパッケージがリリースされています。

　実際、Red Hat Enterprise Linux 9がリリースされてから、AlmaLinux 9がリリースされるまではわずか1週間でしたが、Rocky Linux 9のリリースには約2ヶ月ほどかかりました。

■ クラウドベンダーの対応

　Amazon、Google、Microsoftなどの提供するクラウド環境では、さまざまなLinuxディストリビューションのインストール済みのマシンイメージが提供されています。各クラウド環境で、AlmaLinuxはいち早くイメージが提供されるようになりました。一方、Rocky Linuxは、クラウド事業者がスポンサーになっているにもかかわらず、イメージ提供が遅れたり、実施されなかったりしています。AlmaLinuxの方がアップデートが早いこともあり、クラウド事業者からのイメージ提供も早く実施される傾向にあります。

AlmaLinux 9/Rocky Linux 9の特徴

　AlmaLinux 9/Rocky Linux 9には、次のような特徴があります。

■ ネットワーク管理（NetworkManager）

　AlmaLinux 9/Rocky Linux 9では、ネットワーク管理システムとしてNetworkManagerを採用しています。NetworkManagerは、通常のEthernetだけではなく、無線LANにも対応しています。また、ネットワークインタフェースの冗長化やVPNネットワークなどの高度なネットワーク設定もサポートしています。

　ネットワークの設定は、ルータなどで採用されているコマンドラインインタフェースに近く、クラウド環境や仮想環境でも使いやすいインタフェースになっています。一方で、GUIやWebコンソールからも設定できるように設計されていて、初心者でも簡単に設定することができます。

■ パケットフィルタリング設定（Firewalld）

　AlmaLinux 9/Rocky Linux 9では、Firewalldを使った高機能なパケットフィルタリング機能を提供しています。そのため、インターネット環境でも安心して利用できます。

　Firewalldによるパケットフィルタリングの設定は、ルータなどで採用されているコマンドラインインタフェースに近く、クラウド環境や仮想環境でも使いやすいインタフェースになっています。また、IPv4、IPv6のネットワークに対して統一的な設定が可能で、動的に設定を変更することができます。AlmaLinux 9/Rocky Linux 9からは、外部から内部へのアクセスの制御に加えて、内部のアプリケーションから外部への通信も制御できるようになりました。

■ Webコンソール（Cockpit）

AlmaLinux 9/Rocky Linux 9では、Webからシステムの管理ができるCockpitを採用しています。Cockpitを使うと、コマンドラインの知識がなくても、Webインタフェースからシステムを管理することができます。また、システムの負荷状況などをグラフで表示することができることから、システムの情報を視覚的に把握しやすくなります。Cockpitは、モバイルデバイスからも利用できるように設計されています。また、1つのダッシュボードから複数のLinuxを管理することができます。

■ モジュラーパッケージ

AlmaLinux 9/Rocky Linux 9では、ソフトウェアをBaseOSとApplication Streamの2つのリポジトリに分けて管理しています。BaseOSは、OS機能のコアなソフトウェアを提供するリポジトリです。一方、Application Streamは、ユーザランドのアプリケーションや開発言語、データベースなどを収録したリポジトリで、モジュールとしてソフトウェアを管理することができます。

Application Streamでは、同じソフトウェアでも複数のバージョンをサポートします。そして、モジュラーパッケージには、状況に応じて最新のアプリケーションが追加されることになっています。

■ ソフトウェアライフサイクル

半年に1回、定期的にリリースが行われます。この定期リリースは2027年まで実施され、その後2032年まではメンテナンスサポートが実施されます。つまり、AlmaLinux 9/Rocky Linux 9では、2032年までの10年間サポートされます。

ただし、Application Streamに採用されているモジュラーパッケージについては、個別にサポート期間が設定されています。例えば、MySQL 8.0のサポート期限は2024年4月までとなっていて、ディストリビューション全体のサポート期限よりも、ずっと短くなっています。

一方で、AlmaLinux 9/Rocky Linux 9からは、長期サポートとするFull Life Application Streamsも用意されています。例えば、WebサーバのApache httpd 2.4は2032年5月までサポートされます。

このように、ソフトウェア毎にライフサイクルを設定することで、最新のバージョンと安定して利用できるバージョンの両方が提供されます。

■ 暗号化ポリシー

インターネットで安全に通信するため、AlmaLinux 9/Rocky Linux 9ではさまざまな暗号化アルゴリズムを使うことができます。しかし、暗号化アルゴリズムは初心者では設定が難しく、アプリケーションごとに設定することも困難です。

そのため、AlmaLinux 9/Rocky Linux 9では、複数の利用可能な暗号化アルゴリズムのセットを用意し、システムポリシーとして選択することができるように

なっています。アプリケーションごとに個別に設定をするのではなく、システム全体
として統一したポリシーで設定することができます。

ハードウェア要件

従来は、インテル32ビットCPUのアーキテクチャi686をサポートしていまし
たが、AlmaLinux 9/Rocky Linux 9は、インテル64ビットCPUのアーキテク
チャであるx86_64のみのサポートとなりました。AlmaLinux 9/Rocky Linux
9を利用できるハードウェア要件として決まっているのは、表1-7のとおりです。

表1-7　AlmaLinux 9/Rocky Linux 9を利用できるハードウェア要件

CPUアーキテクチャ	AMD、Interl、ARM64ビットアーキテクチャ
最小メモリ	1.5GB
最大メモリ	48TB
最大CPU数	1792コア/8192スレッド
最小ハードディスク容量	10GB（20GB以上を推奨）

最小ハードディスク容量は、AlmaLinux 9/Rocky Linux 9の推奨値です。最
小構成など、より少ないディスク容量で利用することができる構成を選ぶこともで
きます。実際にサーバとして利用するためには、より多くのディスク容量が必要にな
ります。

なお、AlmaLinux 9/Rocky Linux 9はネットワークからのインストールをサ
ポートしていますが、本書ではUSBからのインストール方法について解説します。
そのため、USBポートが付属したコンピュータを用意してください。

仮想環境での利用

最近は、コンピュータの中に仮想的なコンピュータを作って動作させる仮想化技
術が普及してきています。Windowsでも、Hyper-V、VMWare、VirtualBox
などの仮想化技術を利用することができます。Linuxを勉強する場合や、はじめて
AlmaLinux/Rocky Linuxを使う場合には、こうした仮想化技術を利用して作成
した仮想マシンを利用するのもよいでしょう。

なお、AlmaLinux 9/Rocky Linux 9のインストーラは、1024×768以上の
解像度で動作することを前提としています。仮想環境上で動作させる場合には、こ
の解像度に加えて、仮想化ソフトウェアを管理するためのメニューなどが表示され
るため、1024×768よりも大きな解像度を持ったコンピュータを利用することをお
勧めします。

構築の準備

実際にネットワークサーバを構築する前に、利用するサーバ、ネットワークの環境、インストールメディアなどをきちんと準備しておくことが大切です。この Chapter では、本書の想定する環境と、その準備方法について解説します。

Section 02-01

サーバを用意する

実際にネットワークサーバを構築するためには、サーバをインストールする場所を決める必要があります。また、さらにサーバをインターネットに公開する場合には、そのための準備も必要です。このセクションでは、どのようなサーバを、どこに配置するのかについて説明します。

このセクションのポイント

■1 用途に併せてサーバのインストール先を考える必要がある。
■2 最近では、運用のしやすさや手軽さからクラウドサーバが使われることが多い。

仮想化と仮想マシン

1つのコンピュータ上に複数の仮想的なコンピュータを作成する技術を**仮想化**と呼びます。この仮想化の技術を使って作られる仮想的なコンピュータのことを**仮想マシン**と呼びます。仮想マシンを使うと、新たなコンピュータを用意することなくネットワークサーバを構築する環境を用意することができます。

例えば、学習用や実験用にインターネットサーバを構築する場合には、普段使っているPC上に仮想化ソフトウェアをインストールし、仮想マシンを作成することができます。

> **メモ**
>
> 仮想化ソフトウェアには、さまざまな選択肢がありますが、本書では仮想化ソフトウェアとして VirtualBox を Section 02-04 で紹介しています。

仮想基盤

最近は、企業や組織内のコンピュータを効率的に使うため、複数のコンピュータを使って、たくさんの仮想マシンを作成できる設備を用意することが多くなっています。このような設備のことを**仮想基盤**と呼びます。もし、企業や組織の中に仮想基盤がある場合には、仮想基盤上に仮想マシンを作成し、そこにインターネットサーバを構築することができます。

クラウドサーバ

仮想基盤をさらに発展させた、インターネット上で仮想マシンを貸し出すサービスがあります。Amazon Web Service、Microsoft Azure、Google Cloud

Platformなどでは、クラウドサービス上に仮想マシンを作成することができます。

クラウドサーバは、ハードウェアを自分で運用する必要がなく、コンピュータを購入せずにすぐに利用することができるなどのメリットがあり、利用者が増加しています。

> **メモ**
>
> クラウドとは反対に、ソフトウェアやハードウェアを自社で保有し管理する運用形態をオンプレミスと呼びます。クラウドサーバはインターネット上にあるため、セキュリティの心配があります。そのため、気密性の高い情報を管理する場合には、オンプレミスのサーバが使われます。

物理サーバ

ネットワークサーバ用に専用のコンピュータを用意してネットワークサーバを構築することも可能です。このような専用のハードウェアを、仮想サーバ（仮想マシン）と区別して、**物理サーバ**（物理マシン）と呼びます。

本格的なネットワークサーバを構築するのであれば、ネットワークサーバ用に設計された専用のサーバPCを利用することをおすすめします。たくさんのCPUを搭載できたり、多くのメモリやディスクを搭載できたりするため、アクセス数やデータ量の多いネットワークサーバを作る場合に利用されます。また、連続稼働が前提で設計されているため、長い期間でも安定して動作することが期待できます。

一方で、学習用や実験用のサーバであれば、デスクトップPCやノートPCでも問題ありません。ただし、ネットワークサーバですのでLANポートがあるものを選択して下さい。また、本書ではインストール用にUSBメモリを使いますので、USBポートも必要になります。

> **注意**
>
> 通常のPCにはWindowsがインストールされていますが、AlmaLinuxやRocky Linuxをインストールするときには、Windowsを消してインストールすることになりますので注意が必要です。Windowsを残したままAlmaLinuxやRocky Linuxをインストールしたい場合には、仮想化ソフトウェアを使います。

レンタルサーバ

物理サーバとクラウドサーバの中間的な位置付けとして、**レンタルサーバ**を使うこともできます。レンタルサーバは、インターネットに接続された物理サーバを貸し出すサービスで、仮想化技術を使っていないことからクラウドサーバとは区別されています。

インターネットサーバの公開①

サーバをインターネットに公開する

ネットワークサーバをインターネットに公開するためには、グローバルアドレスを使って通信できるようにする必要があります。しかし、どのようなサーバを用意したかによって、その方法は異なります。このセクションでは、ネットワークサーバをインターネットに公開するために必要な準備について解説します。

このセクションのポイント

■インターネットにサーバを公開するためには、グローバルIPアドレスを用意し、公開用のホスト名を決める必要がある。
■公開用のホスト名を用意するためには、ドメイン名を用意する必要がある。
■ドメイン名はレジストラに申請することで取得できる。

グローバルIPアドレスを取得する

ネットワークサーバをインターネットに公開するためには、インターネットから接続可能なグローバルIPアドレスをサーバに設定する必要があります。ここでは、用意したサーバの種類ごとにグローバルIPアドレスの取得方法について解説します。

■ クラウドサーバ

クラウドサーバは、サーバに対してグローバルIPアドレスを割り当てる設定だけで、インターネットにサーバを公開することができます。ただし、クラウドサービスによっては、作成済みのサーバにグローバルIPアドレスを割り当てることができない場合もありますので、注意が必要です。その場合には、サーバを作成するときにグローバルIPアドレスの割り当てを設定しておく必要があります。

メモ

クラウド事業者によっては、グローバルIPアドレスのことを、パブリックIPアドレスと呼ぶ場合もります。

■ レンタルサーバ

レンタルサーバでは、グローバルIPアドレスをオプションとして提供していることが多いようです。そのため、契約時にインターネットにサーバを公開したいことを伝えて、グローバルIPアドレスが利用できるサービスメニューを選ぶ必要があります。

■ オンプレミスサーバ（物理サーバ、仮想サーバ、仮想基盤上の仮想サーバ）

オンプレミスのサーバの場合には、物理サーバでも仮想サーバでもグローバルIPアドレスを自分で用意する必要があります。すでにインターネットにサーバを公開している組織では、グローバルIPアドレスをサブネット単位で取得している場合がほとんどです。そのため、ネットワーク管理者に相談して、グローバルIPアドレスを割り当ててもらいましょう。サーバは、既存の公開サーバと同じネットワークに接続する必要があります。グローバルIPアドレスを持っていない組織の場合には、インターネット接続に利用しているISPとの契約を、グローバルIPアドレスを利用できる契約に変更する必要があります。

公開するサーバ名を用意する

クラウドサーバでもオンプレミスサーバの場合でも、サーバを公開するためには、サーバに名前を付ける必要があります。Section 01-05で解説したように、インターネットで使われるサーバの名前は、ホスト名とドメイン名から構成されます。ホスト名は組織内で自由に付けることができます。一方、ドメイン名はレジストラと呼ばれるドメイン名を管理している機関から割り当てを受ける必要があります。すでにインターネットにサーバを公開している組織では、このドメイン名も割り当てられているはずです。そのため、ネットワーク管理者に相談して、サーバ名を用意してください。

■ ドメイン名の取得

ドメイン名の割り当てを受けていない場合には、レジストラに依頼してドメイン名を用意します。レジストラは、インターネットのドメイン名全体を管理しているICANNからドメインの登録・管理サービスを委託された組織です。各レジストラは、インターネット上でドメイン名の割当申請を受け付けています。クレジットカードなどを利用して、すぐにドメイン名を割り当ててくれるレジストラもあります。

Section 02-03
動的アドレス割り当てで
サーバを公開する

インターネットにサーバを公開する場合には、グローバルアドレスとドメイン名を取得するのが一般的です。しかし、ISPとの契約などの制約で、サービス用のグローバルアドレスの割り当てを受けられない場合があります。このセクションでは、そのような場合にサービスを公開する方法を解説します。

このセクションのポイント

1 ISPから固定のグローバルアドレスの割り当てが受けられない場合でも、ルータにグローバルアドレスが割り当てられていればサービスを公開できる。
2 ブロードバンドルータのポートフォワーディングという機能と、DDNSという機能を利用する。
3 DDNSでは、独自のドメイン名を使うことはできないが、ホスト名は選択することができる。

ネットワークの構成

ISPからグローバルアドレスの割り当てを受けることができない場合でも、ISPからルータにグローバルアドレスが割り当てられる場合には、インターネットにサービスを公開することができます。この場合には、図2-1のようにルータのLAN側のインタフェースには、プライベートアドレスを付けることになります。

図2-1 ルータにグローバルアドレスを割り当てる場合

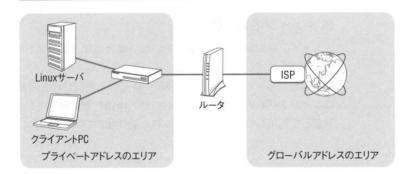

Linuxサーバ

クライアントPC

プライベートアドレスのエリア

ルータ

ISP

グローバルアドレスのエリア

注意

まれに、ISPからプライベートアドレスが割り当てられる場合があります。この場合には、インターネットへサービスを提供することはできません。

ポートフォワーディング

ISPからルータへグローバルアドレスが割り振られる場合には、ルータの該当の
TCPポートに着信した通信を、LAN内のLinuxサーバへ転送することでインター
ネットへサービスを公開することができます。

図2-2　ポートフォワーディング

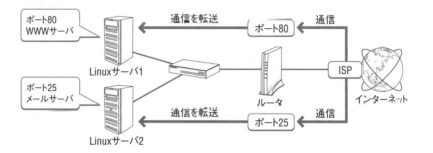

図2-2は、ＷＷＷサーバとメールサーバを公開する場合の通信の例です。例え
ば、インターネットからのＷＷＷサーバへの通信は、ルータのグローバルアドレス
の80番ポートに対して送られてきます。ルータは、80番ポートへの通信を着信す
ると、Linuxサーバ1の80番ポートへ転送します。同様に、メールの通信は、ルー
タの25番ポートへ送られてきますが、これはLinuxサーバ2の25番ポートへ転送
します。

このように、サービスの特定のポートに届いた通信を別のサーバへ転送する処理
を**ポートフォワーディング**と呼びます。LAN内の通信はプライベートアドレスにな
るため、ポートフォワーディングの機能はアドレス変換の機能と同時に動作する必要
があります。

最近のブロードバンドルータの多くが、こうしたポートフォワーディングの機能を
持っています。この機能を利用すればISPから特別なIPアドレスを割り当ててもら
えないような構成の場合でも、インターネットへサービスを公開することができるの
です。

DDNSサービス

ISPからルータへグローバルアドレスが割り振られる場合には、割り当てられるIPアドレスは、接続のたびに変わってしまいます。このようなアドレスの割り当て方を**動的アドレス割り当て**と呼びます。

IPアドレスが変更になってしまうと、ＷＷＷサーバやメールサーバへ通信をするために、まずIPアドレスを調べなければ通信することができません。通信をするたびに、IPアドレスを調べなければならないのは、非常に不便です。そこで、インターネット上では、**DDNS**[*1]と呼ばれるサービスが提供されています。

*1　Dynamic DNS

図2-3　DDNSを利用する場合のネットワーク構成

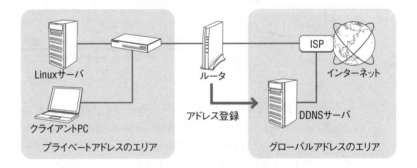

DDNSをサポートしたルータは、ISPとの接続が確立すると、割り当てられたIPアドレスをインターネット上のDDNSサーバに自動的に登録してくれます。残念ながら、ドメイン名に独自のドメイン名を使うことはできませんが、ホスト名は他の人と重複しないものであれば、自由に名づけることができます。

Section 02-04

インストール環境を用意する

AlmaLinux 9/Rocky Linux 9のインストールメディアは、公式サイトからISO形式で配布されています。そのため、AlmaLinux 9/Rocky Linux 9をインストールするためには、インストーラをダウンロードして、インストールメディアを用意する必要があります。インストールに先立って、インストールメディアを用意しておきましょう。また、仮想マシンを使う場合には、仮想化ソフトウェアをインストールしておきましょう。

このセクションのポイント

■ AlmaLinux/Rocky Linuxの公式サイトからインストールメディアをダウンロードする。
■ 仮想マシンにインストールする場合には、インストールメディアのイメージをそのまま利用できる。
■ PCにインストールする場合には、インストールメディアをDVDまたはUSBメモリに書き込む必要がある。

AlmaLinux 9/Rocky Linux 9 インストールメディアの入手

Section 01-07の記事を参考に、AlmaLinuxとRocky Linuxのどちらを入手するのかを決めましょう。利用するディストリビューションの公式サイトからメディアを入手します。

AlmaLinux 9

AlmaLinuxは、次の公式サイトから入手することができます。

https://almalinux.org/ja/

公式サイトにアクセスすると、図2-4のようなページが表示されます。

図2-4　AlmaLinux公式ページ

クリックする

[ダウンロード] をクリックします。すると、「AlmaLinux ISOs links」のページが表示されます。

図2-5　AlmaLinux ISOs linksページ

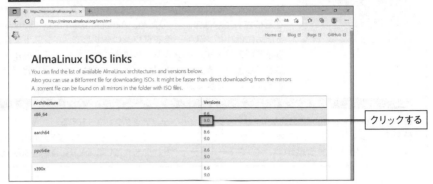

クリックする

x86_64の欄の [9.0] をクリックすると、図2-6のようにダウンロードが可能なサイトの一覧が表示されます。

図2-6　ダウンロードサイトの選択

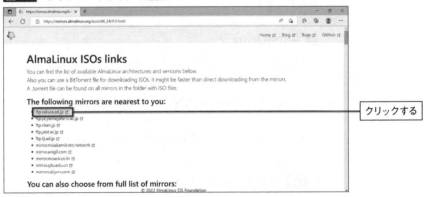

クリックする

このリストから、1つを選んでクリックします。すると図2-7のようなダウンロードファイルの選択画面が表示されます。

図2-7 AlmaLinux ダウンロードファイルの選択

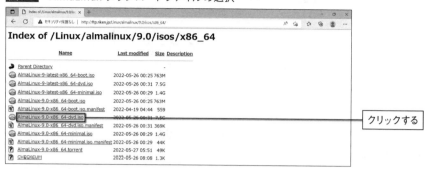

[AlmaLinux-9.0-x86_64-dvd.iso] をクリックすると、ダウンロードが開始されます。

Rocky Linux 9

Rocky Linux 9は、次の公式サイトから入手することができます。

https://rockylinux.org/ja/

公式サイトにアクセスすると、図2-8のようなページが表示されます。

図2-8 Rocky Linux公式ページ

[**ダウンロード**] をクリックします。すると、「ダウンロード」ページが表示されます。

図2-9 Rocky Linux ダウンロードページ

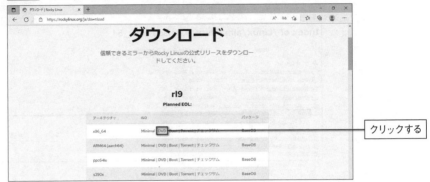

クリックする

x86_64の欄にある [**DVD**] のボタンをクリックすると、ダウンロードが開始されます。

■ ブートイメージの利用方法

仮想マシンを利用する場合には、このISOイメージをそのまま利用することができます。次の「仮想マシンの作成」の説明に従って、仮想マシンを作成し、ISOイメージを指定します。通常のPCにインストールする場合には、Fedora Media Writerをダウンロードし、インストール用のUSBメモリを作成します。「Fedora Media Writerによるメディアの作成」の説明に従って、インストール用メディアを作成します。

仮想マシンの作成

仮想マシンを利用する場合には、仮想化ソフトウェアが必要です。本書では、**VirtualBox**を例にとって解説します。

■ VirtualBoxのダウンロード

VirtualBoxは、次のサイトからダウンロードできます。

https://www.virtualbox.org/

サイトにアクセスすると、図2-10のようなページが表示されます。

図 2-10　VirtualBoxの公式サイト

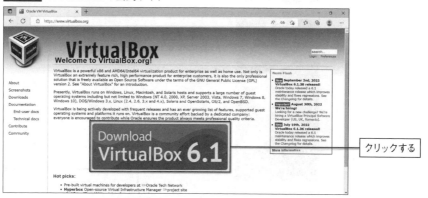

[Download VirtualBox 6.1] の部分をクリックします。すると、図2-11のような
ページが表示されます。

図 2-11　VirtualBoxのダウンロードページ

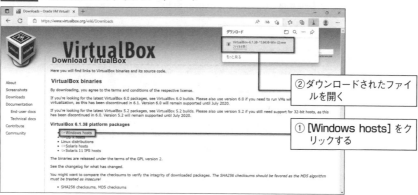

[Windows hosts] のリンクをクリックすると、ダウンロードが開始されます。ダウ
ンロードが終了したら、ブラウザのダウンロードボタンを押して、ダウンロードファ
イルの一覧表を表示ます。ダウンロードされたファイルを選択し、[ファイルを開
く] をクリックします。すると、VirtualBoxのインストーラが起動されます。

■ VirtualBoxのインストール

VirtualBoxのインストーラを起動すると、図2-12のようなインストールウィザー
ドが始まります。

図2-12　VirtualBoxのインストールウィザード

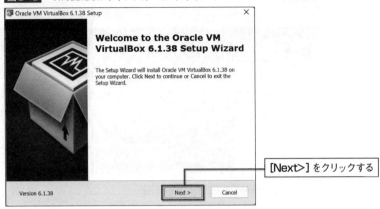

[Next>] をクリックする

[Next>] をクリックして、インストールを開始します。すると、図2-13のような画面が表示されます。

図2-13　VirtualBoxの機能選択

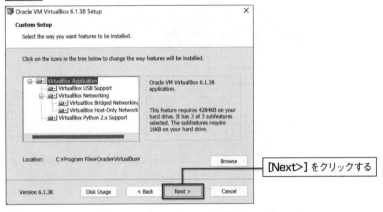

[Next>] をクリックする

この画面では、インストールする機能を選択することができます。特別な設定は必要ありませんので、[Next>] をクリックして手順を進めます。

図2-14 VirtualBoxのインストールオプション設定画面

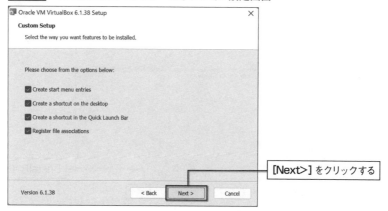

この画面では、インストールオプションを選択します。スタートメニューへの登録やクイックラウンチバーへの登録などを選択することができます。好みに応じてチェックを外し[Next>]をクリックします。すると、図2-15のような警告画面が表示されます。

図2-15 VirtualBoxの警告画面

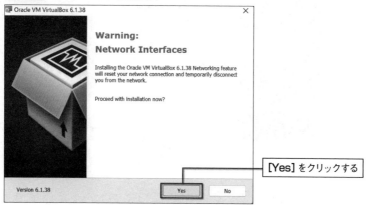

VirtualBoxをインストールすると、ネットワーク設定がリセットされ、接続が一時的に切断される可能性があるという警告です。他のソフトウェアをダウンロードしていたり、ネットワーク越しにファイルをコピーしている場合等、ネットワークを利用しているときには作業が完了するのを待ちます。ネットワークをリセットしてよい条件になったら、[Yes]をクリックします。インストールの準備が整うと、図2-16のような画面が表示されます。

図2-16　VirtualBoxのインストール準備完了

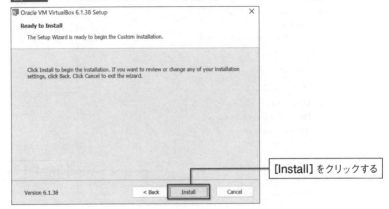

[Install] をクリックする

ここで [Install] をクリックするとインストールが始まります。
インストールが終わると、図2-17のような画面が表示されます。

図2-17　VirtualBoxのインストールの完了

[Finish] をクリックする

[Finish] をクリックすれば、インストールは完了です。[**Start Oracle VM VirtualBox 6.1.38 after installaiton**] にチェックしていた場合にはVirtualBoxマネージャが起動します。チェックしていなかった場合には、スタートメニューから起動して下さい。

■ 仮想マシンの作成

VirutalBoxマネージャーを起動すると、図2-18のような画面が表示されます。

図2-18　VirtualBoxマネージャーの起動画面

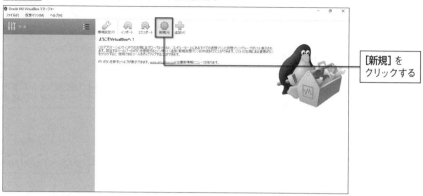

この画面で「新規」をクリックすると、仮想マシンを作成することができます。クリックすると、ウィザードが起動され、図2-19のような画面が表示されます。

図2-19　仮想マシンの作成

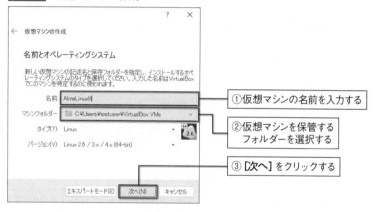

[名前]の欄に、作成する仮想マシンの名称を設定します。マシンフォルダーは、仮想マシンのイメージを保管するフォルダーです。特に問題がなければ、デフォルトで構いません。タイプとバージョンには、標準で「Linux」、「Linux 2.6 / 3.x / 4.x (64-bit)」が設定されていますので、変更する必要はありません。設定ができたら、[次へ(N)]をクリックします。

次に、図2-20のような仮想マシンのメモリサイズの設定画面が表示されます。

図2-20　仮想マシンの作成（メモリサイズ）

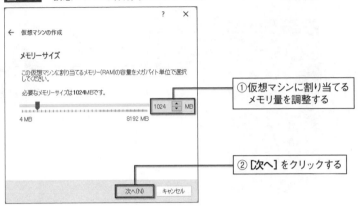

① 仮想マシンに割り当てる
　メモリ量を調整する

② [次へ] をクリックする

　AlmaLinux 9/Rocky Linux 9の最小メモリは1.5Gbyteですので、それ以上
の値を設定します。設定したら、[次へ(N)] をクリックします。
　次に、図2-21のような仮想マシンのハードディスクの設定画面が表示されます。

図2-21　仮想マシンの作成（ハードディスク）

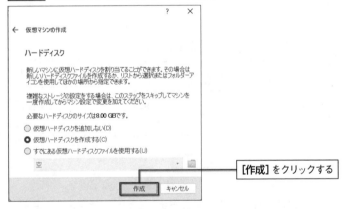

[作成] をクリックする

　デフォルトで [仮想ハードディスクを作成する] がチェックされています。このま
ま変更する必要はありません。[作成] をクリックします。図2-22のように仮想ハー
ドディスクの作成のための設定画面が表示されます。

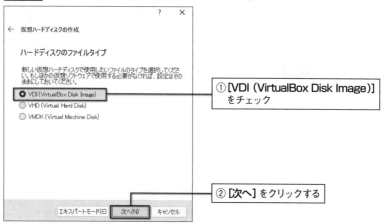

図2-22　仮想ハードディスクの作成（ファイルタイプ）

①[VDI（VirtualBox Disk Image）]
をチェック

②[次へ]をクリックする

　仮想ハードディスクは、1つのファイルとして作成されます。この画面では、そのファイルの形式を設定します。特に変更する必要はありませんので、デフォルトの[VDI（VirtualBox Disk Image）]を選択して[次へ(N)]をクリックします。すると図2-23のようなストレージを固定サイズにするか、可変サイズとするかを選択する画面が表示されます。

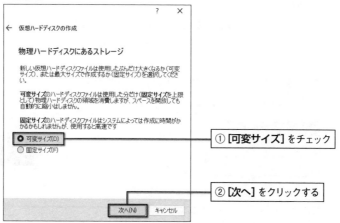

図2-23　仮想ハードディスクの作成（物理ハードディスクにあるストレージ）

①[可変サイズ]をチェック

②[次へ]をクリックする

　ストレージを固定サイズにしておくと、仮想ハードディスクの作成時点で指定したディスク容量が予約されます。この方法では、連続したディスク領域が割り当てられる可能性が高いため、高速に動作します。ただし、仮想ハードディスクの作成には時間がかかります。
　一方、可変サイズを選択すると、必要な時にディスク領域を割り当てます。ディスク領域が断片化しやすく性能は劣りますが、ディスクサイズを節約することができ

ます。また、仮想ハードディスクの作成も短時間で行うことができます。

どちらかの方式を選択したら、[**次へ(N)**]をクリックします。図2-24のような仮想ハードディスクのファイル名とサイズを設定する画面が表示されます。

図2-24　仮想ハードディスクの作成（ファイルの場所とサイズ）

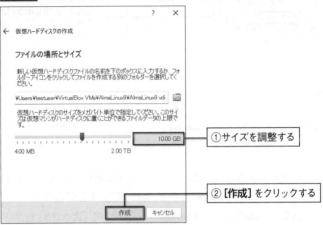

ファイル名は、デフォルトのまま変える必要はありません。別の場所にしたい場合には、変更することができます。ディスク容量は、用途に合わせて調整します。AlmaLinux 9/Rocky Linux 9の最低ディスク容量は10GBですので、それ以上を割り当てます。

設定ができたら[**作成**]をクリックします。仮想マシンと仮想ハードディスクが作成され、VirutalBoxマネージャーに戻ります。

図2-25　仮想マシン作成後のVirtualBoxマネージャー

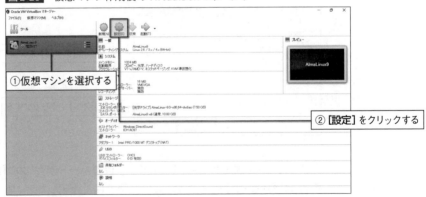

図2-25のように、画面左側に作成した仮想マシンの名前と「電源オフ」という表示がされています。これで、仮想マシンが作成できました。

■ インストールメディアの設定

次に、仮想マシンにインストール用のISOを設定します。仮想マシンを選択して、[**設定**]をクリックします。図2-26のような仮想マシンの設定画面が表示されます。

図2-26 仮想マシンの設定

[**ストレージ**]を選択すると、右側画面がストレージの設定画面に変わります。[**ストレージデバイス**]の中からCD/DVDのイメージ([**空**]と表示されている)をクリックします。さらに右側に光学ドライブの設定画面が表示されますので、CD/DVDのマークがついているメニューをクリックします。ISOイメージを選択する画面が表示されるので、ダウンロードしたAlmaLinuxまたはRocky LinuxのDVDイメージのISOを指定します。すると、図2-27のような画面になります。

図2-27　仮想マシンの設定（ISO設定後）

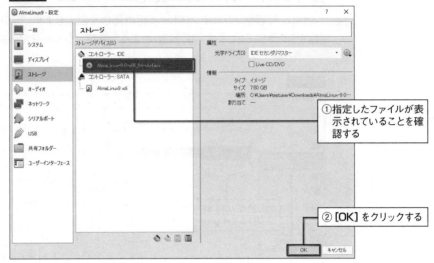

■ ネットワークの設定

　次に、仮想マシンのネットワークの設定を行います。VirtualBoxのデフォルトでは、仮想マシンのネットワークはNAT（Network Address Translation）の仕組みを使って、Windows PCのIPアドレスに変換されるようになっています。NAT設定では、仮想マシンから外部へは通信できても、外部から仮想マシンへ通信することができません。

　本書では、仮想マシンをネットワークサーバとして設定することを想定していますので、これでは都合が悪いため、修正しておきます。

　仮想マシンの設定画面から、左側メニューの[**ネットワーク**]を選択します。右側が、ネットワークの設定画面に変わります。[**割り当て**]のメニューをクリックして、[**NAT**]から[**ブリッジアダプター**]に設定を変更します。

図2-28 仮想マシンの設定（ISO設定後）

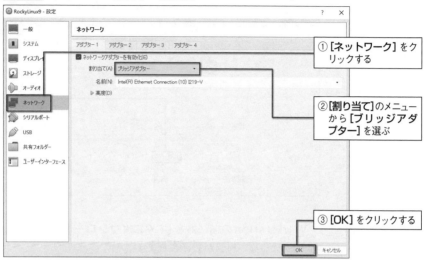

最後に**[OK]**をクリックすると、設定が保存されます。これで、仮想マシンの起動準備が整いました。仮想マシンを選んで**[起動]**をクリックすると、仮想マシンの電源を入れることができます。

Fedora Media Writerによるメディアの作成

通常のPCにインストールする場合には、ISOイメージをメディアに書き込むソフトウェアが必要です。メディア書き込み用のソフトウェアは、AlmaLinuxやRocky Linuxの元となっているRedHat Enterprise Linuxと密接な関係にあるFedora Projectのサイトからダウンロードすることができます。

Fedora Media Writerの入手

まずは、次のURLを参考に、Fedora Projectのサイトにアクセスします。

https://getfedora.org/

図2-29のようなページが表示されます。

図2-29　Fedoraプロジェクトのページ

Workstationの欄にある [**すぐにダウンロード**] をクリックします。すると、図
2-30のようなページが表示されます。

図2-30　Fedora Workstationのダウンロードページ

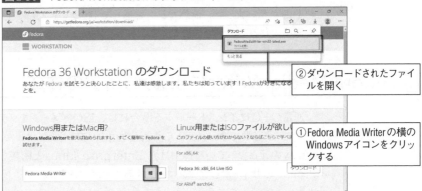

[**Fedora Media Writer**] の横にあるWindowsアイコンをクリックします。Windows
用のFedora Media Writerのソフトウェアのダウンロードが始まります。ダウンロード
が完了したら [ダウンロード] ボタンを押して、ダウンロードされたファイルを探し、[ファ
イルを開く] をクリックします。

■ Fedora Media Writer のインストール

ダウンロードが終了したら、自動的にファイルが実行され、インストールが始まり
ます。最初に図2-31のようなライセンスの確認画面が表示されます。

図2-31　Fedora Media Writerのインストール画面（ライセンス）

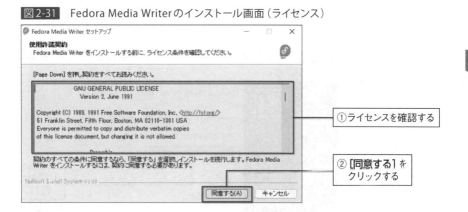

①ライセンスを確認する

②[同意する]を
クリックする

　ライセンスを確認し、[**同意する**]をクリックします。すると、図2-32のようにインストール先フォルダを設定する画面が表示されます。

図2-32　Fedora Media Writerのインストール画面（インストール先）

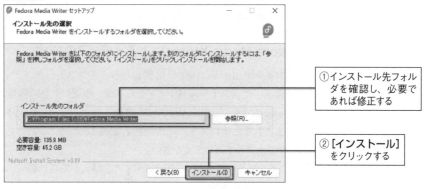

①インストール先フォル
ダを確認し、必要で
あれば修正する

②[**インストール**]
をクリックする

　インストール先フォルダを確認し、[**インストール**]をクリックします。インストールが開始され、図2-33のようなインストール状況を表示する画面が表示されます。

図2-33　Fedora Media Writerのインストール画面（インストールの進捗）

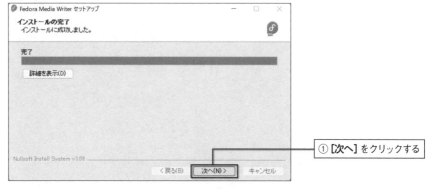

①[**次へ**]をクリックする

インストールが完了したら、[**次へ(N)**] をクリックします。

図2-34　Fedora Media Writer のインストール画面（インストールの完了）

① [Fedora Media Writerを実行] にチェックを入れる

② [完了] をクリックする

図2-34のようなインストールウィザードの完了画面が表示されます。[**Fedora Media Writerを実行**] にチェックを入れ、[**完了**] ボタンをクリックします。自動的に、Fedora Media Writer が起動します。

■ Fedora Media Writerによるメディアの作成

Fedora Media Writer が起動したら、インストールメディアの作成を行うことができます。インストールメディアとしては、8GB以上の容量のUSBメモリを用意します。Fedora Media Writerで書き込むと、USBメモリに保管されているデータは消去されてしまいます。そのため、必要なデータがある場合には、先にデータをバックアップしておいてください。

PCにインストールを行うUSBメディアを挿入したら、Fedora Media Writerでの書き込みを行います。

Fedora Media Writerを起動すると図2-35のような画面が表示されます。

図2-35　Fedora Media Writerの画面（トップ）

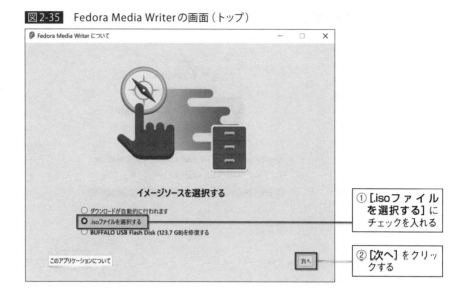

① [.isoファイル
を選択する] に
チェックを入れる

② [次へ] をクリッ
クする

　[ISOファイルを選択する] にチェックをして、[次へ] をクリックします。すると、
図2-36のような図が表示されます。

図2-36　Fedora Media Writerの画面（メディアへの書き込み）

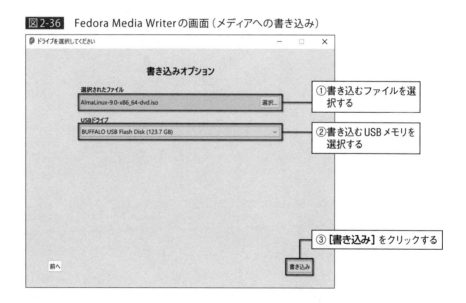

① 書き込むファイルを選
択する

② 書き込むUSBメモリを
選択する

③ [書き込み] をクリックする

　[選択] ボタンを押して、先ほどダウンロードした AlmaLinux 9/Rocky Linux
9のISO イメージファイルを選択します。次に [USBドライブ] のメニューから、書
込みを行うUSBメモリを選択し、[書き込み] をクリックします。Fedora Media
Writerは、指定されたISOファイルのデータをメディアに書き込みます。書込みが
終了すると、図2-37のように「終わりました！」と表示されます。

図 2-37 Fedora Media Writerの画面（書き込み終了）

AlmaLinux-9.0-x86_64-dvd.iso の書き込みに成功しま...

終わりました!

選択済み: AlmaLinux-9.0-x86_64-dvd.iso

再起動し、BUFFALO USB Flash Disk (123.7 GB) から AlmaLinux-9.0-x86_64-dvd.iso を起動します。

終わりました!

**[終わりました！]を
クリックする**

[**終わりました！**]をクリックします。

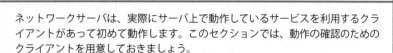

クライアントを用意する

ネットワークサーバは、実際にサーバ上で動作しているサービスを利用するクライアントがあって初めて動作します。このセクションでは、動作の確認のためのクライアントを用意しておきましょう。

このセクションのポイント

■ネットワークサーバの動作を確認するためにはWindowsクライアントが必要である。
■あらかじめ条件に合わせてネットワークの設定を行っておく必要がある。

どんなクライアントが必要か?

本書では、次のようなサービスを行うネットワークサーバを紹介します。

・クライアントへIPアドレスを割り当てるサーバ
・DNSで名前解決を行うサーバ
・ファイルサーバ (Windowsファイル共有)
・WWWサーバ
・メールサーバ

これらのネットワークサーバの動作を確認するクライアントでは、次のような機能が使えるようにしておく必要があります。

・TCP/IPによる通信が行える
・ホームページが参照できる (Webブラウザが使える)
・メールを読むことができる (メールソフトが使える)
・Windowsファイル共有ができる

これらの要件を満たせば、どんなクライアントでも構いません。そのため、通常のWindowsのPCにネットワークの設定をして利用するのが一般的です。Windowsのバージョンは、どのバージョンでも構いませんが、本書では最新のWindows 11を例にあげて解説します。なお、WindowsのPCへは、あらかじめネットワークの設定を行っておく必要がありますが、特別な設定が必要なわけではありません。すでにネットワークを利用しているPCがある場合には、そのまま確認に利用することができます。

Windowsのネットワーク設定

初めてネットワークに接続するPCの場合には、事前にネットワークの設定を行っておきましょう。また、すでにネットワークを利用しているPCの場合には、設定を確認しておきましょう。

■ Windows 11の設定例

Windows 11のネットワーク設定は次のような手順で行います（本書では、マウスでの操作方法について説明します）。

①コントロールパネル

画面下部の虫眼鏡のアイコンをクリックし、入力欄に「コントロールパネル」と入力して検索します。**[最も一致する検索結果]**の欄に**[コントロールパネル]**が表示されますので、それをクリックして、コントロールパネルを起動します。

図2-38　コントロールパネルを起動する

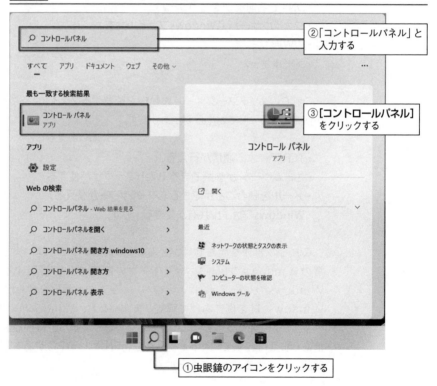

②「コントロールパネル」と入力する

③[コントロールパネル]をクリックする

①虫眼鏡のアイコンをクリックする

図2-39 コントロールパネル

②ネットワークの状態とタスクの表示

コントロールパネルの中から、[ネットワークの状態とタスクの表示]をクリックします。すると、ネットワークと共有センターが開きます。

図2-40 ネットワークと共有センター

③イーサネット接続の状態

次に、[アクセスの種類]の欄がインターネットの接続から、[イーサネット]をクリックします。イーサネットの状態が開きます。

図2-41　イーサネットの状態

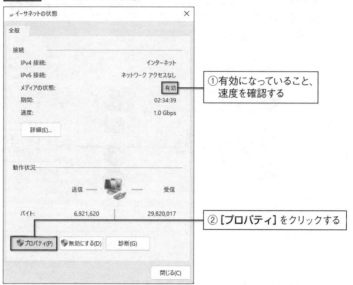

　[メディアの状態] が 「有効」 となっていることを確認します。また、速度の欄には1.0Gbpsなどの通信速度が表示されています。この速度が、接続しているネットワークの状況に合ったものであることを確認します。

④イーサネットのプロパティ
　次に [プロパティ] をクリックします。**イーサネットのプロパティ**画面が開きます。

図2-42　イーサネットのプロパティ

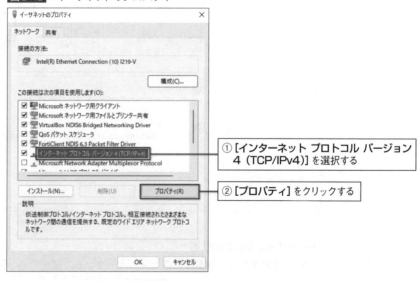

[この接続は次の項目を使用します] の欄に、「インターネットプロトコルバージョン4（TCP/IPv4）」があることを確認してください。

⑤インターネットプロトコルバージョン4 （TCP/IPv4） のプロパティ

　[インターネットプロトコルバージョン4 （TCP/IPv4）] を選択し、[プロパティ] をクリックします。すると、インターネットプロトコルバージョン4 （TCP/IPv4） のプロパティが開きます。

図 2-43　インターネットプロトコルバージョン4 （TCP/IPv4） のプロパティ

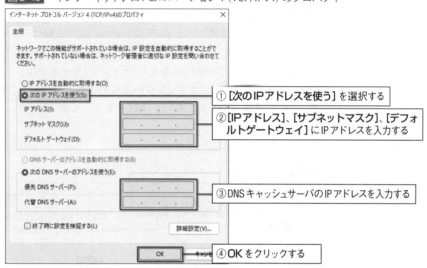

初めてネットワークに接続するPCでは、「IPアドレスを自動的に取得する」が設定されています。LANの中に、DHCPサーバがある場合には、このまま設定を使うことができます。DHCPサーバがない場合には、次のように設定を行います。

・ [次のIPアドレスを使う] を選択します。
・ IPアドレス、ネットマスク、デフォルトゲートウェイを入力します。
・ IPアドレスは、他のコンピュータと同じものは使えません。必ず違うものを使ってください。
・ DNSサーバのアドレスを入力します。次のような項目を [優先DNSサーバ] [代替DNSサーバ] に設定します。
　・ LANの中にDNSキャッシュサーバが設置されている場合には、そのDNSキャッシュサーバのアドレスを入力します。
　・ ブロードバンドルータのDNS代理応答機能を使う場合には、ブロードバンドルータのIPアドレスを入力します。
　・ ISPのDNSキャッシュサーバを使う場合には、ISPから連絡されているDNSサーバのアドレスを入力します。

[優先 DNS サーバ] [代替 DNS サーバ] のどちらか片方でも設定されていれば名前解決をすることができますが、できれば両方に違う IP アドレスを設定します。

設定が完了したら [OK] ボタンをクリックし、これまで開いたウインドウをすべて閉じます。

■ 動作確認

ネットワークの設定ができたら、動作確認を行います。動作確認には、Windows Terminalを使います。

①Windows Terminalの表示

タスクバーの虫眼鏡のアイコンをクリックし、入力欄に「Windows Terminal」と入力します。最も一致する検索結果として、[ターミナル] が表示されます。本書では、Windows Terminalをよく使うため、[ターミナル] のアイコンを右クリックして表示されるメニューから [スタートにピン留めする] をクリックしておきましょう。そして、[ターミナル] または [開く] をクリックして、Windows Terminalを表示します。

図2-44　Windows Terminalを起動する

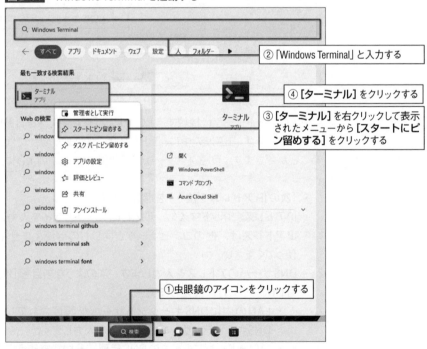

② 「Windows Terminal」と入力する

④ [ターミナル] をクリックする

③ [ターミナル] を右クリックして表示されたメニューから [スタートにピン留めする] をクリックする

① 虫眼鏡のアイコンをクリックする

> **メモ**
>
> 本書では、これ以降でWindows Terminalを起動するときには、「スタートメニューからWindows Terminalを選択します」のように記載していきます。

②設定の確認（ipconfigコマンド）

　ipconfigコマンドを実行します。図2-45のように「/all」オプションを付けて実行することで、DNSサーバ（DNSキャッシュサーバ）の情報等も表示することができます。

図2-45 ipconfigを実行した画面

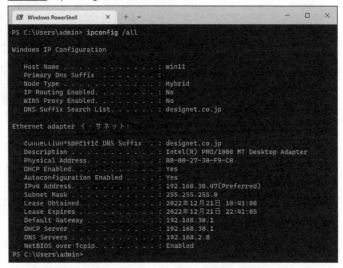

③pingによる動作確認

　設定が正しい場合には、他のネットワーク機器への通信の疎通確認を行います。疎通確認にはpingコマンドを使います。次の図2-46のように、「ping」の後に、疎通確認を行いたい相手のIPアドレスを入力して実行します。インターネットに接続している場合には、DNSサーバやデフォルトゲートウェイのIPアドレスに対して、確実に通信ができることを確認してください。

図2-46 pingコマンドの成功例

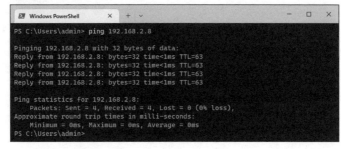

　疎通がとれれば、図2-46のように「〜の応答:　バイト数　○○..」と表示されます。疎通がとれない場合には、図2-47のように「要求がタイムアウトしました」と表示されます。

図2-47　pingコマンドの失敗例

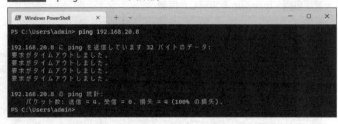

　疎通がとれない場合には、ネットワーク設定を再確認します。

④DNSの動作確認

　インターネットに接続している場合には、DNSによる名前解決ができることも確認しておきます。pingコマンドに、適当なFQDNホスト名を指定して、疎通確認がとれればOKです。図2-48の例は、www.yahoo.co.jpへの疎通確認の場合です。

図2-48　www.yahoo.co.jpとの疎通確認

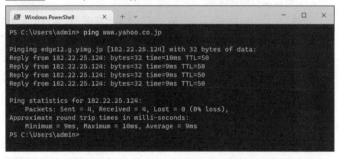

　名前解決がうまくできていれば、きちんと疎通確認がとれます。

AlmaLinux 9/Rocky Linux 9 の インストール

この Chapter では、Linux のインストールの手順を順番に説明していきます。なお、AlmaLinux 9/Rocky Linux 9 のディストリビューションには、多くのパッケージがインストールされています。本書では、その中から最低限必要なものだけをインストールするという方針で説明します。

Contents

Section

03-01

インストールを準備する

実際のインストールでは、いろいろな情報を入力していく必要があります。この
セクションでは、インストールを開始する前に、情報を整理しておきましょう。

1 あらかじめサーバのスペックを確認する。
2 ネットワークのパラメータを決めておく。
3 メモリ容量とディスク容量を考慮しながら、パーティションの構成を決めておく。
4 管理者ユーザのユーザ名、パスワードを決めておく。

サーバスペックを確認しておく

まず、LinuxをインストールするPCのハードウェアのスペックを調べておきましょ
う。購入時の情報やハードウェアマニュアルなどから調べられる内容がほとんどで
す。次のようなことがらを調べておきます。

メモリの大きさ

AlmaLinux 9/Rocky Linux 9では、最小で1.5GByteのメモリが必要です。

キーボードの種類

通常の日本国内で販売されているPCの場合には日本語キーボードです。まれ
に、英語 (International) キーボードのPCもあります。それ以外のキーボードの
場合には、特に種類を把握しておきましょう。

ハードディスクの容量

最近のPCは、比較的大容量のハードディスクをサポートしていますので、あまり
注意する必要はありませんが、最低でも10GByte程度のディスクが必要です。

なお、ハードディスク上にWindowsなどの他のオペレーティングシステムがイン
ストールされている場合には、それを削除してよいかの確認もしておく必要がありま
す。削除してはいけない場合でも、Linux専用の領域として、10Gbyte以上のディ
スク領域を確保しておきましょう。

ネットワークインタフェースの数

使用できるネットワークインタフェースの数と、実際に使用するネットワークイン
タフェースの数を考えておきましょう。

ネットワークのパラメータを決める

ネットワークの構成を考えて、次の情報を確認しておきます。

①ホスト名
②ドメイン名
③使用するIPプロトコル（IPv4またはIPv6）
④IPアドレス
⑤プレフィックス
⑥DNSサーバのIPアドレス
⑦デフォルトゲートウェイのIPアドレス

表3-1は、必要な構成要素と、本書の解説で使用する値です。本書では、IPv4とIPv6の両方のIPアドレスを使って解説していきます。

表3-1 使用する値（IPv4、IPv6）

項目	IPv4の場合の値	IPv6の場合の値
ホスト名	almalinux9	
ドメイン名	designet.jp	
プロトコル	IPv4	IPv6
IPアドレス	192.168.2.10	2001:DB8::10
プレフィックス	24	64
DNSサーバ	192.168.2.7	2001:DB8::7
デフォルトゲートウェイ	192.168.2.1	2001:DB8::1

swapの大きさを決める

Linuxでは、物理的なメモリが不足したときに一時的にメモリの中のあまり使われていない領域をハードディスク上に退避して、物理的なメモリを有効利用する機能があります。**swap**は、この一時的な退避に使われるディスク領域です。

図3-1 swap領域へのメモリ退避

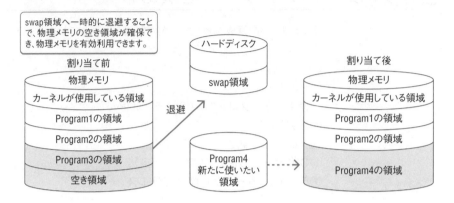

swap領域へ一時的に退避することで、物理メモリの空き領域が確保でき、物理メモリを有効利用できます。

swap領域には、物理的なメモリの大きさの倍の大きさを確保するのが一般的です。例えば、メモリが4GByteあるPCの場合には、swapには8GByteを用意します。

パーティションの大きさを決める

Linuxでは、ハードディスクをいくつかの領域に分割して利用します。この分割された領域のことを**パーティション**と呼びます。先ほど解説したswap領域も、このパーティションの1つです。

Linuxでは、このパーティションという単位でディスクを管理します。用途に合わせてパーティションを分割しておくことには、次のようなメリットがあります。

容量の増減の管理

特定の用途のデータが増えても、そのパーティションの上限までしかディスクを使うことができません。例えば、ログ用の領域をパーティションとして確保しておけば、ログが増加してもデータベースのような他のプログラムが使う領域に影響することがありません。

安全性の確保

Linuxでは、突然の電源断などで最後のデータが正常に書き込めなかった場合でも、データをできるだけ保全し修復する**ファイルシステムチェック**という機能があります。しかし、頻繁にデータを書き込む領域ほど修復できない可能性が高くなります。逆に、まったくデータを変更しない領域は修復の必要がありません。このため、用途によってパーティションを分けることで、データの安全性を高めることができます。

修復時間の短縮

ファイルシステムチェックによるデータの修復処理は、ディスク容量が大きいととても時間がかかります。そのため、パーティションという小さな単位に分けて管理すると、処理の必要な領域だけを修復することができ、時間を短縮することができます。

パーティションを分割する場合には、まずswap領域を確保します。それから他の領域のデータ容量を順に計算します。なお、本書ではswapと/bootを独立した領域として確保し、それ以外の領域はすべて/として管理する方法で説明を行います。

表3-2 よく使われるパーティション領域の例

領域	最低容量	説明
swap	物理メモリの2倍	【必須】物理メモリが不足したときに、データを退避するために使われる。
/	200MByte	【必須】システムの起動に最低限必要なプログラムや設定ファイルが含まれる領域。
/boot	1GByte	システムの起動で最初に読み込まれるカーネルなどのデータが含まれる領域。複数のカーネルデータを配置できる必要がある。
/var	3GByte	ログや動的に変更されるデータを格納する領域。
/usr	5GByte	システムの起動には必要ないが、システムが機能を果たすのに必要なプログラムやデータなどを格納する領域。
/home	—	ユーザのデータを格納する領域。利用用途に応じて作成する。

図3-2 本書で扱うパーティション

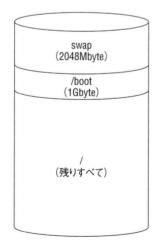

ユーザとパスワードを決める

　　Linuxをインストールすると、管理用のユーザ（root）が自動的に作成されます。しかし、rootはとても権限が大きいため、ネットワーク経由で使うのは、セキュリティの観点からよくないと考えられています。そのため、通常はroot以外の管理ユーザを作成し、そのユーザを使ってログインします。そして、どうしてもrootユーザの権限が必要な場合のみ、rootユーザの権限を使って作業を行います。

　　ですから、インストール前に次のことを決めておきましょう。

・ 管理用ユーザのユーザ名
・ 管理用ユーザのパスワード

　　管理用ユーザのパスワードは、簡単に推測できないようなパスワードにする必要があります。次のようなことに注意しましょう。

・ 文字数 ― 最低でも6文字以上のパスワードを付けましょう。
・ 文字種 ― 小文字、大文字、記号など、複数種類の文字を使いましょう。
・ 文字列 ― 辞書に載っている単語など、推測が簡単な文字列は避けましょう。

Section 03-02

インストールを開始する

Chapter 2で用意したメディアや仮想マシンを使って、AlmaLinux 9/Rocky Linux 9 のインストールを開始していきましょう。

このセクションのポイント

1 インストールは、言語の設定からスタートする。
2 マークの付いた項目は、必ず設定が必要である。

インストーラを起動する

通常のPCにAlmaLinux 9/Rocky Linux 9をインストールする場合には、Chapter 2で作成したAlmaLinux 9またはRocky Linux 9のUSBメディアをPCにセットし、電源を入れます。仮想マシンの場合には、すでにAlmaLinux 9かRocky Linux 9のISOイメージを設定済みですので、そのまま起動ボタンをクリックします。

すると、AlmaLinuxの場合には図3-3、Rocky Linuxの場合には図3-4のような画面が表示されます。

図3-3 USBメディアから起動（Alma Linux）

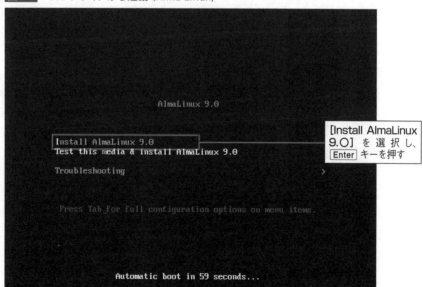

```
                    AlmaLinux 9.0


        Install AlmaLinux 9.0
        Test this media & install AlmaLinux 9.0

        Troubleshooting                                    >



        Press Tab for full configuration options on menu items.




                Automatic boot in 59 seconds...
```

[Install AlmaLinux 9.0] を選択し、[Enter] キーを押す

図3-4　USBメディアから起動（Rocky Linux）

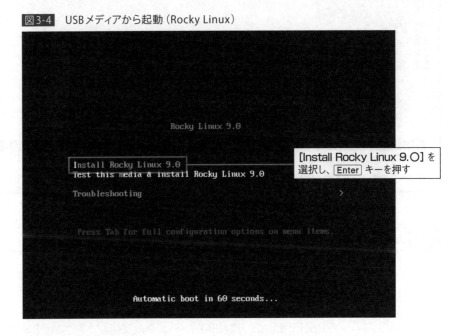

Rocky Linux 9.0

> [Install Rocky Linux 9.○] を
> 選択し、[Enter] キーを押す

```
Install Rocky Linux 9.0
Test this media & install Rocky Linux 9.0

Troubleshooting                                          >


Press Tab for full configuration options on menu items.




Automatic boot in 60 seconds...
```

メモ

USBから起動されない場合には、BIOSの起動順の設定等を調整する必要があります。

　白色で表示されている行が、選択行です。矢印キーでメニューを移動し、[Install AlmaLinux 9.○.] または [Install Rocky Linux 9.○] を選択し、[Enter] キーを押します。

■ メディアテスト

　図 3-3または図3-4で、[Test this media & install AlmaLinux 9.○.] または [Test this media & install Rocky Linux 9.○] を選択すると、インストールを行う前に図3-5のようにインストールメディアのテストを行う画面が表示されます。

図3-5　メディアテスト

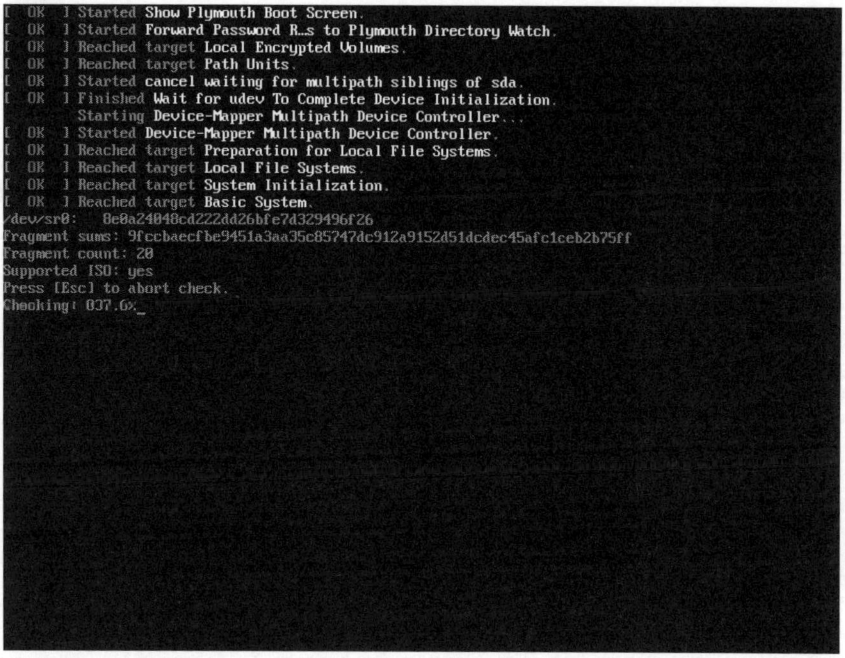
[OK] Started Show Plymouth Boot Screen.
[OK] Started Forward Password R…s to Plymouth Directory Watch.
[OK] Reached target Local Encrypted Volumes.
[OK] Reached target Path Units.
[OK] Started cancel waiting for multipath siblings of sda.
[OK] Finished Wait for udev To Complete Device Initialization.
Starting Device-Mapper Multipath Device Controller...
[OK] Started Device-Mapper Multipath Device Controller.
[OK] Reached target Preparation for Local File Systems.
[OK] Reached target Local File Systems.
[OK] Reached target System Initialization.
[OK] Reached target Basic System.
/dev/sr0: 8e0a24048cd222dd26bfe7d329496f26
Fragment sums: 9fccbaecfbe9451a3aa35c85747dc912a9152d51dcdec45afc1ceb2b75ff
Fragment count: 20
Supported ISO: yes
Press [Esc] to abort check.
Checking: 037.6%

最初の設定

図3-6　言語の選択（AlmaLinux）

AlmaLinux
ALMALINUX 9.0 のインストール
us
ヘルプ
ALMALINUX 9.0 へようこそ。
インストール時に使用する言語を選択してください。
日本語 Japanese
العربية Arabic
English English
Français French
Deutsch German
中文 Mandarin Chin…
Русский Russian
Español Spanish
Afrikaans Afrikaans
日本語 (日本)
終了(Q)
続行(C)

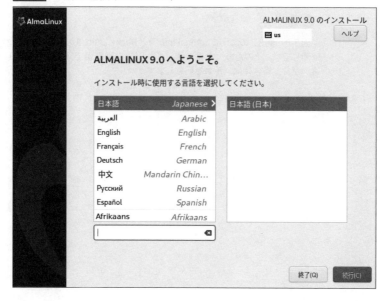

図3-7 言語の選択（Rocky Linux）

インストールが始まると、まずは言語の選択をする画面が表示されます。ここまでの表示はすべて英語でしたが、ここで日本語に設定すると、それ以降のインストール画面の表示は日本語で行われるようになります。

標準で［**日本語（Japanese）**］［**日本語（日本）**］が選択されています。

［**続行**］をクリックすると、図3-8のようなインストーラのメニュー画面が表示されます。

図3-6、図3-7のように、AlmaLinux 9とRocky Linux 9の画面は、ロゴなどの表示以外はほぼ同じです。そのため、本書では、これ以降の画面例ではAlma Linux 9の画面を掲載します。違いがある場合には、それを記載します。

図3-8 インストールメニュー画面

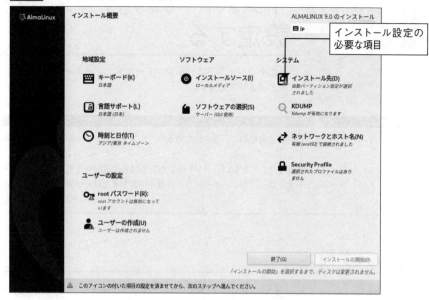

この画面を中心に、インストールに必要な様々な設定を行います。図3-8では、インストール先の項目にオレンジ色の三角形の中に「！」が付いたアイコンが表示されています。このアイコンが付いている項目は、必ず設定を行わなければならない項目です。

> **メモ**
>
> PCの解像度によっては、インストール画面の右端が切れてしまい、全体が表示できない場合があります。ただ、全体が表示できなくても、インストールを進められる場合がほとんどです。本書の画面例を参考にインストールを進めてください。

Section 03-03 インストール先ディスクを設定する

このセクションでは、インストールメニューのインストール先の設定の項目の設定方法を解説します。

ディスク設定

[**インストール先**]のアイコンをクリックすると、図3-9のような画面が表示されます。この画面では、インストール先のディスクの設定を行います。

図3-9 ディスク設定を行う画面

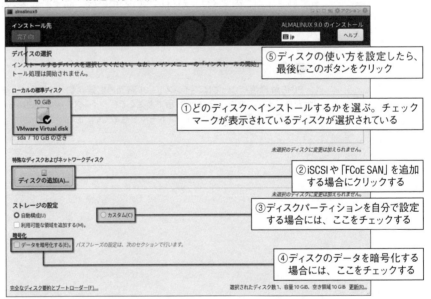

⑤ディスクの使い方を設定したら、最後にこのボタンをクリック

①どのディスクへインストールするかを選ぶ。チェックマークが表示されているディスクが選択されている

②iSCSIや「FCoE SAN」を追加する場合にクリックする

③ディスクパーティションを自分で設定する場合には、ここをチェックする

④ディスクのデータを暗号化する場合には、ここをチェックする

最初に、次の4つの項目について、どのような方針でディスクを使うかを設定していきます。

■ ディスクの選択と追加

図3-9のハードディスクのアイコンは、インストールを行うディスクデバイスを選択します。ハードディスクが1つしかない場合には、図3-9のように1つのディスクのアイコンが表示されチェックマークが付いていますので、特に何も行う必要はありません。

複数のディスクが表示されている場合には、インストールを行うディスクをクリックし、チェックマークを付けます。

■ ディスクの追加

AlmaLinux 9/Rocky Linux 9のインストーラでは、iSCSIやFCoEのディスクの設定も行うことができます。そのようなディスクを使う場合には、[**ディスクの追加**]をクリックします（本書では詳細は割愛します）。

■ パーティションの設定

標準では、図3-9のように[**自動構成**]が選択されています。自分でパーティション構成を行う場合には、[**カスタム**]をチェックします。あらかじめ決めたパーティションのサイズに合わせるため、この項目をチェックしておきます。

■ ディスクの暗号化

AlmaLinux 9/Rocky Linux 9では、ハードディスクを暗号化することができます。暗号化を行う場合には、[**データを暗号化する**]をチェックしておきます。

ディスクの使い方の方針を設定したら、画面左上の[**完了**]ボタンをクリックします。すると、先ほど設定した方針に基づき、詳細な設定を行う画面が順番に表示されます。

手動パーティション設定

図3-9のパーティションの設定で [**カスタム**] をチェックすると、図3-10の画面が表示されます。

図3-10　パーティション構成画面

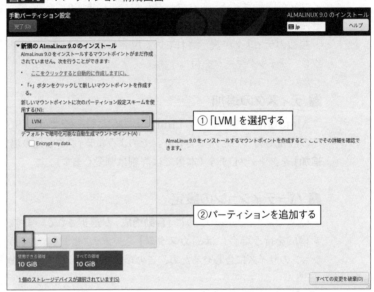

■ パーティション設定スキームの設定

まず、パーティション設定のスキームを選択します。ここではLVM（標準）を選択しておきます。

> **メモ**
>
> AlmaLinux 9/Rocky Linux 9では、**LVM（Logical Volume Manager）** という機能を使ってディスクを管理することができます。LVMは、ハードディスク上のデータを物理的な状態にかかわらず論理的に管理しようという機能です。ハードディスクのミラーリングをしたり、スナップショットを取ったりといった多くの機能を利用することができます。インストーラが自動的にパーティションを分割する場合には、標準的にLVMの機能を使うようになっています。ですので、本書でもLVMの機能を使えるように設定を行う方法を解説します。

■ 古いパーティションの削除

ディスクに別のOSがインストールされていたり、別の用途に使ったことがある場合には、図3-11のようにパーティション設定スキームの下にOSとパーティションの情報が表示されている場合があります。OS名の横の▶をクリックすると、詳細が表示されます。

図3-11 古いOSとパーティションの情報が表示されている

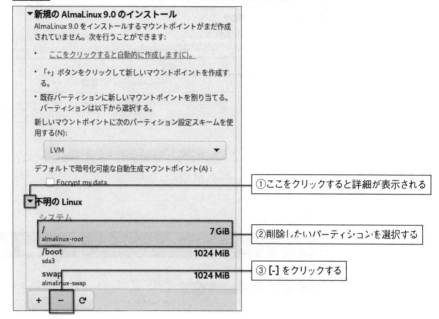

①ここをクリックすると詳細が表示される

②削除したいパーティションを選択する

③ [-] をクリックする

パーティションが不要な場合には、削除するパーティションを選択し、[-] ボタンをクリックします。すると、図3-12のようなダイアログが表示されます。

図3-12 パーティション削除の確認

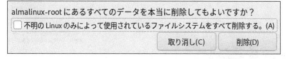

該当するパーティションだけを削除する場合には [**削除**] をクリックします。すると、そのパーティションが削除されます。また、[**○○によって使用されているファイルシステムだけをすべて削除する**] にチェックして [**削除**] をクリックすると、そのOSのパーティションがすべて削除されます。

■ /boot パーティションを作成する

[**+**] ボタンをクリックすると、図3-13のようなダイアログが表示されます。マウントポイントには /boot を設定します。テキストを入力することもできますが、メニューから選択することもできます。割り当てる容量には値（1GiB）を設定します。

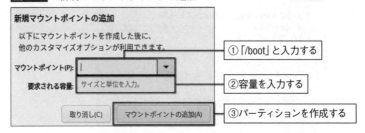

図3-13 新規のマウントポイントの追加

/bootはLVMパーティションではなく、自動的にsda1などの標準パーティションとして作成され、図3-14のような画面が表示されます。

図3-14 /bootパーティション

■ swapパーティションを作成する

同様に、swapパーティションを作成します。[マウントポイント]の項目は、メニューから「swap」を選択します。[割り当てる容量]にSection 03-01で決めたswapのサイズを入力し、[マウントポイントの追加]をクリックすると、パーティションが作成され、図3-15のような画面が表示されます。

図3-15　swapパーティション

■ /パーティションを作成する

　最後に/パーティションを作成し、残りの容量をすべて割り当てます。[**マウント
ポイント**]の項目は、メニューから「/」を選択します。残り容量をすべて割り当てる
ため、[**割り当てる容量**]は空欄にしておきます。[**マウントポイントの追加**]をクリッ
クすると、パーティションが作成され、図3-16のような画面が表示されます。

図3-16　/パーティション

■ パーティション設定の完了

すべてのパーティションの作成が終わったら、画面左上にある [完了] のボタンをクリックします。すると、図3-17のように、これからディスクに行われる処理の一覧が表示されます。

図3-17　パーティション変更の概要

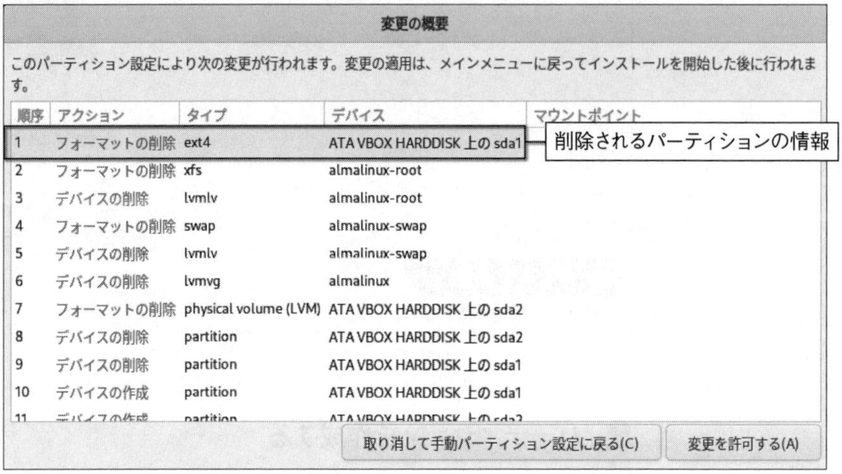

変更の概要			

このパーティション設定により次の変更が行われます。変更の適用は、メインメニューに戻ってインストールを開始した後に行われます。

順序	アクション	タイプ	デバイス	マウントポイント
1	フォーマットの削除	ext4	ATA VBOX HARDDISK 上の sda1	削除されるパーティションの情報
2	フォーマットの削除	xfs	almalinux-root	
3	デバイスの削除	lvmlv	almalinux-root	
4	フォーマットの削除	swap	almalinux-swap	
5	デバイスの削除	lvmlv	almalinux-swap	
6	デバイスの削除	lvmvg	almalinux	
7	フォーマットの削除	physical volume (LVM)	ATA VBOX HARDDISK 上の sda2	
8	デバイスの削除	partition	ATA VBOX HARDDISK 上の sda2	
9	デバイスの削除	partition	ATA VBOX HARDDISK 上の sda1	
10	デバイスの作成	partition	ATA VBOX HARDDISK 上の sda1	
11	デバイスの作成	partition	ATA VBOX HARDDISK 上の sda2	

取り消して手動パーティション設定に戻る(C)　　変更を許可する(A)

スクロールバーを使って内容を確認します。特に、削除するパーティションがある場合には、しっかり確認を行っておきましょう。何か問題があった場合には、[取り消して手動パーティション設定に戻る] をクリックし、もとの画面に戻ります。この内容で問題がない場合には、[変更を許可する] をクリックします。すると、インストールメニュー画面に戻ります。

ネットワークとホスト名を設定する

このセクションでは、ネットワークとホスト名の設定の項目について解説します。

ネットワーク設定

[ネットワークとホスト名]のアイコンをクリックすると、図3-18のような画面が表示されます。この画面では、ネットワークの設定を行います。

図3-18 ネットワーク設定画面

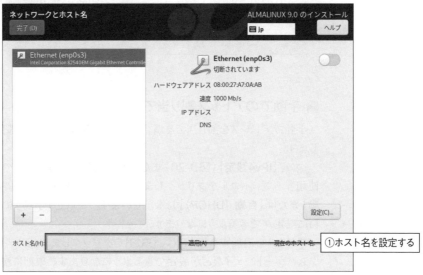

ホスト名の設定

画面左下のテキストボックスに、ホスト名を設定します。FQDN形式のホスト名を付けても構いませんし、ドメイン名なしのホスト名を登録しても構いません。本書の例では、「almalinux9」というホスト名を設定します。

インタフェースの設定

　画面左の中段には、このPCに存在するネットワークアダプターのリストが表示されています。設定を行うインタフェースを選択します。すると、画面右にインタフェースに対する設定情報が表示されます。

■ DHCPでのアドレス割り当て

　DHCPでアドレスを割り当てる場合には、[**オフ**]となっているスイッチをクリックし、[**オン**]に変えます。すると、自動的にDHCPでアドレスを取得しようとします。無事にアドレスが取得できた場合には、図3-19のように状態が「接続済みです」となり、割り当てられたIPアドレスの情報が表示されます。

図3-19　DHCPアドレスの取得

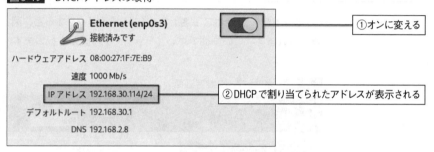

①オンに変える

②DHCPで割り当てられたアドレスが表示される

■ 手動でのアドレス割り当て

　手動でアドレスを割り当てる場合には、画面右下にある[**設定**]ボタンをクリックします。

　次に、[**IPv4設定**]（図3-20）または[**IPv6設定**]（図3-21）のタブの中で、実際に使用するプロトコルをクリックします。これらの画面では、最初は方式の欄が[**自動**]または[**自動（DHCP）**]になっています。これを「手動」に変えると、個々の項目に設定ができるようになります。

　アドレスを追加するためには、[**追加**]をクリックします。IPアドレスや、プレフィックス、ゲートウェイなどが設定できるようになります。事前に決めておいた内容に合わせて設定します。

　IPv4設定のネットマスクの欄には、255.255.255.0のようなネットマスク形式でも、24のようなプレフィックスでも設定を行うことができます。

図3-20 IPv4アドレスの設定

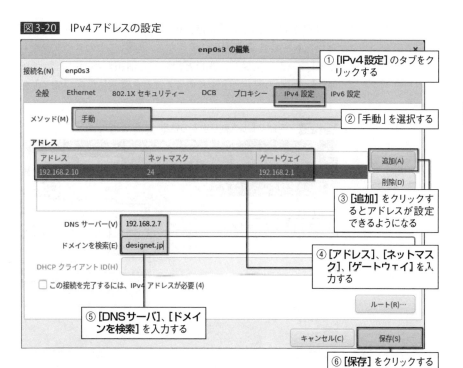

図3-21 IPv6アドレスの設定

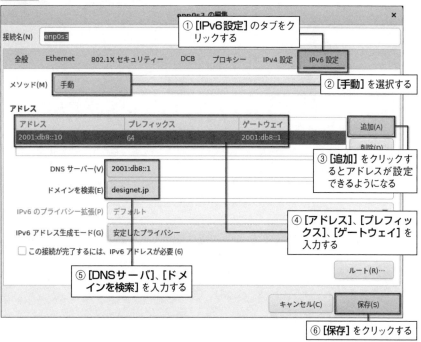

設定が終了したら、[保存]をクリックします。図3-22のように、「ネットワークとホスト名の設定」画面に戻ります。画面右上のスイッチを「オン」に変更します。ネットワークに接続し、先ほど設定した情報が画面に表示されることを確認します。ネットワークの設定が正しくできたことを確認したら、[完了]をクリックします。

図3-22　手動アドレス割り当ての結果

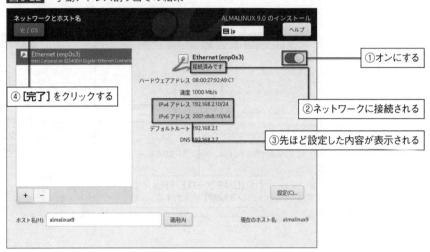

Section 03-05 地域とキーボードを設定する

このセクションでは、インストールメニューの地域設定とキーボードの項目の設定方法を解説します。

このセクションのポイント

1. ネットワークの設定を行ってから設定を行った方が効率的である。
2. 日本語キーボード以外を使っている場合には、キーボードの設定が必要になる。
3. ほとんどの項目は標準設定のままで問題ない。

日付と時刻の設定

[**日付と時刻**] のアイコンをクリックすると、図3-23のような画面が表示されます。この画面では、日付と時刻の設定を行います。

図3-23 日付と時刻の設定

地域と都市

利用する環境に合わせて、地域と都市の設定をします。標準で「アジア」「東京」に設定されています。修正を行う時には、世界地図の該当の地域の付近をクリックします。地域と都市は自動的にその場所に合わせて設定されます。

■ ネットワーク時刻同期の設定

画面の右上にある歯車のボタンをクリックすると、図3-24のような画面が表示され、ネットワーク時刻同期で利用するサーバを設定することができます。筆者の環境では、AlmaLinuxでは「2.cloudlinux.pool.ntp.org」、Rocky Linuxでは「2.pool.ntp.org」が設定されています。ネットワークの設定が適切に行われていて、これらのホストに接続することができれば、「稼働中」の欄が緑色になっています。特に変更の必要がなければ、このまま [OK] をクリックします。

標準のNTPサーバを使わない場合には、[使用] の欄のチェックを外します。画面上部のテキストボックスにNTPサーバの名前を入力し、[+] をクリックするとNTPサーバを追加することができます。

図3-24 NTPサーバの設定

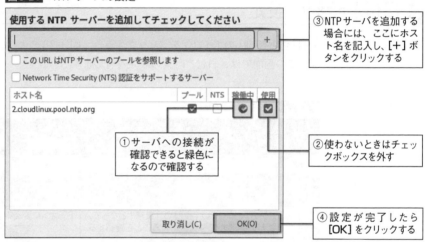

③NTPサーバを追加する場合には、ここにホスト名を記入し、[+] ボタンをクリックする

①サーバへの接続が確認できると緑色になるので確認する

②使わないときはチェックボックスを外す

④設定が完了したら [OK] をクリックする

設定を行い [OK] をクリックすると、日付と時刻の画面に戻ります。次に、[ネットワーク時刻] のスイッチを [オン] に変更すれば、ネットワーク時刻同期の設定は完了です。

■ 日付と時刻を手動で合わせる

ネットワーク時刻同期のスイッチが [オフ] になっていると、画面下部の時間や日付の選択メニューが指定できるようになります。表示されているものが、現在時刻とずれている場合には、設定をしておきましょう。

■ 設定の完了

設定が完了したら、画面左上の [完了] ボタンをクリックして、インストールメニューに戻ります。

キーボードの設定

インストール言語で日本語を選択している場合には、キーボードは標準で日本語キーボードに設定されていて、インストールメニュー画面のキーボードの欄にも「日本語」と表示されています。

利用しているキーボードが日本語キーボードでない場合には、設定を変更する必要がありますので、キーボードのアイコンをクリックします。

図3-25 キーボードの設定

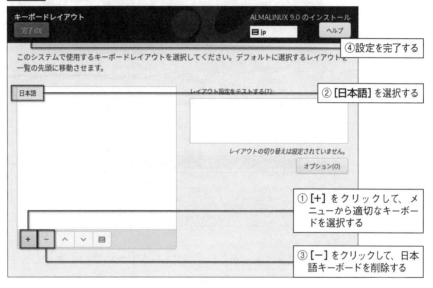

■ キーボード設定の追加

図3-25の画面で、[+] をクリックすると、キーボードの一覧画面が表示されます。メニューから適切なキーボードを選択し、[追加] ボタンをクリックすると、キーボード設定が追加できます。

■ キーボード設定の削除

日本語キーボード以外を使っている場合には、日本語キーボードの設定を削除しておくのが良いでしょう。左側中央のメニューの「日本語」を選択し、[-] ボタンをクリックすると設定が削除できます。

言語サポートの設定

インストール言語で日本語を選択している場合には、日本語の言語サポート機能が有効になるように設定されていて、インストールメニュー画面の言語サポートの欄にも「日本語（日本）」と表示されています。その他の言語のサポートが必要な場合には、言語サポートのアイコンをクリックします。

図3-26 言語サポートの設定

左側メニューから、インストールしたい言語を選択します。すると、右側のメニューにその言語の詳細なサポート項目が表示されますので、必要な項目にチェックを入れます。これを繰り返して、必要な言語すべてにチェックを入れます。設定が完了したら、画面左上の [**完了**] ボタンをクリックして、インストールメニューに戻ります。

Section 03-06 インストールソフトウェアを設定する

このセクションでは、インストールするソフトウェアの設定方法を解説します。

このセクションのポイント

1 通常は、インストールソースの設定を行わなくてよい。
2 インストールソフトウェアでは「サ　バ（GUI使用）」を選択する。
3 アドオンのソフトウェアを選択しない。

インストールソースの設定

標準では、ローカルメディア（USBメモリやISOファイル）からインストールを行います。ネットワークインストールなど、それ以外からインストールを行う場合には、インストールソースの設定を行う必要があります。その場合には、インストールソースのアイコンをクリックし、ダウンロード元のURLなどの設定を行います。

ソフトウェアの選択

AlmaLinux 9/Rocky Linux 9のインストーラでは、標準で「サーバ（GUI使用）」が選択されるようになっています。本書では、GUIを使わないため、「サーバー」に設定してインストールします。また、ソースコードからソフトウェアをコンパイルしてインストールする予定がある場合と、仮想マシン上にAlmaLinux 9/Rocky Linux 9をインストールする場合には、アドオンを追加します。

［ソフトウェアの選択］のアイコンをクリックすると、ソフトウェアの選択画面が表示されます。

図3-27　ソフトウェアの選択

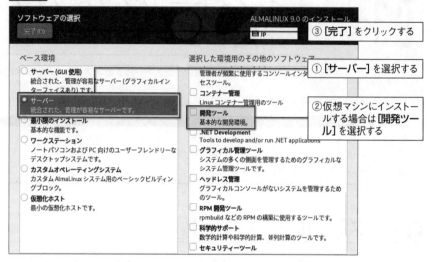

初期表示では、画面左側の[**ベース環境**]メニューの中の[**サーバ（GUI使用）**]が選択されています。本書では、GUI環境は使いませんので、そのまま[**サーバ**]を選択してインストールを行います。グラフィカルなウィンドウ画面が必要な場合には、[**サーバ（GUI仕様）**]を選択します。

また、ソースコードからソフトウェアをコンパイルしてインストールする予定がある場合には、右側の[**選択した環境用のその他のソフトウェア**]のメニューからの中の[**開発ツール**]を選択します。なお、仮想マシンにインストールを行う場合には、仮想マシンへアドオンソフトウェアやドライバをインストールするために開発ツールが必要になります。そのため、必ず[**開発ツール**]を選択します。本書では[**開発ツール**]をインストールした状態で解説します。

設定ができたら、[**完了**]ボタンをクリックして、インストールメニューに戻ります。

Section 03-07 kdumpとセキュリティポリシー

ここでは、kdumpとセキュリティポリシーの概要と、設定について解説します。

このセクションのポイント

■kdumpは、カーネルのクラッシュダンプを取得する仕組みである。
■AlmaLinux 9/Rocky Linux 9には、16種類のセキュリティポリシが利用できるが、初心者向けではないので設定しない。

kdumpの設定

kdumpは、カーネルがクラッシュしたときに、状態をダンプする仕組みです。カーネルレベルで発生する様々な障害を解析するために利用することができます。ただし、カーネルの解析には相当な技術が必要となり、一般の利用者が簡単に利用できるものではありません。つまり、kdumpは問題発生時に専門家に解析してもらうための機能だと言えます。ただ、kdumpを有効にすると、メモリ上にkdump専用の領域が予約されるという欠点があります。

AlmaLinux 9/Rocky Linux 9のインストーラでは、標準でkdumpに必要な設定が行われるようになっています。しかし、カーネルダンプを解析してもらえる相手がいない場合や、メモリに余裕がない場合には、kdumpを無効にすることができます。

kdumpを無効にするには、インストールメニューから[kdump]を選択します。すると、図3-28のような画面が表示されます。

図3-28 kdumpの設定画面

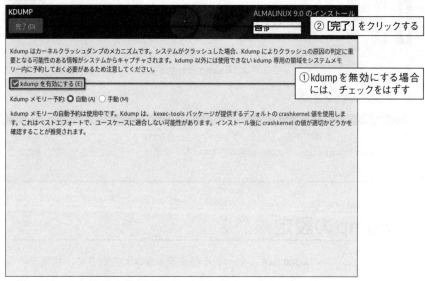

[kdumpを有効にする]のチェックを外し、[完了]をクリックします。

セキュリティポリシーの設定

　　　セキュリティポリシーは、システムの用途に合わせてシステム全体のセキュリティのポリシーを設定する機能です。Security Content Automation Protocol（SCAP）という標準で、システムの制限や推奨事項が定められています。セキュリティポリシーを使うと、強度の弱い暗号方式を使わなくしたり、通信上に不必要な情報を流さないように設定を変更したりという、セキュリティ強化のプロセスを自動的に行うことができます。セキュリティポリシーを設定すると、自動的に強固なセキュリティが適用されるというメリットがありますが、システム上の制約が増えるというデメリットもあります。

　AlmaLinux 9/Rocky Linux 9では、用途に合わせて16種類のセキュリティプロファイルが提供されています。このセキュリティプロファイルを設定することで、より強固な設定を行うことができます。

　しかし、この機能は残念ながら初心者向けではありません。そのため、プロファイルを設定せずにインストールを行います。本書でも詳しい説明は割愛します。

ユーザの設定

管理用ユーザを作成する

最後に、このセクションでは、サーバの管理用ユーザを作成します。

このセクションのポイント

1 rootパスワードは設定しない。
2 ユーザ作成時に、「ユーザを管理者にする」をチェックしておく。

ユーザの設定

インストールメニューを下にスクロールすると、「ユーザーの設定」という項目が
あり、[rootパスワード]、[ユーザーの作成]の2つの項目が表示されます。最後に、
これらの項目を設定します。

図3-29 インストールメニューを下にスクロール

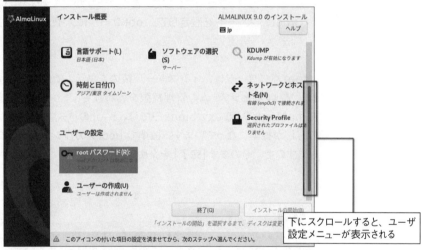

下にスクロールすると、ユーザ
設定メニューが表示される

rootパスワードの設定

[rootパスワード]のアイコンをクリックすると図3-30のような画面が表示されま
す。

図3-30 rootパスワードの設定画面

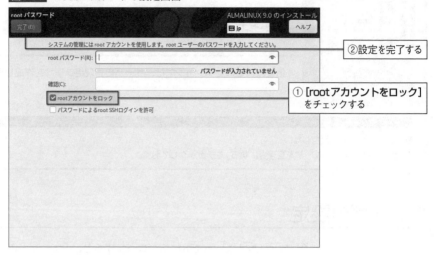

これは、rootパスワードを設定する画面です。AlmaLinux 9/Rocky Linux 9では、次の2つの方法を利用することができます。

① rootアカウントをロックして、管理ユーザがシステムを管理する方法
② rootパスワードを設定して、rootユーザにスイッチしてシステムを管理する方法

rootパスワードは、インストール後のシステムでは最も重要なパスワードとなり、漏洩するとシステムの管理権限を奪われてしまう可能性があります。そのため、AlmaLinux 9/Rocky Linux 9では、rootのパスワードを設定せずに利用する①の方法が標準になっています。標準で [rootアカウントをロック] にチェックされていますので、そのまま [完了] をクリックします。

メモ

インストールメニューに戻っても、[rootパスワード] には設定を促すアイコンが表示されたままです。次のユーザーの作成で [このユーザを管理者にする] をチェックしてユーザを作成すると、このアイコンが消えて設定が完了します。

なお、②の方法をとる場合には、[rootパスワード] の欄と [確認] の欄にrootパスワードを設定し、[rootアカウントをロック] のチェックを外し、[完了] をクリックします。rootパスワードを設定する場合には、英文字の大文字、小文字、数字、記号などを組み合わせた十分に複雑なパスワードを登録して下さい。パスワードの強度がどの程度かを示すインジケータも表示されています。パスワードの複雑さが

足りず脆弱な場合や、2つのパスワードが異なる場合には、画面の最下部にオレンジ色の警告が表示されます。

 注意

②の方法の場合には、[パスワードによるroot SSHログインを許可] をチェックすることで、リモートから直接rootユーザでログインできるようになります。しかし、インターネットに公開するサーバでは、この設定は利用しないことをおすすめします。

ユーザの作成

図3-29の画面で [**ユーザーの作成**] のアイコンをクリックすると、図3-31のような画面が表示されます。この画面では、管理用のユーザを作成します。

図3-31 ユーザの作成画面

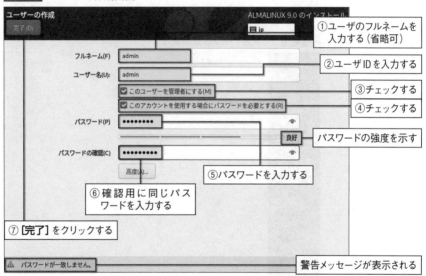

[**ユーザ名**]、[**パスワード**]、[**パスワードの確認**] の欄は、必ず入力しなければなりません。[**フルネーム**] は必須ではありませんが、設定しておくとログイン画面などで表示名として使われます。フルネームを適切に設定しておくと、ユーザを管理するときにも便利です。また、[**このユーザを管理者にする**] と [**このアカウントを使用する場合にパスワードを必要とする**] の欄は、チェックしておきましょう。設定したら、[**完了**] をクリックしインストールメニューに戻ります。

03-09

Section

インストールを開始する

設定が完了したら、インストールを始めましょう。

■インストールメニューで ［インストールの開始］をクリックするとインストールが始まる。

インストールの開始

インストールメニューの各項目の設定が終わったら、[**インストールの開始**] ボタンをクリックします。インストールが開始されると、図3-32のような画面が表示されます。

図3-32 インストール状況の表示

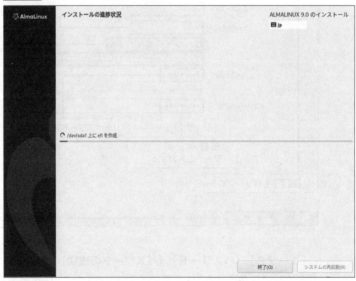

図3-32の画面では、インストールの進捗が表示されていますが、インストールが行われている間に、rootパスワードとユーザの設定を行う必要があります。

再起動する

インストールが完了すると、図3-33のような画面が表示されます。[**システムの再起動**]をクリックして、システムを再起動したらインストールは完了です。

図 3-33　インストール完了と再起動

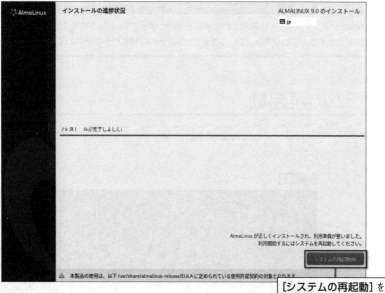

[**システムの再起動**]を
クリックする

Section

03-10 Cockpitを有効化する

Cockpitの有効化

インストール後には、システムは再起動します。再起動後に、Web管理画面のCockpitを有効化します。このセクションでは、Cockpitを有効化する手順を解説します。

このセクションのポイント

1. 再起動後のログインプロンプトに表示されるメッセージに従ってCockpitを有効化する。
2. Cockpitを有効化すると、ログインプロンプトにCockpitへの接続方法が表示されるようになる。

システムの再起動

システムを再起動すると、図3-34のようなブートメニューが表示されます。

図3-34 ブートメニュー

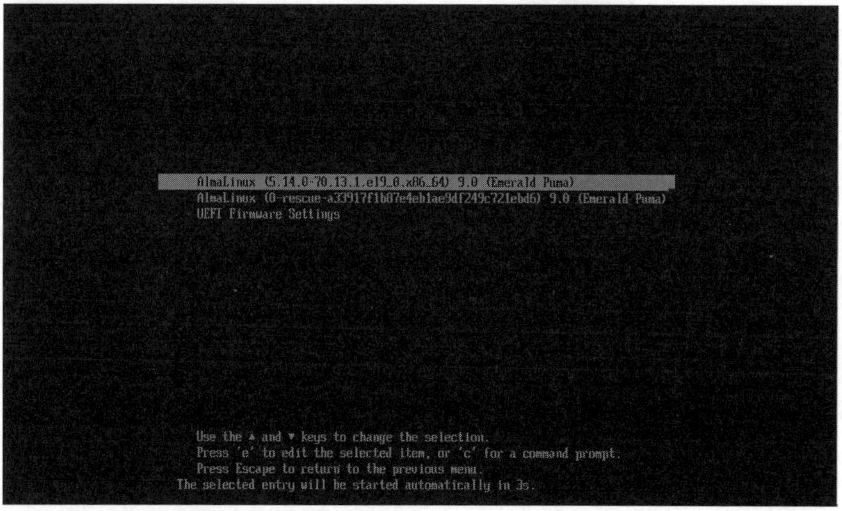

このメニューで、起動するLinuxカーネルを切り替えることができますが、普段は特に何もする必要はありません。しばらくすると、自動的にAlmaLinux/Rocky Linuxが起動します。

起動後、次のようなログインプロンプトが表示されたら、起動完了です。

図 3-35　ログインプロンプト

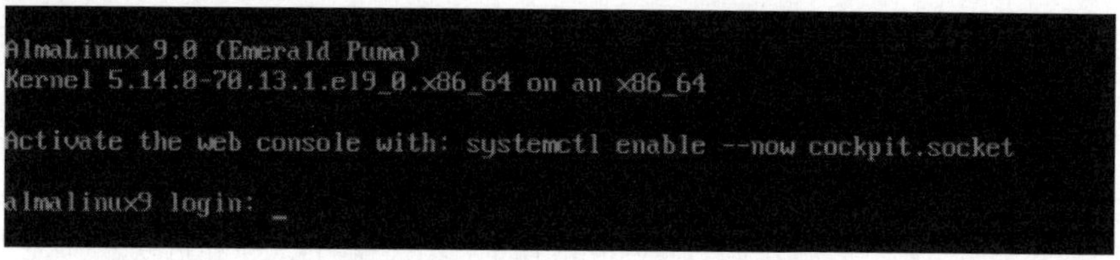

```
AlmaLinux 9.0 (Emerald Puma)
Kernel 5.14.0-70.13.1.el9_0.x86_64 on an x86_64

Activate the web console with: systemctl enable --now cockpit.socket

almalinux9 login: _
```

Cockpit の有効化

　　　　　ログインプロンプトには、次のようにCockpitサービスの有効化方法を示すメッセージが表示されます。

```
AlmaLinux 9.0 (Emerald Puma)
Kernel 5.14.0-70.13.1.el9_0.x86_64 on an x86_64

Activate the web console with: systemctl enable --now cockpit.socket
                    └──────── Cockpitサービスの有効化方法のメッセージ
almalinux9 login:
```

　　　　　このメッセージに従って、リモートからWeb画面で管理ができるようにCockpit を有効化しておきましょう。インストール時に作成した管理ユーザでログインします。

```
almalinux9 login: admin ─── 作成した管理ユーザを入力
Password: ******** Enter ─── 管理ユーザのパスワードを入力
Last login: Tue Sep 13 16:40:45 2022
[admin@almalinux9 ~]$ ─── ログイン成功するとプロンプトが表示される
```

　　　　　ログインが成功すると、プロンプトが表示されます。ここで、次のようにコマンドを入力します。

```
admin@almalinux9 ~]$ sudo systemctl enable --now cockpit.socket Enter
                     └──────── Cockpitサービスの起動設定
```

あなたはシステム管理者から通常の講習を受けたはずです。
これは通常、以下の3点に要約されます：

　　#1）他人のプライバシーを尊重すること。
　　#2）タイプする前に考えること。
　　#3）大いなる力には大いなる責任が伴うこと。

```
[sudo] admin のパスワード: ******** Enter ── adminのパスワードを入力する
[admin@almalinux9 ~]$ exit Enter ── ログアウトする
ログアウト
```

ここでは、systemctlコマンドを実行しcockpitサービスを有効にしています（詳しくはSection 06-04「サービス管理を知っておく」で解説します）。先頭のsudoは、rootユーザの権限でコマンドを実行するためのユーティリティです。初回の実行のみ、「あなたはシステム管理者から通常の講習を受けたはずです。…」のようなメッセージが表示されます。また、最後にパスワードを管理ユーザのパスワードを要求されます。ログイン時と同様のパスワードを入力すれば設定は完了です。

設定が完了したら、exitコマンドを入力し、ログアウトします。

Chapter
04 →

Web 管理画面からの操作

AlmaLInux 9/Rocky Linux 9 には、Web 画面からサーバを管理するための仕組みとして、Cockpit が用意されています。この Chapter では、Cockpit の使い方について、サーバを構築するのに最低限必要な項目を選んで解説します。

Cockpitにアクセスする

インストールが完了したら、Cockpitに接続してシステムの状態がどうなっているのか確認しましょう。このSectionでは、Cockpitへのアクセスについて説明します。

このセクションのポイント

■1 ログインプロンプトに表示された方法で、Cockpitへアクセスする。
■2 証明書のエラーが出るが、詳細を確認し、リンクをクリックすることでCockpitへ接続できる。

Cockpitへ接続する

セクション03-09でCockpitの有効化を設定すると、ログインプロンプトにCockpitのアクセス方法が表示されるようになります。

```
AlmaLinux 9.0 (Emerald Puma)
Kernel 5.14.0-70.13.1.el9_0.x86_64 on an x86_64

Web console: https://almalinux9:9090/ or https://192.168.2.10:9090/
                                          └───── Cockpitのアクセス方法


almalinux9 login:
```

この例では、次の2つのどちらかの方法でアクセスできることがわかります。

https://almalinux9:9090/
https://192.168.2.10:9090/

これは、HTTPS（暗号化されたWeb通信）で、「almalinux9」か「192.168.2.10」のポート9090にアクセスするというメッセージです。「almalinux9」は、インストール時に設定したホスト名です。また、「192.168.2.10」はインストール時に指定したIPアドレスです。残念ながら、ホスト名からIPアドレスを調べる設定がされていませんので、ここではIPアドレスでの指定を使ってアクセスします。

図4-1は、Windows PCからこのURLに対してアクセスしてみたときの表示例です。

図4-1　Cockpitへの初回アクセス

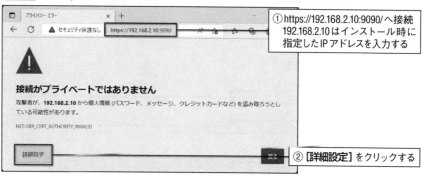

①https://192.168.2.10:9090/へ接続
192.168.2.10はインストール時に
指定したIPアドレスを入力する

②[詳細設定]をクリックする

図4-1のように、「接続がプライベートではありません」と表示されます。これは、HTTPSで暗号化された通信を行おうとしましたが、問題が発生しているという表示です。ここで[詳細設定]をクリックして、その内容を確認します。図4-2のような画面が表示されます。

図4-2　接続エラーの詳細

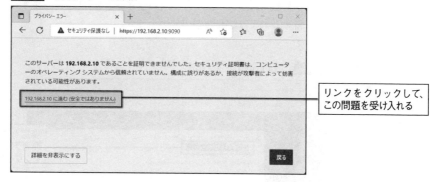

リンクをクリックして、
この問題を受け入れる

図4-2のように、「このサーバは192.168.2.10であることを証明できませんでした。」というメッセージが表示されます。インストール時に使われた証明書は、正式な証明書ではないため、このようなメッセージが表示されます。「192.168.2.10に進む（安全ではありません）」のリンクをクリックすると、この問題を受け入れて、先に進むことができます。リンクをクリックすると、図4-3のような画面が表示されます。Cockpitのログイン画面です。

図4-3　Cockpitのログイン画面

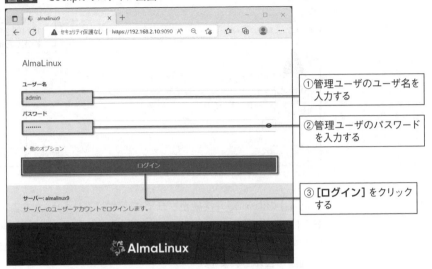

①管理ユーザのユーザ名を
入力する

②管理ユーザのパスワード
を入力する

③[ログイン]をクリック
する

[ユーザー名]と[パスワード]の欄に、インストール時に作成した管理ユーザの
ユーザ名とパスワードを入力し、[ログイン]をクリックします。ログインが成功する
と、図4-4のような画面が表示されます。

図4-4　Cockpitのトップ画面

設定を変更するときには、[管
理者アクセスをオンにする]
をクリックする

メニュー
利用したい機能を選ぶ

これで、Cockpitに接続することができました。

Cockpitの画面構成

Cockpitの画面は次のように構成されています。

・メニュー

画面の左側には、メニューが表示されています。ログイン直後は、[**概要**] の項目が表示されています。メニューの項目を選択すると、それぞれの画面を表示することができます。ログを確認したり、ネットワークを設定したりすることができます。

それぞれの画面の機能については、これ以降のChapterで詳細に解説します。

・[ヘルス]

このサーバの現在の状態を表示しています。図4-4の例では、「失敗したサービス」が1つあることや、セキュリティの更新があることが表示されています。それぞれのリンクをクリックすることで、詳細を確認することができます。

・[使用率]

CPUやメモリの使用状況がグラフで表示されています。[**詳細と履歴の表示**] をクリックすると、図4-5のようにメモリの利用状況やディスク使用率などを確認することができます。

図4-5　パフォーマンスメトリックス

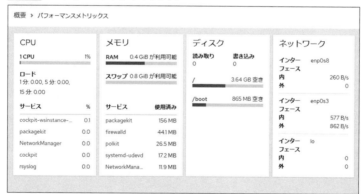

・[システム情報]

稼働時間やマシンIDなど、システムの基本的な情報が表示されています。

・[設定]

ホスト名など、基本的なシステムの設定内容が表示されています。

・[セッション]

　セッションをクリックすると、言語の設定やログアウトなどのメニューが表示されます。

管理者アクセスモードへの切り替え

・[制限付きアクセス]

　このボタンを押すことで、[**制限付きアクセス**]または[**管理者アクセス**]を切り替えることができます。シャットダウンやシステムの設定を変更する場合には、[**管理者アクセス**]をクリックして、管理者アクセスモードに切り替えます。管理ユーザのパスワードを求められます。パスワード認証が成功したら、管理者アクセスモードに切り替わります。

ログアウトとシャットダウンの方法を知る

ログインができたら、このセクションでログアウトやシャットダウンの方法を確認しておきましょう。

このセクションのポイント

■ ログアウトは、制限付きアクセスモードでも実行できる。
② シャットダウンや再起動は、管理者アクセスモードで実行する必要がある。

Cockpitからのログアウト

Cockpitからログアウトするには、[**セッション**] をクリックして表示されるメニューから [**ログアウト**] をクリックします。

図4-6 ログアウト

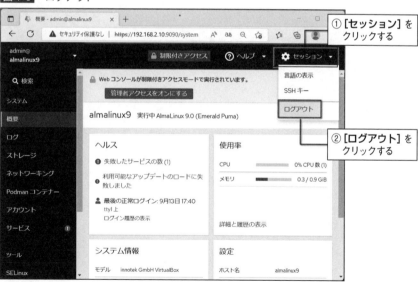

システムのシャットダウン

管理者アクセスモードにすると、画面上に [**再起動**] メニューが表示されます。このメニューから [**シャットダウン**] を選択すると、システムがシャットダウンし、電源がOFFになります。[**再起動**] を選択すると、システムは再起動します。

図4-7　ログアウト

①管理者アクセスモードにする

②メニューから[シャットダウン]または[再起動]を選ぶ

Chapter
05 →

コマンドラインからの操作

Linuxでは、GUI画面での操作よりも、コマンドラインでの操作を使う
方が便利だと言われています。この Chapter では、コマンドラインか
らの操作方法について解説します。

Contents

コマンドラインの基本

なぜコマンドラインを使うのか？

Linuxでは、GUIを使わずに文字だけで操作を行うことができます。このセクションでは、GUIを使わない操作について解説します。

このセクションのポイント

■1 GUIに比べて、コマンドラインが便利なことも多い。
■2 サーバコンピュータでは、コマンドラインを使うことが多い。
■3 端末の中では、シェルと呼ばれるプログラムが動いている。

実はコマンドラインが便利！

Linuxでは、利用者とのやりとりを文字だけで行う機能を頻繁に使います。マウスは使わないで、キーボードからの文字入力だけでコンピュータへの指示を出します。もちろん表示も文字だけです。コンピュータに対して出す命令（コマンド）を行単位で指示するため、このような使い方を**コマンドライン**と呼んでいます。

Linuxをよく使っている人たちに聞くと、ほとんどの人がGUIよりもコマンドラインの方が便利だと言います。これには、次のような理由があるようです。

- Linuxでは、コマンドラインで使うプログラムがたくさん用意されている
- 小さなツールを組み合わせて利用することで、いろいろなデータの加工が簡単にできる
- 連続して操作が可能で、GUIに比べて速く操作できる
- 遠隔からの操作が行いやすい
- GUIに比べて、操作の記録や説明がしやすい
- GUIに比べて、メモリやCPUなどのリソースを少ししか使わずに動く

こうした特徴があるので、特にサーバコンピュータではGUIをまったく使わずに、コマンドラインだけで操作する場合も多いようです。

コマンドラインでのファイル操作やファイルの編集にはかなり癖があり、最初はなかなか覚えにくいようです。Linuxを初めて使うユーザは、必要に応じてGUIとコマンドラインを使い分けるとよいでしょう。

AlmaLinux 9/Rocky Linux 9をコマンドラインで使う

　AlmaLinux 9/Rocky Linux 9をコマンドラインで使うもっとも簡単な方法は、インストールを行ったコンソールからログインして使用する方法です。ただし、この方法はあまり使い勝手が良くありません。また、仮想環境、クラウド環境、レンタルサーバ等では、コンソールを使えないことも少なくありません。そのため、ここでは管理用PCからリモートで利用する方法を紹介します。

　管理用PCからリモートでコマンドラインを使う方法には、Cockpitを使う方法と、Windows Terminalを使う方法があります。

■ Cockpitを使う方法

　Chapter 04で解説したCockpitを使うことで、Web画面からAlmaLinux 9/Rocky Linux 9のコマンドラインを使うことができます。

　Cockpitにログインし、左メニューから[端末]をクリックすると、図5-1のように表示されます。この画面から、コマンドラインを使うことができます。

図5-1　Cockpitの端末を使う

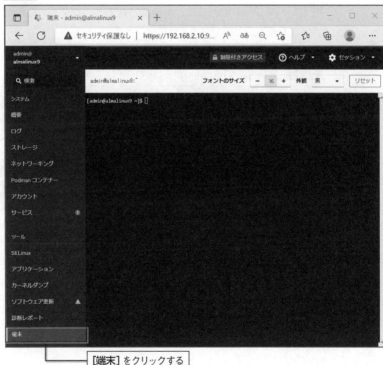

[端末]をクリックする

■ Windows Terminalを使う方法

管理用PCで、スタートメニューから［**Windows Terminal**］を選択して、Windows Terminalを開きます。次のように入力し、サーバに設定したIPアドレスに対して、sshコマンドを使ってログインします。

```
ssh 192.168.2.10 -l admin
```

この例で「192.168.2.10」の部分が、サーバのIPアドレスです。また、「admin」はインストール時に作成した管理ユーザです。図5-2は、実際にWindows Terminalでコマンドを実行した例です。

最初に、「The authenticity of host '192.168.2.10 (192.168.2.10)' can't be established...」のようなメッセージが表示され、[yes]、[no]、[fingerprint] の入力を求められます。

これは、初めてsshでアクセスしたときに表示され、「初めての通信相手だけど問題ないか?」という問い合わせています。「yes」を入力すると、処理が進みます。次に、「admin@192.168.2.10's password:」とパスワードの入力待ちになります。インストール時に指定した管理用ユーザ (admin) のパスワードを入力します。正しいパスワードであることが確認されると、ログイン処理が実行され、コマンドラインを使うことができるようになります。

図5-2　Windows Terminalからsshログインする

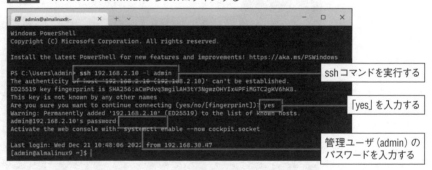

この例で、ssh コマンドを実行する／「yes」を入力する／管理ユーザ (admin) のパスワードを入力する

シェル

Cockpitの端末を使った場合でも、Windows Terminalからsshログインした場合でも、図5-3のような文字列が表示され、入力待ちになります。

図5-3　プロンプト

[admin@almalinux9 ~]$────────プロンプト

ユーザ名　　　　ホスト名　　　現在のディレクトリ

　これを**プロンプト**と呼びます。プロンプトの「@」の前はユーザ名、後ろはホスト名です。さらに「~」は、現在のディレクトリを表しています。ここにコマンドを入力することで、コンピュータに指示を与えることができます。

> **メモ**
>
> このプロンプトを表示しているのは**シェル**というプログラムです。シェルは、コンピュータと利用者の仲立ちをします。私たちはシェルを使って、いろいろなコマンドを実行することができるのです。

シェルの終了（exit）

　まず、**exit**コマンドを入力してみましょう。exitは、シェルを終了するコマンドです。

図5-4　シェルの終了

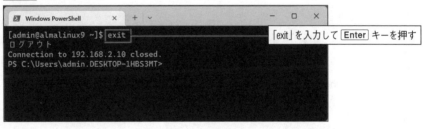

「exit」を入力して Enter キーを押す

　図5-4のように、「exit」を入力して Enter キーを押すと、接続が切断されます。これは、動作していたシェルが終了したためです。

　なお、本書では、この画面を画像で表示するのではなく、次のように文字だけで情報として掲載します。プロンプトは、ホスト名やユーザ名で変わってしまいますので、「$」とだけ表記します。

■　exitコマンドの表記例

```
$ exit Enter
```

Section 05-02 オンラインマニュアルを読む

Linuxではオンラインマニュアルが充実しています。コマンドラインで使うことのできるコマンドは、すべてオンラインマニュアルで使い方を調べることができます。このセクションでは、マニュアルの読み方を紹介します。

このセクションのポイント

■① manコマンドを使って、コマンドの使い方を調べることができる。
■② manの表示は、見やすいように1画面ごとで停止するので、矢印キーなどで前後に移動しながら見る。
■③ 必要に応じて、マニュアルセクションの番号を指定する。

■ manコマンド

*1 MANual

Linuxには、**man** *1 というオンラインマニュアルを閲覧するコマンドが用意されています。コマンドの使い方を忘れてしまった場合や、もっと詳しく知りたい場合には、オンラインマニュアルでいつでも調べることができます。

例えば、catというコマンドの使い方を調べるときには、次のようにします。

■ manコマンドの使用例

```
$ man cat Enter
CAT(1)                              User Commands                              CAT(1)

NAME
      cat - concatenate files and print on the standard output

SYNOPSIS
      cat [OPTION]... [FILE]...

DESCRIPTION
      Concatenate FILE(s) to standard output.

      With no FILE, or when FILE is -, read standard input.

      -A, --show-all
            equivalent to -vET

      -b, --number-nonblank
            number nonempty output lines, overrides -n

Manual page cat(1) line 1 (press h for help or q to quit)
```

画面の大きさに合わせて表示が行われ、最後の行に「Manual page cat(1) line 1 (press h for help or q to quit)」が表示されて停止しています。

■ マニュアルの説明を読んでみる

マニュアルの「NAME」の欄には、このコマンドの名前（cat）と概要が記載されています。catは、「concatenate files and print on the standard output（ファイルの内容を連結して標準出力に出力する）」という機能のコマンドであることがわかります。また、「DESCRIPTION」の欄にこのコマンドの使い方の説明が記載されています。

「SYNOPSIS」の欄には、このコマンドの書式が解説されています。

[OPTION] と表記されていますが、これは下の「DESCRIPTION」の欄に個別に説明されている「-A」、「-b」、「 -e」、「 -n」…というオプションが使えるということです。例えば、「-b」オプションを付けると「空行を除いて行番号を付け加える」という機能が付加されることがわかります。

つまり、catはファイルの中身を表示するコマンドで、次のように使うと行番号を付けて表示するということです。

■ ファイルの中身を行番号を付けて表示

```
$ cat -b /etc/passwd [Enter]
    1 root:x:0:0:root:/root:/bin/bash
    2 bin:x:1:1:bin:/bin:/sbin/nologin
    3 daemon:x:2:2:daemon:/sbin:/sbin/nologin
………
```

「-b」のようなオプション、「/etc/passwd」のようなファイル指定などを、コマンドの**引数**と呼びます。

■ 画面表示を移動する

先ほどのcatのマニュアルを表示したときには、「Manual page cat(1) line 1 (press h for help or q to quit)」が表示されて途中で表示が停止していました。その次の情報を表示するには、いくつかの方法があります。[Enter]キーを押すと、次の行が表示されます。[Space]キーを押すと、ページ単位でスクロールします。移動は、キーボードの矢印キー [↑][↓] でも行うことができます。この他にも、表5-1のようなキー配列で移動することができます。なお、[q]を押すと表示を終了します。

表5-1 画面表示の移動等に使用するキー

移動	キー
1行下	[Ctrl]＋[N]・[Ctrl]＋[E]・[Enter]・[j]・[e]・[↓]

1行上	Ctrl + P ・ Ctrl + Y ・ Ctrl + K ・ y ・ k ・ ↑
1ページ下	Ctrl + F ・ Ctrl + V ・ Space ・ f
1ページ上	Ctrl + B ・ b ・ Esc + v
終了	q

■ manコマンドのセクション

　Linuxのオンラインマニュアルでは、一般コマンドだけではなく、システムを管理するためのコマンドや、いろいろな開発言語で使うライブラリ関数などども調べることができます。種類に応じて、8つのセクションに分類されています。

　　①実行プログラムまたはシェルのコマンド
　　②システムコール（カーネルが提供するC言語向けの関数）
　　③ライブラリコール（システムライブラリに含まれる関数）
　　④スペシャルファイル
　　⑤ファイルのフォーマット
　　⑥ゲーム
　　⑦マクロのパッケージ
　　⑧システム管理用のコマンド

　先ほどのcatコマンドを調べた例では、1行目に「cat(1)」と表示されていましたが、これはcatコマンドがセクション1のコマンドだという意味です。まれに、同じ名前で複数のセクションに説明がある場合があります。例えば、passwdという名前は、コマンドとしてセクション1に、ファイルのフォーマットの名前としてセクション5に掲載されています。こうした場合には、次の例のようにセクションの番号を指定してマニュアルを調べます。

■　セクションの番号を指定してマニュアルを調べる

```
$ man 5 passwd Enter
PASSWD(5)                    Linux Programmer's Manual                    PASSWD(5)

NAME
       passwd - password file

DESCRIPTION
       The  /etc/passwd file is a text file that describes user login accounts for
       the system.  It should have read permission allowed  for  all  users  (many
       utilities,  like  ls(1) use  it  to  map user IDs to usernames), but write
       access only for the superuser.
```

ファイルの管理を
コマンドラインからやってみる

コマンドラインでの作業の基本として、このセクションではまずファイルの操作
について説明します。

このセクションのポイント

1 ディレクトリの指定方法には、絶対パスと相対パスがある。
2 カレントディレクトリは、自分が現在いるディレクトリである。
3 ファイルのコピーには、cpコマンドを使う。
4 ファイルの移動や名前の変更には、mvコマンドを使う。
5 ファイルを削除するには、rmコマンドを使う。

ディレクトリを移動する

Windowsのエクスプローラーでは、ウインドウに表示されているディレクトリ
が、自分が見ているディレクトリです。コマンドラインでは、この「自分が見ている
ディレクトリ」のことを**カレントディレクトリ**または**ワーキングディレクトリ**と呼び
ます。

ログインすると、最初はユーザのホームディレクトリがカレントディレクトリになり
ます。次のように、**pwd**[*1]コマンドでカレントディレクトリを表示することができま
す。

*1 Print Working Directory

■ カレントディレクトリを表示

```
$ pwd Enter ── カレントディレクトリを表示
/home/admin
```

*2 Change Directory

カレントディレクトリを変更するには、**cd**[*2]コマンドを使います。

■ 絶対パスで移動

```
[admin@almalinux9 ~]$ cd /home Enter ── /home/へ移動
[admin@almalinux9 home]$ pwd Enter
/home ── カレントディレクトリが変わっている
[admin@almalinux9 home]$ cd Enter ── 引数なしでcdを実行
[admin@almalinux9 ~]$ ── プロンプトがホームディレクトリに！
```

cdコマンドで/home/へ移動してから、ディレクトリを指定せずにcdを実行し
ました。ここでは、あえてプロンプトを表示していますが、プロンプトの表示が変

わったのがわかるでしょうか？ プロンプトの「~」はホームディレクトリを表しています。それが、/home/へ移動したら「home」と表記が変わりました。そして、cdをディレクトリを指定せずに実行すると、ホームディレクトリへ戻るのです。

実は、次のようにしても同じ/home/へ移動することができます。

■ 相対パスで移動

```
[admin@almalinux9 ~]$ cd .. Enter ── 親ディレクトリへ移動
[admin@almalinux9 home]$ pwd Enter
/home ── /home/へ移動している
```

Linuxでは、1つ上の親ディレクトリを「..」（ドット2つ）、現在のディレクトリを「.」（ドット1つ）で指定することができます。

/homeのようにルートディレクトリからの絶対的な位置を指定する方法を**絶対パス**と呼び、「..」のように現在のディレクトリからの位置関係を指定する方法を**相対パス**と呼びます。ほとんどのコマンドでは、絶対パスも相対パスも区別なく使うことができます。このように、どちらの指定方法でも構わないときには、ファイルやディレクトリの位置を単に**パス (path)** と呼びます。

ファイルの一覧を見る

*3 List Segments

ファイルの一覧を見るためには、**ls**[3]コマンドを使います。引数にディレクトリを指定するとそのディレクトリ内のファイルの一覧を表示します。ディレクトリを指定しなければ、カレントディレクトリのファイルを表示します。次の例は、/home/admin/から親ディレクトリとカレントディレクトリの一覧を表示した例です。

■ lsコマンド

```
$ pwd Enter ── カレントディレクトリを確認
/home/admin
$ ls .. Enter ── 親ディレクトリの一覧
admin
$ ls Enter ── カレントディレクトリの一覧
new    test
test
```

ディレクトリは青色で、ファイルは黒色で表示されます。「-F」オプションを付けると、よりわかりやすくディレクトリには「/」を付けて表示します。

■ ディレクトリに「/」を付けて表示

```
$ ls -F Enter
new/  test
```

紙面上では、色の表記だとわかりにくいため、この表記を主に使っていきます。また、さらに「-l」オプションを指定すると、ファイルサイズなど詳しい情報も表示します。

■ カレントディレクトリの詳細を表示

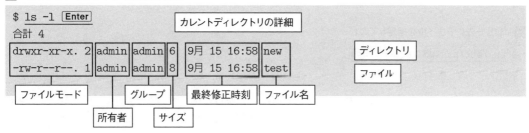

```
$ ls -l Enter
合計 4
```

| カレントディレクトリの詳細 |

```
drwxr-xr-x. 2  admin admin 6  9月 15 16:58  new    ディレクトリ
-rw-r--r--. 1  admin admin 8  9月 15 16:58  test   ファイル
```

ファイルモード　グループ　最終修正時刻　ファイル名
所有者　サイズ

詳細を表示すると、ファイルのモード、所有者、グループ、サイズ、最終修正時刻、ファイル名などを表示します。ファイルのモードは、先頭が「d」のものはディレクトリ、「-」のものはファイルです。その後ろの「r」や「w」の意味については、Section 07-01で解説します。

ファイルの中身を見る

*4　CATenate

ファイルの中身を見る一番簡単な方法は、**cat**[4]コマンドを使うことです。次の例は、/etc/passwdというファイルの中身を見る場合です。

■ ファイルの中身を見る

```
$ cat /etc/passwd Enter
```

*5　moreの反対の意味。

catは、単純にファイルの中身を画面に表示しますので、ファイルの内容が多いと画面が流れてしまって見ることができません。そのような場合には、**less**[5]コマンドを使います。

■ ファイルの画面一枚分だけを表示

```
$ less /etc/passwd Enter
```

lessコマンドは、画面1枚分だけを表示してくれます。使い方は、manコマンドとまったく同じです。

ファイルをコピーする

＊6 CoPy

ファイルのコピーには**cp**＊6コマンドを使います。最初の引数にはコピー元のファイルのパスを、2番目の引数にはコピー先のパスを指定します。

例えば、/etc/passwdというファイルを、カレントディレクトリにpasswdという名前でコピーする場合には、次のようにします。

■ コピー先にファイルを指定してコピー

```
$ cp /etc/passwd passwd Enter
```

コピー先にディレクトリを指定した場合には、そのディレクトリに同じファイル名で作成されます。したがって、先ほどの例と次の例は、同じ動作をします。

■ コピー先にディレクトリを指定してコピー

```
$ cp /etc/passwd . Enter
```

ファイルを移動する・名前を変える

＊7 MoVe

ファイルを移動するときには、**mv**＊7コマンドを使います。使い方は、cpコマンドとほぼ同じです。例えば、testというファイルを/tmp/testに移動する場合には、次のようにします。

■ ファイルを移動

```
$ mv test /tmp Enter
```

名前を変えるときも、同じようにmvコマンドを使います。

■ ファイルの名前を変更

```
$ mv test test.org Enter
```

ファイルを消す

*8	ReMove

ファイルを消すときには、**rm**[*8]コマンドを使います。

■ ファイルを消す

```
$ rm /tmp/test [Enter]
```

書き込みが禁止されたファイルを消そうとすると、次の例のように本当に消してよいのかを問い合わせてきます。

■ 書き込みが禁止されたファイルを消す

```
$ rm /tmp/test [Enter]
rm: 書き込み保護されたファイル 通常ファイル `/tmp/test' を削除しますか? y [Enter]
```

[y]と入力すれば、ファイルが削除されます。なお、rmコマンドでは実際にファイルは削除されてしまい、元に戻すことはできません。十分に注意して使いましょう。

《TM

Section

05-04

ディレクトリの管理を
コマンドラインからやってみる

ファイルと同様に、ディレクトリもコマンドラインから操作することができます。このセクションでは、ディレクトリ管理コマンドを紹介します。

このセクションのポイント

■ **ディレクトリを作るには mkdir コマンドを使う。**
■ **ディレクトリを消すには rmdir コマンドを使う。**
■ **ディレクトリと中のファイルを一緒に消すには、「rm -r」を使う。**
■ **ディレクトリの移動には mv コマンドを使う。**
■ **ディレクトリを中のファイルも含めて丸ごとコピーするには、「cp -R」を使う。**

■ ディレクトリを作る・消す

＊1　MaKe DIRectory

ディレクトリを作成するときには、**mkdir**＊1コマンドを使います。

■ ディレクトリを作成

```
$ mkdir newdir Enter
```

＊2　ReMove DIRectory

ディレクトリを削除するときには、**rmdir**＊2コマンドを使います。

■ ディレクトリを削除

```
$ rmdir newdir Enter
```

rmdirコマンドは、ディレクトリの中にファイルがあるときにはエラーとなり消すことができません。

■ ディレクトリの中にファイルが存在する場合

```
$ rmdir newdir Enter
rmdir: `newdir' を削除できません: ディレクトリは空ではありません
```

ディレクトリの中のファイルも一括して消したい場合には、次のようにrmコマンドに「-r」オプションを付けて使います。

■ ディレクトリの中のファイルも一括して消す

```
$ rm -r newdir Enter
```

ディレクトリを移動する・名前を変える

ディレクトリを移動したり名前を変えたりするには、ファイルのときと同じmvコマンドを使います。

■ ディレクトリを移動

```
$ mv newdir /tmp Enter
```

/tmp/newdir/へディレクトリが移動します。

ディレクトリをコピーする

移動ではなく、ディレクトリをまるごとコピーする場合には、cpコマンドに「-R」オプションを付けて使います。

■ ディレクトリをまるごとコピー

```
$ cp -R newdir /tmp Enter
```

/tmp/newdir/へディレクトリ全体がコピーされます。

viでファイルを作成・編集する

Linuxでコマンドラインを使う場合の一番の難関がファイルの作成や編集です。文字だけでファイルの編集をしますので、覚えるまではちょっと複雑に感じるかもしれません。このセクションでは、コマンドラインにおけるファイル編集について紹介します。

このセクションのポイント

■ テキストファイルの作成や編集にはviを使う。
■ インサートモードと、コマンドモードを使い分ける。

viの基本的な使い方

*1 VIsual editor

ファイルの作成や編集には、vi*1というコマンドを使います。慣れると、どんなファイルでも簡単に編集できるようになり、とても便利です。

viを起動する

次のように、作成や編集を行いたいファイルのパスを指定してviを起動します。次の例では、testfileという名前のファイルを指定しています。

■ viの起動

```
$ vi testfile Enter
```

まだ作られていない新しいファイルを指定してviを起動すると、図5-5のような表示になります。

図5-5　新しいファイルの作成

```
admin@almalinux9:~                ×    +   ∨              —   □   ×
```

```
"testfile" [新]                              0,0-1          全て
```

ステータスライン（現在のファイルの状態を表示）

　一番下の行はステータスラインで、現在のファイルの状態を示しています。今回は、testfileという新しいファイルを指定して起動しましたので、[新]のように表示されています。

■ コマンドモードと挿入モード

　ファイルに文字を入力するためには、[i]を押します。[i]を押すと、その瞬間にステータスラインが次のように変わります。

■ 挿入モード

-- 挿入 --	0,1	全て

　これは、**挿入モード**に変わったということです。ここで必要なデータを入力していきます。データの入力が終わったら[Esc]キーを押します。ステータスラインの「-- 挿入 --」の表示が消えます。

図 5-6　コマンドモード

データの入力は、常に挿入モードで行います。この「-- 挿入 --」の表示が消えている状態を、**コマンドモード**と呼びます。入力場所 (カーソル) を移動したり、文字や行を削除するなどの処理はコマンドモードで行います。

図 5-7　コマンドモードと挿入モード

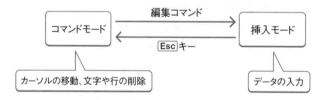

コマンドモードから挿入モードへ移るには、何らかの編集コマンドを入力します。挿入モードで Esc キーを押すといつでもコマンドモードに戻ることができます。

■ カーソルを移動する

カーソルの移動はコマンドモードで行います。h j k l の各キーで、左、下、上、右へそれぞれ移動することができます。同様に、矢印キーでも移動できます。ただし、vi を完全に習得するためには、h j k l の 4 つのキーでできるようにすることをお勧めします。

図5-8 カーソルの移動

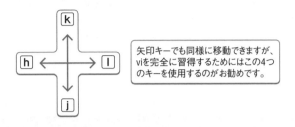

矢印キーでも同様に移動できますが、viを完全に習得するためにはこの4つのキーを使用するのがお勧めです。

表5-2 カーソルの移動に使用するキー

キー	動作
h	カーソルを左へ移動する。
j	カーソルを下へ移動する。
k	カーソルを上へ移動する。
l（エル）	カーソルを右へ移動する。

文字列を検索する

ファイルの中の文字列を検索して、移動することもできます。コマンドモードで / を入力すると、ステータスラインのところに移動し、入力待ちの状態になります。ここで、検索したい文字列を入力して Enter キーを押すと検索が行われます。

図5-9 文字列の検索

/ の後ろに検索したい文字列を入力し、Enter キーを押す

検索を実行すると、その文字列が最初に見つかった場所にカーソルが移ります。さらに、nを押すと、同じ条件で次の候補を検索します。Nを押すと、同じ条件で逆方向に検索します。

また、/の代わりに?を使うことで、文書の最後から前に向かって検索を行うことができます。

表5-3　文字列の検索に使用するキー

キー	動作
/	ステータス行に移り、検索文字列を入力する。後ろへ検索を行う。
?	ステータス行に移り、検索文字列を入力する。前へ検索を行う。
n	以前の検索を繰り返し、次の候補へ移動 (next) する。
N	以前の検索を逆方向に行い、次の候補へ移動する。

文字や行を挿入・追加する

先ほど、文字列を挿入するときにはiを入力して挿入モードに移りました。挿入モードになって文字を入力するには、表5-4のような方法もあります。

表5-4　文字の入力に使用するキー

キー	動作
i	カーソルの前に、文字を挿入 (insert) する。
I	行の先頭の文字の前に、文字を挿入する。
a	カーソルの後に、文字を追加 (append) する。
A	行末に、文字を追加する。
o	下に新しい行を挿入 (open) する。
O	上に新しい行を挿入する。

いずれの場合にも、コマンドモードでキーを入力すると挿入モードになります。文字の入力が終わったらEscキーを押すことでコマンドモードに戻ることができます。viでは、表5-4のように操作を表す単語の頭文字がキーとして使われ大文字と小文字が対になっていることがほとんどです。キー操作を覚える手がかりにしてください。

文字や行を消す

文字や行の削除は、コマンドモードで行います。$\boxed{\text{x}}$を押すと、カーソルのある文字を1文字消すことができます。また、$\boxed{\text{d}}\boxed{\text{d}}$と$\boxed{\text{d}}$を続けて2回押すと、カーソルのある行を削除することができます。

表5-5 文字や行の削除に使用するキー

キー	動作
$\boxed{\text{x}}$	1文字消す（切り取る）。
$\boxed{\text{d}}\boxed{\text{d}}$	1行削除（delete）する（切り取る）。

たくさんの文字を一度に消したい場合には、$\boxed{\text{x}}$の前に消したい文字数を入力します。例えば、$\boxed{1}\boxed{0}\boxed{\text{x}}$と入力すると、カーソルから右に10文字が削除されます。

行も同様の方法で削除することができます。つまり、$\boxed{3}\boxed{\text{d}}\boxed{\text{d}}$と入力すると、カーソルの行から下に3行が削除されます。

カット（コピー）＆ペーストをする

$\boxed{\text{x}}$や$\boxed{\text{d}}\boxed{\text{d}}$で削除した文字は、クリップボードに保管されています。$\boxed{\text{p}}$を押すと、直前に削除した行や文字をペースト（貼り付け）することができます。これを使って、**カット＆ペースト**をすることができます。

表5-6 ペーストに使用するキー

キー	動作
$\boxed{\text{p}}$	クリップボードに保管された文字を後ろに挿入（paste）する。行の場合には、次の行に挿入される。
$\boxed{\text{P}}$	クリップボードに保管された文字を前に挿入する。行の場合には、前の行に挿入される。

$\boxed{\text{d}}\boxed{\text{d}}$を使うと行が削除されてしまいますが、同じように$\boxed{\text{y}}\boxed{\text{y}}$を使うと行を削除せずにクリップボードに保管することができます。

表5-7 コピーに使用するキー

キー	動作
$\boxed{\text{y}}\boxed{\text{y}}$	カーソル行をクリップボードに保管（yank）する（コピーする）。

たくさんの行を一度にクリップボードにコピーしたい場合には、$\boxed{\text{y}}\boxed{\text{y}}$の前に行数を入力します。例えば、$\boxed{3}\boxed{\text{y}}\boxed{\text{y}}$と入力すると、カーソルから下の3行がクリップボードへコピーされます。$\boxed{\text{p}}$や$\boxed{\text{P}}$を使えば、それを貼り付けることができます。

ファイルを保存する

変更した内容をファイルへ保存したい場合には、まず⌷と入力します。ステータス行にカーソルが移りますので、続けて`w`を入力し、`Enter`キーを押します。この場合には、開いたファイルに上書き保存をすることになります。

表5-8　ファイルの保存に使用するキー

キー	動作
`:` `w` `Enter`	ファイルを保存（write）する。
`:` `w` `Space` filename `Enter`	ファイルを「filename」に別名保存する。
`:` `w` `!` `Enter`	書き込み不可のファイルに強制的に上書きする。
`:` `w` `!` `Space` filename `Enter`	ファイルを「filename」に別名保存する。書き込み不可でも強制的に上書きする。

`:` `w`に続いて、「:w filename」のようにファイル名を入力して`Enter`キーを押すと、別名で保存することもできます。

なお、書き込もうとするファイルが読み取り専用のファイルの場合には、「:w」ではエラーになります。`:` `w` `!`は、ファイルを書き込み可能に変更して、強制的に書き込みを行います。書き込み後、ファイルの属性は読み取り専用に戻されます。

書き込み可能にすることもできなければ、エラーになります。

viの終了

viを終了するには、まず⌷と入力します。ステータス行にカーソルが移りますので、続けて`q`を入力し`Enter`キーを押すと、viが終了します。ファイルを編集中の場合には、エラーになります。ファイルを編集中の場合に、`q` `!`と入力するとviを強制的に終了することができます。

また、viを使っていると、ファイルを保存して終了という手順になることがとても多いです。こうした場合には、`Z` `Z`と大文字の`Z`を2回続けて入力します。ファイルを上書き保存し、viが終了します。また`:` `w` `q`と入力しても、同じ動作になります。

表5-9　viの終了に使用するキー

キー	動作
`:` `q` `Enter`	viを終了（quit）する。
`:` `q` `!` `Enter`	編集中でも強制的にviを終了する。
`Z` `Z`	ファイルを上書き保存してviを終了する。
`:` `w` `q` `Enter`	ファイルを上書き保存してviを終了する。

その他の便利なコマンド

直前の動作を繰り返したり、取りやめにしたりすることができます。

表 5-10　その他のコマンドに使用するキー

キー	動作
．	直前の操作を繰り返す。
u	直前の操作を取りやめる (undo)。

viには、その他にもさまざまな機能があります。vimtutorコマンドを実行すると、viのチュートリアル (練習用) 画面が表示されます。たくさんの機能を実際に使ってみて学習できるように作られていますので、より便利にviを使いたい場合には、ぜひ使ってみてください。

■ vimtutorコマンド

```
$ vimtutor Enter
```

図 5-10　チュートリアル (練習用) 画面

Section 05-06 シェルの便利な使い方を知る

初めてコマンドラインを使う人は、コマンド名やファイル名が覚えられなかったり、タイプミスでなかなか正しい操作を行えないことがあります。このセクションでは、シェルのコマンドライン操作を支援するためのいろいろな機能を紹介します。

このセクションのポイント

■「Tab」キーを使うと、パスやコマンドの候補を表示したり、補完することができる。
■ヒストリ機能を使うと、以前に実行したコマンドをもう一度実行することができる。
■コマンドの出力をファイルに保存したり、別のプログラムに渡すことができる。

ファイルのコンプリーション

例えば、/usr/lib/systemd/system/sshd.serviceというファイルを参照する場合を考えてみましょう。ファイルのパスがとても長いので、入力するのがとても大変です。また、このファイル名を正確に覚えて入力しなければなりません。

こうした場合に、シェルのファイル名の**補完（コンプリーション）**機能を使うととても便利です。例えば、ファイルを見るためのコマンドcatの引数に、次のように最初の2文字「/u」までを入力します。

■ 「/u」まで入力

```
$ cat /u
```

ここで、Tab キーを押すと、次のように自動的に入力が補われます。

■ Tab キーを押す

```
$ cat /usr/
```

「/u」で始まるパスは、/usr/というディレクトリしかないため、シェルが自動的にそれを判断して入力を補ってくれるのです。さらに、ここで次の「l」を入力して Tab キーを2回押すと、次のようになります。

■ 「l」を入力し、Tab キーを2回押す

```
$ cat /usr/l Tab
lib/      lib64/   libexec/ local/
```

このように「l」から始まるパスの候補が表示されます。ちょうど、「ls -F」の出力結果のように、ディレクトリは最後に「/」が付いています。この候補を見ながら、残

りのパスを入力することができます。例えば、「li」まで入力して再度 Tab キーを押せば、次のように補われます。

■ 「/usr/li」まで入力し、Tab キーを押す

```
$ cat /usr/li Tab
```

■ ディレクトリ名が補われる

```
$ cat /usr/lib
```

同様に、入力を続けていくことで、長いパス名でもスムーズに入力していくことができます。

■ 長いパス名をコンプリーションを使いながら入力する

```
$ cat /usr/lib/sys Tab Tab ── Tab キーを2回押す
sysctl.d/    sysimage/    systemd/    sysusers.d/ ── 候補が表示される
$ cat /usr/lib/syst Tab ── 候補を見ながら少し入力して、Tab キーを押す
$ cat /usr/lib/systemd/ ── 補完される
$ cat /usr/lib/systemd/sy Tab ── さらに少し入力して Tab キーを押す
$ cat /usr/lib/systemd/system ── 補完される
$ cat /usr/lib/systemd/system/ssh Tab ── さらに少し入力して Tab キーを押す
$ cat /usr/lib/systemd/system/sshd Tab Tab ── 補完される。Tab キーを2回押す
sshd-keygen.target    sshd.service        sshd@.service
sshd-keygen@.service  sshd.socket
$ cat /usr/lib/systemd/system/sshd.se Tab ── 候補を見ながら少し入力して Tab キーを押す
$ cat /usr/lib/systemd/system/sshd.service ── ファイル名の入力が完了。Enter キーで実行
```

コマンドのコンプリーション

ファイル名と同じように、コマンド名も補完することができます。プロンプト直後で、「ca」だけ入力し Tab キーを2回押すと、次のようになります。

■ 「ca」を入力し、Tab キーを2回押す

```
$ ca Tab Tab
ca-legacy             cal                 captoinfo
cache_check           caller              case
cache_dump            callgrind_annotate  cat
cache_metadata_size   callgrind_control   catchsegv
```

```
cache_repair          canberra-boot          catman
cache_restore         canberra-gtk-play
cache_writeback       capsh
```

このように、コマンド名の候補が表示されます。この機能は、コマンド名をおぼろげにしか覚えていないときには、とても便利です。Linuxコマンドの多くが英単語の略で構成されていますので、ある程度の連想ができれば思い出しやすくなります。

例えば、ディレクトリを作るコマンドが思い出せない場合には、「作る」から「make」→「mk」を連想します。そして、「mk」を入力して `Tab` キーを2回押せば、次のように候補が表示されます。じっくり候補を調べれば、「mkdir」を思い出すことができるかもしれません。

■ 「mk」を入力し、`Tab` キーを2回押す

```
$ mk Tab Tab
mkdict            mkfontdir         mkfs.fat          mknod
mkdir             mkfontscale       mkfs.minix        mksquashfs
mkdosfs           mkfs              mkfs.msdos        mkswap
mkdumprd          mkfs.cramfs       mkfs.vfat         mktemp
mke2fs            mkfs.ext2         mkfs.xfs
mkfadumprd        mkfs.ext3         mkhomedir_helper
mkfifo            mkfs.ext4         mklost+found
```

ヒストリ

コマンドラインでの入力を助けるもう1つの機能が**ヒストリ**機能です。まず、コマンドラインで「history」というコマンドを実行してみましょう。

■ historyコマンドを実行

```
$ history Enter
.........
    73  ls
    74  pwd
    75  ls
    76  cat /usr/lib/systemd/system/sshd.service
    77  history
```

これまでに実行したコマンドラインが、すべて表示されます。このようにシェルは、これまでに入力したコマンドラインの内容を記憶しているのです。この記憶を

使って、コマンドを実行することができます。

　プロンプトで、「Ctrl-P」キー（[Ctrl]キーを押しながら[P]を押す）を入力してみましょう。

■ 「Ctrl-P」を入力

```
$ history
```

　先ほど入力した「history」が表示されます。さらに、もう一度「Ctrl-P」を入力してみると、その前に実行したコマンドが表示されます。

■ 「Ctrl-P」を再入力

```
$ cat /usr/lib/systemd/system/sshd.service█
```

　ここで[Enter]キーを押すと、そのまま実行することができます。

　さらに、このコマンドラインを編集することもできます。「Ctrl-A」を入力すると、コマンドラインの先頭の「c」の文字にカーソルが移動します。

■ 「Ctrl-A」を入力

```
$ █at /usr/lib/systemd/system/sshd.service
```

　[Delete]キーを3回押して、「cat」を消しましょう。

■ [Delete]キーを3回押す

```
$ █/usr/lib/systemd/system/sshd.service
```

　「vi」と入力します。

■ 「vi」を入力

```
$ vi█/usr/lib/systemd/system/sshd.service
```

　ここでこのまま[Enter]キーを押せば、修正したコマンドラインが実行されます。つまり、viが起動し、/usr/lib/systemd/system/sshd.serviceを編集する画面が表示されます。

　もし、編集途中で止めたくなったら「Ctrl-C」を入力すれば、それまでの入力はキャンセルされます。

■ 「Ctrl-C」でキャンセル

```
$ vi^Cusr/lib/systemd/system/sshd.service ─── 「Ctrl-C」でキャンセルされる
$
```

このように、表5-11のようなキーを使ってコマンドラインを自由に編集すること
ができます。

表5-11　コマンドラインの編集キー

キー	動作
Ctrl + P 、↑	ヒストリの1つ前のコマンドラインを表示する。
Ctrl + N 、↓	ヒストリの1つ次のコマンドラインを表示する。
Ctrl + A	行頭に移動する。
Ctrl + E	行末に移動する。
Ctrl + F 、→	1文字右に移動する。
Ctrl + B 、←	1文字左に移動する。
Delete	カーソルの次の文字を削除する。
Back SPace	カーソルの前の文字を削除する。

リダイレクト

コマンドラインでいろいろな操作をしていると、コマンドが出力した結果を保管し
ておきたいと思うことがあります。そのような場合には、**リダイレクト**と呼ばれる機
能を使って、結果をファイルに保存することができます。

実行したいコマンドの後ろに、「>」を入力し、続いて保存するファイル名を指定
します。

■ 結果をファイルに保存

```
$ ls -l / > /tmp/list Enter
```

このように実行すると、実行結果が/tmp/list に保存されます。

■ 保存された実行結果を見る

```
$ cat /tmp/list Enter
合計 24
dr-xr-xr-x.   2 root root    6  3月 25 18:42 afs
lrwxrwxrwx.   1 root root    7  3月 25 18:42 bin -> usr/bin
dr-xr-xr-x.   5 root root 4096  9月 16 10:19 boot
drwxr-xr-x.  20 root root 3180  9月 16 10:23 dev
drwxr-xr-x. 111 root root 8192  9月 16 11:50 etc
```

```
drwxr-xr-x.  3 root root    19  9月 16 10:20 home
lrwxrwxrwx.  1 root root     7  3月 25 18:42 lib -> usr/lib
.........
```

/tmp/listの中には、実行結果が保存されます。

■ エラーメッセージを保存する

リダイレクトでは、エラーメッセージだけを保存することもできます。その場合には、「2>」を入力し、続いて保存するファイル名を指定します。

■ エラーメッセージをファイルに保存

```
$ ls -l /abc 2> /tmp/error Enter
```

/tmp/errorには、次のようにエラー内容が保存されています。

■ 保存されたエラー内容を見る

```
$ cat /tmp/error Enter
ls: '/abc' にアクセスできません: そのようなファイルやディレクトリはありません
```

このように、Linuxでは一般的なコマンドは、標準出力（通常の出力）、エラー出力（エラーの場合の出力）を別々に分離して扱うことができます。標準出力とエラー出力を同時に同じファイルに書き出すこともできます。

■ 標準出力とエラー出力を同時に同じファイルに書き出す

```
$ ls -l / /abc > /tmp/list 2>&1 Enter
$ cat /tmp/list Enter
ls: '/abc' にアクセスできません: そのようなファイルやディレクトリはありません
/:
合計 24
dr-xr-xr-x.  2 root root     6  3月 25 18:42 afs
lrwxrwxrwx.  1 root root     7  3月 25 18:42 bin -> usr/bin
```

■ リダイレクトでファイルを作る

リダイレクトを使って、簡単にファイルを作成することができます。catコマンドは、引数を指定しなければ標準入力からファイルを読み込み、それを表示します。そのため、次の例のように実行するとリダイレクトしたファイルに、その内容が保管されます。

■ リダイレクトでファイルを作成

```
$ cat > new.txt [Enter] ── 入力したデータをnew.txtに保存
This is an example. [Enter]
[Ctrl]+[D] ── 実際には何も表示されない
$ cat new.txt [Enter] ── ファイルの中身を確認
This is an example.
```

この例のように、行頭で、[Ctrl]+[D]を入力するまで、入力が行われます。

■ コマンドへのデータ入力

コマンドへのデータ入力は、**標準入力**と呼びます。標準入力は、先ほどの例のように通常はキーボードからの入力になっています。これを「<」を使ってファイルに切り替えることができます。

■ 標準入力からファイルを読み込み

```
$ cat < new.txt [Enter] ── ファイルを標準入力から読み込む
This is an example.
```

catの場合には、引数にnew.txtを指定したのと同じです。コマンドによっては、このことが役立つケースもあります。

■ 標準入力、標準出力、エラー出力

このようにLinuxでは、コマンドへの入力や出力を簡単に切り替えることができます。

図5-11　標準入力、標準出力、エラー出力

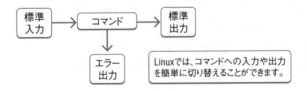

表5-12　リダイレクトの種類

リダイレクトの種類	使う文字	動作
標準出力	>	標準出力を指定したファイルに書き出す。
	>>	標準出力を指定したファイルに追記する。

エラー出力	2>	エラー出力を指定したファイルに書き出す。
	2>&1	エラー出力を標準出力と同じファイルに書き出す。
標準入力	<	ファイルの内容をコマンドへの入力として渡す。

パイプ

リダイレクトの機能をさらに発展させたのが**パイプ**です。次の例では、lsコマンドの出力結果をgrepコマンドに渡しています。

■ パイプの使用例

```
$ ls -F /etc/sysconfig | grep / Enter
network-scripts/
```

lsコマンドの引数の後ろに「|」という文字があり、次のgrepコマンドが続いています。この「|」が前のコマンドの標準出力を後ろのコマンドの標準入力に引き渡せという指定です。この例では、ls -Fの出力結果をgrepコマンドに渡し、「/」を含む行（つまりディレクトリ）だけを表示しています。パイプの機能を使うと、いろいろなコマンドを組み合わせて利用することができ、とても便利です。

図5-12 便利なパイプの機能

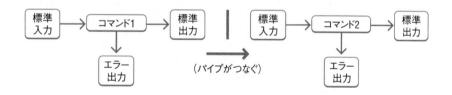

コラム

便利な Linux コマンド

　Linux には、ここで紹介した以外にもたくさんの便利なコマンドが用意されています。ここでは、それらのコマンドについて簡単に紹介します。man コマンドで調べて使ってみてください。

ファイル検索コマンド
find

　find は、ファイルを検索するコマンドです。ファイル名はわかっていても、ファイルがどこにあるかわからなくなった場合に便利です。検索するファイル名の指定にはワイルドカードを使うことができます。たとえば、ssh から始まるファイルの場合には、「ssh*」と指定して探すことができます。

テキスト処理コマンド
grep

　ファイルの中から、指定した文字列に一致した行だけを表示するコマンドです。反対に、指定した文字列が含まれていない行を表示することもできます。grep もワイルドカードを使うことができます。例えば、「^d」と指定すれば、「d」から始まる行だけを表示することができます。

head

　ファイルの先頭部分だけを表示するコマンドです。表示する行数をオプションで指定することができます。

tail

　ファイルの最後の部分だけを表示するコマンドです。表示する行数をオプションで指定することができます。-f オプションを使うと、ファイルに追記された情報を順次出力することができます。ログファイルなどを見るときに便利です。

sort

　テキストファイルの各行をソートして並び替えて表示します。昇順、降順に並び替えたり、数値として並び替えをすることができます。

uniq

　一致する行を 1 つにまとめます。

cut

　テキストの特定のカラムだけを取り出して表示します。標準ではスペース区切りでカラムを評価しますが、区切り文字を指定することもできます。

sed

　特定の文字列を置換して表示したり、指定した文字列や行を削除したりすることができます。

最初にやっておくべきこと

Linux をインストールし、コマンドラインの使い方を把握できたら、システム管理に必要ないろいろな手順について確認しておきましょう。この Chapter では、インストール後に確認しておくべき管理の手順と、最初に行ったほうがよい設定変更について説明します。

Contents

Section 06-01

管理者モードでコマンドを
実行する

Linuxでは、通常のユーザのログイン権限ではシステムの設定を変更できないように
なっています。このセクションでは、システムの設定を変更するための手順
について説明します。

このセクションのポイント

■1 sudoコマンドを使うことで、管理者モードでコマンドを実行できる。
■2 コマンドラインから、シャットダウンなどの重要な作業も実施することができる。

sudoコマンド

Linuxでは、一般のユーザはシステムの重要な設定を行えないようになっていま
す。たとえば、/etc/auditを見ようとすると、次のようになります。

■ ユーザ権限でのコマンド実行

```
[admin@almalinux9 ~]$ ls /etc/audit [Enter]
ls: ディレクトリ '/etc/audit' を開くことが出来ません: 許可がありません
```

ここでは、あえてプロンプトを表示しています。この例ではadminというユーザ
で/etc/auditのディレクトリにあるファイルを調べようとしています。しかし、「許
可がありません」というメッセージが表示されて、lsコマンドは失敗してしまいます。
このように、Linuxでは安全のために一般ユーザがシステムの重要な設定を見た
り、変更したりすることができないようになっています。このようなシステムの管理
をするためには、rootと呼ばれる特別なユーザの権限が必要となります。
この権限を使えるようにするコマンドが、sudoコマンドです。次のように、実行
したいコマンドの前にsudoを指定して、コマンドを実行します。

■ sudoコマンドの実行

```
[admin@almalinux9 ~]$ sudo ls /etc/audit [Enter]
[sudo] admin のパスワード: ******** [Enter]
audit-stop.rules  audit.rules  auditd.conf  plugins.d  rules.d
```

コマンドを実行すると、現在のユーザのパスワードを求められます。これは、ロ
グインしたユーザが作業を続けていることを確認するためです。パスワード認証に
成功すれば、後ろのコマンドが管理者モードで実行され、結果が表示されます。な
お、5分以内に再度sudoを使った場合には、パスワード入力を求められません。

■ sudoコマンドを5分以内に再実行

```
[admin@almalinux9 ~]$ sudo ls /etc/audit Enter
audit-stop.rules  audit.rules  auditd.conf  plugins.d  rules.d
```

注意

sudoコマンドを利用できるのは、インストール時に[このユーザを管理者にする]にチェックしたユーザだけです。他のユーザを管理者にする方法は、Section 06-02で解説します。

なお本書では、sudoの利用が必要な場合には明記します。その場合、管理ユーザでコマンドを実行してください。また、これ以降はsudoを使った場合のパスワードの入力については表示しません。「[sudo] admin のパスワード:」のようにプロンプトが表示される場合には、必要に応じてパスワードを入力して下さい。

コマンドラインからシャットダウンする

sudoによって管理者モードで操作すれば、コマンドラインからシステムをシャットダウンできます。システムはshtudownコマンドでシャットダウンします。

■ shutdownコマンド（今すぐ電源停止）

```
$ sudo shutdown -h now Enter
```

「-h」は、システムの電源を停止するというオプションです。引数のnowは、いつ停止するかを指定しています。nowは今すぐという意味ですが、替わりに「03:15」（3時15分）のような時間を指定して、システムの停止時間を予約することもできます。また、「+10」のように指定すると、10分後にシャットダウンされます。次の例は、03:15にシャットダウンするように予約した場合の動作例です。

■ shutdownコマンド（03:15に予約）

```
$ sudo shutdown -h 03:15 Enter
Shutdown scheduled for Wed 2022-09-21 03:15:00 JST, use 'shutdown -c' to cancel.
```

「-r」オプションを使うと、システムを再起動（reboot）します。

■ shutdownコマンド（今すぐ再起動）

```
$ sudo shutdown -r now Enter
```

Section 06-02 ユーザを作成する

インストール時に管理ユーザを作成しますが、このユーザだけでは不便です。ここでは、管理者を増やしたり、システムを利用するユーザを追加したりする方法について解説します。

このセクションのポイント

■ ユーザ管理はcockpitから実施することができる。
■ コマンドラインからのユーザ管理では、useradd, usermod, userdel コマンドを利用する。
■ グループの追加や削除は、コマンドラインから groupadd、groupmod、groupdel コマンドを利用する。
■ ユーザが参加するグループを追加、削除するには groupmems コマンドを利用する。

Cockpitからのユーザ管理

ユーザ管理は、Cockpitから実施することができます。Cockpitにログインし、[アカウント]をクリックすると図6-1のようにアカウント管理画面が表示されます。ここにはユーザの一覧が表示されています。このユーザをクリックすると、設定の詳細を確認することができます。

ユーザの追加・修正・削除などの設定を変更するためには、[制限付きアクセス]をクリックして、管理アクセスモードに変更します。

図6-1 Cockpitのアカウント画面

■ ユーザの追加

ユーザを追加する場合には、[アカウントの新規作成]をクリックします。すると、図6-2のような画面が表示されます。

図6-2 Cockpitのアカウント新規作成画面

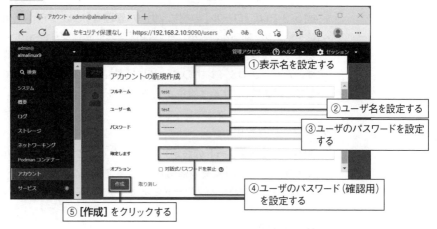

[フルネーム] の項目には、表示用の名前を入力します。[ユーザー名] には、ユーザIDを設定します。[パスワード][確定します] の欄は、このユーザに設定するパスワードと確認用のパスワードを入力します。入力が完了したら [作成] をクリックすると、ユーザアカウントが作成され、図6-1のような一覧画面に戻ります。

ユーザ設定の詳細表示

図6-1の画面から、各ユーザの項目をクリックすると、図6-3のような設定の詳細を表示できます。画面下部のログイン履歴は、このユーザのログインの履歴です。

図6-3 Cockpitのアカウント設定画面

サーバ管理者への変更

図6-3では、[ロール]の欄に[サーバ管理者]というチェックボックスがあります。ここをチェックすると、このユーザは管理ユーザになり、sudoコマンドで設定が行えるようになります。チェックボックスをクリックすると、その場で設定が反映されます。ただし、ログイン中のユーザには設定は反映されませんので、一度ログアウトして、再ログインすると設定が有効になります。

パスワードの変更

図6-3で[パスワードの設定]をクリックすると、管理者から直接パスワードを変更できます。また、[変更の強制]をクリックすると、パスワードをリセットし、次にユーザのログイン時にパスワードを変更するように設定することができます。

ユーザの削除

図6-3で[削除]ボタンをクリックすると、ユーザを削除することができます。確認用のダイアログが表示されますので、[削除]をクリックすると、ユーザを削除できます。また、ダイアログの[ファイルの削除]をチェックして[削除]をクリックすると、ユーザのホームディレクトリのデータも削除することもできます。

コマンドラインからのユーザ管理

ユーザの管理は、コマンドラインからも実施することができます。コマンドラインでは、Cockpitよりも詳細に設定できます。

■ ユーザの追加（useradd）

ユーザの追加は、useraddコマンドを使います。オプションで、詳細を設定することができます。-dオプションや-gオプションなどは何も指定しなければ、ユーザ名に合わせて標準で設定されます。

表6-1 useraddの主なオプション

-d <homedir>	ホームディレクトリを指定する。
-g <group>	ユーザの所属するグループを指定する。
-G <group>,<group>,..	ユーザを追加で指定したグループにも追加する。
-c <comment>	ユーザにコメントを記載する。
-M	ユーザの作成時にホームディレクトリを作成しない。
-s <shell>	ログインシェルを指定する。

次は、ユーザ（user1）を追加する場合の設定例です。特にオプションは指定しな

くても、ユーザ名に合わせて標準で設定されます。

■ user1ユーザの追加

```
$ sudo useradd user1 Enter
```

管理ユーザにするためには、次のようにwheelグループに所属するようにオプションを指定します。

■ user1を管理ユーザとして作成する

```
$ sudo useradd -G wheel user1 Enter
```

■ ユーザの設定変更（usermod）

ユーザを作成した後で、設定を変更したい場合には、usermodコマンドを使います。オプションは、useraddと似ていますが、-lオプションを使うとユーザ名を変更することもできます。

表6-2 usermod主なオプション

-d *homedir*	ホームディレクトリを指定する。
-g *group*	ユーザの所属するグループを指定する。
-G *group*,*group*,..	ユーザを追加で指定したグループにも追加する。
-c *comment*	ユーザにコメントを記載する。
-l *name*	ユーザのログイン名を<name>に変更する。
-m	ユーザのホームディレクトリを変更する時に、内容を移動する。
-L	ユーザをロックする。
-s *shell*	ログインシェルを変更する。

次は、user1のユーザ名をnewに変更する場合の実行例です。

■ ユーザ名をuser1からnewに変更する

```
$ sudo usermod -l new user1 Enter
```

■ グループへのユーザの追加と削除（groupmems）

ユーザが所属しているグループは、次のようにidコマンドで調べることができます。

■ 所属しているグループを調べる

```
$ id new Enter
uid=1002(new) gid=1002(user1) groups=1002(user1),10(wheel)
```

usermodコマンドでユーザの所属グループを追加するためには、ユーザが所属しているすべてのグループを列挙して指定する必要があります。しかし、これは面倒なため、追加／削除するグループだけを指定する方法としてgroupmemsコマンドが用意されています。次は、testユーザを管理ユーザにするため、wheelグループに追加する場合の設定例です。

■ ユーザ（test）をwheelグループに追加する

```
$ sudo groupmems -g wheel -a test Enter
```

引数の「-g wheel」は、対象となるグループの指定です。また「-a」はグループに追加することを指定しています。wheelグループへのtestの参加設定を削除する場合には、次のように「-d」を指定します。

■ ユーザ（test）をwheelグループから外す

```
$ sudo groupmems -g wheel -d test Enter
```

■ ユーザ削除（userdel）

作成したユーザを削除する場合には、userdelコマンドを使います。次は、ユーザ（user1）を削除する場合の実行例です。

■ ユーザ（user1）を削除する

```
$ sudo userdel user1 Enter
```

この方法では、ユーザのホームディレクトリやデータは削除されません。「-r」オプションを指定すると、ユーザの削除時にホームディレクトリも削除します。

■ ユーザ（user1）を削除する（ホームディレクトリも削除する）

```
$ sudo userdel -r user1 Enter
```

グループの管理

　Linuxでは、ユーザのアクセス権をグループで管理することができます。ファイルのアクセス権についてはSection 07-01で扱いますが、ここではグループの作成と削除について説明します。

　グループには、wheelグループのように最初から用意されているものもありますが、管理者が自由にグループを追加することもできます。Cockpitでは、グループの管理をすることができませんので、コマンドラインで実施する必要があります。

■ グループの追加（groupadd）

　新しいグループを作成するには、groupaddコマンドを使います。次は、salesグループを作成する場合のコマンド例です。

■ グループ（sales）を作成する

```
$ sudo groupadd sales Enter
```

■ グループ削除（groupdel）

　不要になったグループを削除するには、groupdelコマンドを使います。次は、salesグループを削除する場合のコマンド例です。

■ グループ（sales）を削除する

```
$ sudo groupdel sales Enter
```

Section 06-03

ファイル交換の方法を確認する

Linux上で作成したファイルをWindowsへ持っていきたい場合や、Windowsで作成したファイルをLinuxへ持っていきたい場合があります。このセクションでは、他のコンピュータとファイルの交換を行う方法を確認しておきましょう。

このセクションのポイント

■ ファイルの交換には、USBメモリなどのメディアを使う方法と、scpを使ってネットワークでファイルを交換する方法がある。

■ Windowsでもscpコマンドを使うことができる。

USBメモリを使う

ファイルを移動するもっとも簡単な方法は、USBメモリなどの記録メディアを使うことです。AlmaLinux 9/Rocky Linux 9の場合には、USBメモリに付けられたラベルを使って操作します。そのため、まずWindowsでUSBメモリのラベルを確認し、必要であればフォーマットしておきましょう。

■ USBメモリのフォーマット

Windows PCにUSBメモリを挿入します。エクスプローラーで [PC] をクリックして接続されているドライブを確認すると、図6-4のように表示されます。

図6-4 Windows エクスプローラーでのUSBメモリの表示

① 「PC」をクリックする

② USBドライブのアイコンを右クリックし、[フォーマット…]を選択する

ドライブにラベルが付いていない

この図では、USBメモリには [USBドライブ(E:)] と表示されています。図6-5は、ラベルが付いたUSBドライブの場合の表示例です。

図6-5 Windows エクスプローラーでのUSBメモリの表示（ラベルあり）

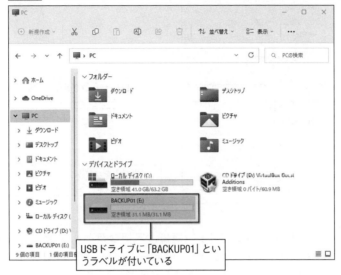

図6-5では「BACKUP01(E:)」のように表示されています。この「BACKUP01」がUSBドライブのラベルです。

AlmaLinux 9/Rocky Linux 9で利用する場合には、ラベルを使ってアクセスするため、USBメモリをフォーマットしてラベルを付けておきましょう。フォーマットすると、USBメモリに保管されているデータは消えてしまうため、必要であればバックアップを作成してからフォーマットします。

フォーマットするには、USBドライブのアイコンをマウスで右クリックして表示されるメニューから [**フォーマット…**] を選択します。すると、図6-6のような画面が表示されます。

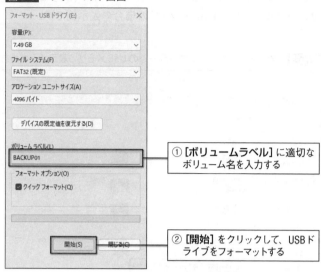

図6-6　フォーマット画面

① [ボリュームラベル] に適切な
　 ボリューム名を入力する

② [開始] をクリックして、USBド
　 ライブをフォーマットする

[ボリュームラベル] の欄に、適切なラベル名を入力します。この例では
「BACKUP01」としていますが、用途に合わせてどのような名前でも構いません。
ただし、12文字以内で設定する必要があります。

[開始] をクリックすると、フォーマットが行われ、USBドライブにラベルが追加
されます。

エクスプローラーに戻って、USBドライブのアイコンをマウスで右クリックして表
示されるメニューから [取り出し] を選択してから、USBメモリを取り外します。

■ USBメモリのマウント

WindowsでフォーマットしたUSBメモリを、AlmaLinux 9/Rocky Linux 9
がインストールされているコンピュータに挿入します。挿入すると、/dev/disk/by-
label/に、自動的にラベル名を使ってデバイスファイルが作成されます。この例の
場合には、BACKUP01というファイルが作成されているはずです。

```
$ ls /dev/disk/by-label/ Enter
BACKUP01
```

このデバイスファイルを使って、USBメモリをマウントします。マウントは、sudo
コマンドを使って、管理者モードで実行する必要があります。

```
$ sudo mount /dev/disk/by-label/BACKUP01 /mnt Enter ── マウントする
$ df Enter
ファイルシス                1K-ブロック      使用  使用可 使用% マウント位置
```

```
devtmpfs                     471424        0    471424    0%  /dev
tmpfs                        491820        0    491820    0%  /dev/shm
tmpfs                        196732     5300    191432    3%  /run
/dev/mapper/almalinux-root  7329792  1964720   5365072   27%  /
/dev/sda1                   1038336   195200    843136   19%  /boot
/dev/mapper/almalinux-home  1038216    40308    997908    4%  /home
tmpfs                         98364        0     98364    0%  /run/user/1000
/dev/sdb                      31948       12     31936    1%  /mnt
```
└── マウントされている

■ ファイルのコピー

マウントができたら、cpコマンドやmvコマンドでファイルを読み書きすることができます。sudoコマンドを使って、管理者モードで作業します。

```
$ sudo cp screenshot.png /mnt [Enter]
```

デバイスを使い終わったら、ejectコマンドを使ってUSBメモリを取り出します。

```
$ sudo eject /mnt [Enter]
```

scpを使う

USBのような外部デバイスを使わなくても、LinuxとLinuxの間ではscpを使ってファイルを転送することができます。scpは、リモートからコマンドラインを使うために使うSSHと同じ仕組みを使って、ファイルをコピーするコマンドです。

例えば、new.txtを192.168.2.1というホストの/tmp/にコピーする場合には、次のように実行します。

■ scpを使用したコピーの実行例

```
$ scp new.txt 192.168.2.1:/tmp [Enter]
admin@192.168.2.1's password: ******* [Enter] ── パスワードを入力
new.txt                                100%    20    0.0KB/s   00:00
```

これは、192.168.2.1には現在のログインユーザ（admin）と同じ名前のユーザがある場合の例です。ホスト名からIPアドレスが変換できる場合には、IPアドレスの代わりにホスト名を使うこともできます。相手サーバのadminのパスワードを入力してOKなら、コピーが行われます。

同じ名前のユーザがない場合には、次のようにIPアドレス（ホスト名）の前にユー

ザ名と「@」を付けて実行します。

■ ユーザ名を付ける場合

```
$ scp new.txt exuser@192.168.2.1:/tmp [Enter]
exuser@192.168.2.1's password: ****** [Enter] ── パスワードを入力
new.txt                                    100%   20    0.0KB/s   00:00
```

逆に、リモートのサーバからファイルをダウンロードしてくることもできます。

■ scpを利用したファイルのダウンロード

```
$ scp exuser@192.168.2.1:/tmp/new.txt . [Enter]
exuser@192.168.2.1's password: ****** [Enter] ── パスワードを入力
new.txt                                    100%   20    0.0KB/s   00:00
```

Windowsでscpを使う

Windowsのscpも、Linuxのscpとほぼ同じ方法で利用することができます。scpは、Windows Terminalで利用できます。スタートメニューから、「ターミナル」を選択し、Windows Terminalを表示します。

■ コマンドプロンプトを表示

```
Windows PowerShell
Copyright (C) Microsoft Corporation. All rights reserved.

新機能と改善のために最新の PowerShell をインストールしてください！https://aka.ms/PSWidnows

PS C:\Users\admin>
```

ターミナルの画面が表示され、プロンプトが表示されます。ここで、Linuxと同じようにscpコマンドが使えます。例えば、AlmaLinux 9/Rocky Linux 9上にあるファイルを取得するには、次のようにします。

■ コマンドプロンプトでscpでファイルを転送する（AlmaLinux 9/Rocky Linux 9からWindowsへ）

```
C:\Users\admin>scp admin@192.168.2.10:/tmp/test.txt . [Enter]
                                          └──── Linux側からPCへファイルをコピー
admin@192.168.2.10's password: ******** [Enter] ── ユーザのパスワードを入力
test.txt
100%   4    0.0KB/s   00:00
```

初回だけ、相手のフィンガープリントが表示される場合があります。その場合には、接続を継続してよいかを聞かれますので、yesを入力します。次に、パスワードの入力を求められますので、パスワードを入力すると、ファイルが転送されます。

WindowsからAlmaLinux 9/Rocky Linux 9へファイルを転送するのも同じように行うことができます。

■ コマンドプロンプトでscpでファイルを転送する（WindowsからAlmaLinux 9/Rocky Linux 9へ）

```
C:¥Users¥admin.DESKTOP-1HBS3MT>scp test.txt admin@192.168.30.97:/tmp [Enter]
admin@192.168.30.97's password:******** [Enter] ──── ユーザのパスワードを入力
test.txt
        100%    4     0.0KB/s   00:00
```

Section 06-04 パッケージのインストールと管理を行う

AlmaLinux 9/Rocky Linux 9のインストール時には、管理のために必要な最低限の
パッケージだけをインストールしました。しかし、ネットワークサーバとして利
用していくためには、必要に応じてパッケージをさらにインストールする必要が
あります。このセクションでは、AlmaLinux 9/Rocky Linux 9のパッケージ管理の
方法を説明します。

このセクションのポイント

■ AlmaLinux/Rocky Linuxではレポジトリと言われるソフトウェアの提供元を管理している。
■ パッケージは、yumコマンドを使って管理する。

AlmaLinux 9/Rocky Linux 9のパッケージの仕組みを理解する

AlmaLinux 9/Rocky Linux 9では、パッケージの管理はyumコマンドを
使って行います。AlmaLinux 9/Rocky Linux 9のソフトウェアは、レポジトリ
（Repository）と呼ばれるソフトウェア提供元からダウンロードして、インストール
します。次のように実行することで、有効になっているレポジトリの一覧を表示する
ことができます。

```
$ yum repolist Enter
repo id                      repo の名前
appstream                    AlmaLinux 9 - AppStream
baseos                       AlmaLinux 9 - BaseOS
extras                       AlmaLinux 9 - Extras
```

通常は、ここにリストアップされた３つのリポジトリが使われます。

baseos：AlmaLinux 9/Rocky Linux 9の基本的な機能を提供する
appstream：アプリケーション、開発言語、データベースなどを提供する
extras：base や appStream に含まれない拡張的なパッケージを提供する

これらのレポジトリは、AlmaLinuxやRocky Linuxのプロジェクトが管理する
インターネット上のサイトに配置されています。

コマンドラインでのパッケージ管理

＊1 Yellowdog
Updater Modified

パッケージの管理は、**yum** ＊1 コマンドを使ってコマンドラインで行います。

■ パッケージの検索と詳細の表示

例えば、パッケージの検索をする場合には、引数としてサブコマンド searchと
キーワードを指定します。

■ 詳細情報を見るの前のパッケージの検索

```
$ yum search telnet Enter
メタデータの期限切れの最終確認: 0:08:36 時間前の 2022年09月21日 10時55分45秒 に実施しました。
============================ 名前 & 概要 一致: telnet ============================
telnet.x86_64 : The client program for the Telnet remote login protocol
telnet-server.x86_64 : The server program for the Telnet remote login protocol
```

telnet.x86_64のようなパッケージ名に続いて、パッケージの要約が表示され
ます。この表示を見ながらインストールしたいソフトウェアを調べます。より詳細な
情報が見たい場合には、次の例のようにinfoサブコマンドを使います。引数には、
パッケージ名を指定します。

■ 詳細情報を見る

```
$ yum info telnet.x86_64 Enter
メタデータの期限切れの最終確認: 0:09:28 時間前の 2022年09月21日 10時55分45秒 に実施しました。
利用可能なパッケージ
名前          : telnet
エポック       : 1
バージョン     : 0.17
リリース       : 85.el9
Arch          : x86_64
サイズ         : 63 k
ソース         : telnet-0.17-85.el9.src.rpm
リポジトリー    : appstream
概要          : The client program for the Telnet remote login protocol
URL           : http://web.archive.org/web/20070819111735/www.hcs.harvard.
edu/~dholland/computers/old-netkit.html
ライセンス     : BSD
説明          : Telnet is a popular protocol for logging into remote systems over
              : the Internet. The package provides a command line Telnet client
```

■ パッケージのインストール

パッケージのインストールには、installサブコマンドを使います。システムの変更となるため、sudoを使って管理者モードで実行する必要があります。次の例のように、引数にはパッケージ名を指定して実行します。

■ パッケージのインストール

```
$ sudo yum install telnet.x86_64 [Enter]
メタデータの期限切れの最終確認: 18:55:15 時間前の 2022年09月20日 16時10分36秒 に実施しました。
依存関係が解決しました。
================================================================================
 パッケージ        Arch           バージョン              リポジトリー        サイズ
================================================================================
インストール:
 telnet          x86_64         1:0.17-85.el9           appstream          63 k

トランザクションの概要
================================================================================
インストール  1 パッケージ

ダウンロードサイズの合計: 63 k
インストール後のサイズ: 121 k
これでよろしいですか? [y/N]: y [Enter] —— 確認してyを入力
パッケージのダウンロード:
telnet-0.17-85.el9.x86_64.rpm                    563 kB/s |  63 kB    00:00
--------------------------------------------------------------------------------
合計                                              56 kB/s |  63 kB    00:01
AlmaLinux 9 - AppStream                          3.0 MB/s | 3.1 kB    00:00
GPG 鍵 0xB86B3716 をインポート中:
 Userid     : "AlmaLinux OS 9 <packager@almalinux.org>"
 Fingerprint: BF18 AC28 7617 8908 D6E7 1267 D36C B86C B86B 3716
 From       : /etc/pki/rpm-gpg/RPM-GPG-KEY-AlmaLinux-9
これでよろしいですか? [y/N]: y [Enter] —— 最初の1回だけ暗号鍵のインストール許可を求められるので
                                            yを入力する
鍵のインポートに成功しました
トランザクションの確認を実行中
トランザクションの確認に成功しました。
トランザクションのテストを実行中
トランザクションのテストに成功しました。
トランザクションを実行中
  準備              :                                                    1/1
  インストール中    : telnet-1:0.17-85.el9.x86_64                        1/1
  scriptletの実行中: telnet-1:0.17-85.el9.x86_64                        1/1
```

```
検証              : telnet-1:0.17-85.el9.x86_64                          1/1

インストール済み:
  telnet-1:0.17-85.el9.x86_64

完了しました!
```

　　　　　　yumは、そのパッケージをインストールするのに必要な関連パッケージも探して、インストールすべきものをリストアップします。そして、インストールしてよいかどうかを「Is this ok [y/d/N]: 」と問い合わせてきます。[y]を入力するとインストールが始まります。なお、この例では、さらに暗号鍵をインストールしてよいかを聞かれています。これは、最初のパッケージインストール時だけに表示される問い合わせです。この表示がされた場合にも、[y]を入力します。

■ パッケージの削除

　　　　　　インストールされたパッケージを調べるには、listサブコマンドを使います。引数に「installed」を指定して実行します。

■　インストールされたパッケージを調べる

```
$ yum list installed [Enter]
インストール済みパッケージ
NetworkManager.x86_64                     1:1.36.0-4.el9_0              @anaconda
NetworkManager-config-server.noarch       1:1.36.0-4.el9_0              @anaconda
NetworkManager-libnm.x86_64               1:1.36.0-4.el9_0              @anaconda
NetworkManager-team.x86_64                1:1.36.0-4.el9_0              @anaconda
NetworkManager-tui.x86_64                 1:1.36.0-4.el9_0              @anaconda
PackageKit.x86_64                         1.2.4-2.el9                  @AppStream
PackageKit-glib.x86_64                    1.2.4-2.el9                  @AppStream
abattis-cantarell-fonts.noarch            0.301-4.el9                  @AppStream
acl.x86_64                                2.3.1-3.el9                  @anaconda
……
```

　　　　　　このコマンドで一覧が表示されますので、その中から削除したいパッケージの名称を調べます。調べにくい場合には、grepコマンドなどと併用するとよいでしょう。

■　grepコマンドで調べる対象を絞る

```
$ yum list installed | grep telnet [Enter]
telnet.x86_64                             1:0.17-85.el9                @appstream
```

　　　　　　一番右側の「@appstream」などの表示は、インストール時に使ったレポジトリ
です。「@anaconda」は、AlmaLinux 9/Rocky Linux 9のインストール時に
インストールされたものであることを示しています。実際のパッケージの削除には、
eraseサブコマンドを使います。システム設定の変更のため、sudoを使って管理者
モードで実行する必要があります。引数に指定したパッケージが削除されます。

■　パッケージの削除

```
$ sudo yum erase telnet Enter
依存関係が解決しました。

================================================================
 パッケージ      Arch        バージョン         リポジトリー      サイズ
================================================================
削除中:
 telnet        x86_64      1:0.17-85.el9        @appstream      121 k

トランザクションの概要
================================================================
削除   1 パッケージ

解放された容量: 121 k
これでよろしいですか？ [y/N]: y Enter ─── 確認してyを入力
トランザクションの確認を実行中
トランザクションの確認に成功しました。
トランザクションのテストを実行中
トランザクションのテストに成功しました。
トランザクションを実行中
  準備            :                                          1/1
  削除            : telnet-1:0.17-85.el9.x86_64              1/1
  scriptletの実行中: telnet-1:0.17-85.el9.x86_64             1/1
  検証            : telnet-1:0.17-85.el9.x86_64              1/1

削除しました:
  telnet-1:0.17-85.el9.x86_64

完了しました！
```

■ パッケージのアップデート

　　アップデートが可能なパッケージを調べるには、check-updateサブコマンドを
使います。

■ アップデート可能なパッケージを調べる

```
$ yum check-update Enter
メタデータの期限切れの最終確認: 0:27:53 時間前の 2022年09月21日 10時55分45秒 に実施しました。

NetworkManager.x86_64              1:1.36.0-5.el9_0              baseos
NetworkManager-config-server.noarch 1:1.36.0-5.el9_0            baseos
NetworkManager-libnm.x86_64        1:1.36.0-5.el9_0              baseos
NetworkManager-team.x86_64         1:1.36.0-5.el9_0              baseos
NetworkManager-tui.x86_64          1:1.36.0-5.el9_0              baseos
almalinux-gpg-keys.x86_64          9.0-4.el9                     baseos
almalinux-logos.x86_64             90.5.1-1.1.el9                appstream
almalinux-release.x86_64           9.0-4.el9                     baseos
......
```

各パッケージの詳細は，infoサブコマンドの引数にパッケージ名を指定して調べることができます。アップデート可能なパッケージがある場合には、現在インストールされているパッケージの情報と、アップデート可能なパッケージの情報の両方が表示されます。

■ パッケージの詳細を調べる

```
$ yum info NetworkManager Enter
メタデータの期限切れの最終確認: 0:29:10 時間前の 2022年09月21日 10時55分45秒 に実施しました。
インストール済みパッケージ ——— 現在インストールされているパッケージ
名前          : NetworkManager
エポック       : 1
バージョン      : 1.36.0
リリース        : 4.el9_0
Arch          : x86_64
サイズ         : 5.9 M
ソース         : NetworkManager-1.36.0-4.el9_0.src.rpm
リポジトリー     : @System
repo から      : anaconda
概要          : Network connection manager and user applications
URL           : https://networkmanager.dev/
ライセンス      : GPLv2+ and LGPLv2+
説明          : NetworkManager is a system service that manages network
              : interfaces and connections based on user or automatic
              : configuration. It supports Ethernet, Bridge, Bond, VLAN, Team,
              : InfiniBand, Wi-Fi, mobile broadband (WWAN), PPPoE and other
              : devices, and supports a variety of different VPN services.

利用可能なパッケージ ——— アップデート可能なパッケージ
名前          : NetworkManager
```

```
エポック      : 1
バージョン    : 1.36.0
リリース      : 5.el9_0
Arch         : x86_64
サイズ        : 2.1 M
ソース        : NetworkManager-1.36.0-5.el9_0.src.rpm
リポジトリー  : baseos
概要         : Network connection manager and user applications
URL          : https://networkmanager.dev/
ライセンス    : GPLv2+ and LGPLv2+
説明         : NetworkManager is a system service that manages network
             : interfaces and connections based on user or automatic
             : configuration. It supports Ethernet, Bridge, Bond, VLAN, Team,
             : InfiniBand, Wi-Fi, mobile broadband (WWAN), PPPoE and other
             : devices, and supports a variety of different VPN services.
```

　実際のアップデートは、updateサブコマンドで行います。システム設定の変更になるため、sudoを使って管理者モードで実施する必要があります。パッケージを指定すれば、指定したパッケージだけがアップデートされますが、特に指定しなければすべてのパッケージがアップデートされます。

■　パッケージのアップデート

```
$ sudo yum update  Enter
メタデータの期限切れの最終確認: 0:10:25 時間前の 2022年09月21日 11時17分40秒 に実施しました。
依存関係が解決しました。

===============================================================================
 パッケージ              Arch    バージョン              Repo       サイズ
===============================================================================
インストール:
 kernel                 x86_64 5.14.0-70.22.1.el9_0     baseos     594 k
アップグレード:
 NetworkManager         x86_64 1:1.36.0-5.el9_0         baseos     2.1 M
 NetworkManager-config-server
                        noarch 1:1.36.0-5.el9_0         baseos      14 k
......
 netavark               x86_64 2:1.0.1-36.el9_0         appstream 2.0 M
弱い依存関係のインストール:
 aardvark-dns           x86_64 2:1.0.1-36.el9_0         appstream 1.0 M
 kernel-devel           x86_64 5.14.0-70.22.1.el9_0     appstream  15 M

トランザクションの概要
```

```
=========================================================================
インストール        8 パッケージ
アップグレード    93 パッケージ

ダウンロードサイズの合計: 198 M
```
これでよろしいですか？ [y/N]: y Enter ── **確認して y を入力**
```
パッケージのダウンロード:
(1/101): aardvark-dns-1.0.1-36.el9_0.x86_64.rpm  2.1 MB/s | 1.0 MB     00:00
(2/101): grub2-tools-efi-2.06-27.el9_0.7.alma.x  2.7 MB/s | 539 kB     00:00
(3/101): netavark-1.0.1-36.el9_0.x86_64.rpm      2.7 MB/s | 2.0 MB     00:00
……

(98/101): xz-libs-5.2.5-8.el9_0.x86_64.rpm        2.2 MB/s |  92 kB     00:00
(99/101): zlib-1.2.11-31.el9_0.1.x86_64.rpm       2.1 MB/s |  90 kB     00:00
(100/101): vim-minimal-8.2.2637-16.el9_0.3.x86_   1.9 MB/s | 680 kB     00:00
(101/101): samba-client-libs-4.15.5-100.el9_0.x   2.1 MB/s | 5.5 MB     00:02
-------------------------------------------------------------------------
合計                                              7.7 MB/s | 198 MB     00:25
トランザクションの確認を実行中
トランザクションの確認に成功しました。
トランザクションのテストを実行中
トランザクションのテストに成功しました。
トランザクションを実行中

  scriptletの実行中: selinux-policy-targeted-34.1.29-1.el9_0.2.noarch       1/1
  scriptletの実行中: java-11-openjdk-headless-1:11.0.16.0.8-1.el9_0.x86_6   1/1
  準備             :                                                        1/1
  アップグレード中 : zlib-1.2.11-31.el9_0.1.x86_64                          1/194
  アップグレード中 : openssl-libs-1:3.0.1-41.el9_0.x86_64                   2/194
  アップグレード中 : xz-libs-5.2.5-8.el9_0.x86_64                           3/194
……
  検証             : xz-libs-5.2.5-7.el9.x86_64                           192/194
  検証             : zlib-1.2.11-31.el9_0.1.x86_64                        193/194
  検証             : zlib-1.2.11-31.el9.x86_64                            194/194

アップグレード済み:
  NetworkManager-1:1.36.0-5.el9_0.x86_64
  NetworkManager-config-server-1:1.36.0-5.el9_0.noarch
  NetworkManager-libnm-1:1.36.0-5.el9_0.x86_64
……
  yajl-2.1.0-21.el9_0.x86_64
  zlib-1.2.11-31.el9_0.1.x86_64
  zlib-devel-1.2.11-31.el9_0.1.x86_64
インストール済み:
```

```
  aardvark-dns-2:1.0.1-36.el9_0.x86_64
  grub2-tools-efi-1:2.06-27.el9_0.7.alma.x86_64
......
  kernel-modules-5.14.0-70.22.1.el9_0.x86_64
  netavark-2:1.0.1-36.el9_0.x86_64

完了しました!
```

　　yumは、アップデートするパッケージをリストアップします。パッケージの一覧を確認し問題がなければ　y　を入力します。すると、自動的にパッケージのアップデートが行われます。
　　パッケージのアップデートをしたら、システムを再起動します。

06-05

サービス管理を知っておく

重要なサービスでは、パッケージをインストールしただけではサービスが開始されない場合もあります。設定に合わせて自分でサービスを開始したり、自動的にサービスが起動されるように設定する必要があります。このセクションでは、AlmaLinux 9/Rocky Linux 9のサービス管理について解説します。

このセクションのポイント

■ サービスの管理はsystemctlコマンドで行う。
■ サービスの起動や停止を行ったら、必ず状態を確認する。
■ サービスが自動的に開始されるようにしておくには、enableサブコマンドを使う。
■ Cockpitサービスを有効にしておく。

systemctlコマンド

AlmaLinux 9/Rocky Linux 9ではサービスの管理には、systemctlコマンドを使います。

■ サービスの一覧

現在利用可能なサービスを調べるには、list-unit-filesサブコマンドを使います。

■ サービスの一覧

```
$ systemctl list-unit-files -t service Enter
UNIT FILE                                  STATE      VENDOR PRESET
arp-ethers.service                         disabled   disabled
atd.service                                enabled    enabled
auditd.service                             enabled    enabled
autovt@.service                            alias      -
blk-availability.service                   disabled   disabled
bluetooth.service                          enabled    enabled
bolt.service                               static     -
canberra-system-bootup.service             disabled   disabled
canberra-system-shutdown-reboot.service    disabled   disabled
......
```

左側のカラムに表示されているのがサービスの名前です。真ん中のSTATEの欄には、そのサービスの現在の状態が表示されます。「enabled」はシステム起動時に自動的に有効になるサービス、「disabled」はシステム起動時に有効にならないサービスです。「static」も同様にシステム起動時に有効にならないサービスです。

ただし、自動起動の方法が規定されていないため、必要に応じて手動で起動すべきものです。なお、右側のVENDOR PRESETの欄は、インストール後の標準の設定です。

■ サービスの起動と停止

サービスを停止する場合には、stopサブコマンドにサービス名を指定して実行します。システムの設定変更になるため、sudoを使って管理者モードで実施する必要があります。

■ サービスの停止

```
$ sudo systemctl stop atd.service [Enter]
```

間違ったサービス名を指定したり、サービスの停止に失敗した場合には、エラーメッセージが表示されますが、正常に停止した場合には何も表示されません。サービスを起動する場合には、startサブコマンドにサービス名を指定して実行します。

■ サービスの起動

```
$ sudo systemctl start atd.service [Enter]
```

サービスを再起動する場合には、restartサブコマンドにサービス名を指定して実行します。

■ サービスの再起動

```
$ sudo systemctl restart atd.service [Enter]
```

■ サービスの状態を確認する

サービスの起動や再起動を行っても、正常に処理ができていない場合があります。systemctlコマンドは、このような場合にもエラーを出力しません。そのため、起動や再起動の後には、サービスの状態を確認しておきましょう。サービスの現在の状態を確認する場合には、is-activeサブコマンドにサービス名を指定して実行します。

■ サービスの現在の状態を確認

```
$ systemctl is-active atd.service [Enter]
active
```

この例では、サービスが稼働していますので「active」と表示されています。サービスが稼働していない状態の場合には、「inactive」と表示されます。

また、statusサブコマンドを使うと、より詳細にサービスの状態を確認することができます。

■ 詳細なサービスの状態

```
$ systemctl status atd.service Enter
● atd.service - Deferred execution scheduler
    Loaded: loaded (/usr/lib/systemd/system/atd.service; enabled; vendor prese>
    Active: active (running) since Wed 2022-09-21 11:42:24 JST; 1min 8s ago
                                                      ┗━━━ 起動された時間
      Docs: man:atd(8)
  Main PID: 97813 (atd) ━━━ 主要プロセスの情報
     Tasks: 1 (limit: 5892)
    Memory: 260.0K
       CPU: 1ms
    CGroup: /system.slice/atd.service ━━━ 現在のプロセスの情報
            ┗━97813 /usr/sbin/atd -f ━━━ 同じ制御グループに属するプロセスの情報

9月 21 11:42:24 almalinux9 systemd[1]: Started Deferred execution scheduler.
                                                ┗━━━ このサービスのログ
```

● サービス設定の再読み込み

サービスによっては、設定の再読み込みをするreloadをサポートしている場合があります。次のようにreloadサブコマンドにサービス名を指定して実行します。システムの変更になりますので、sudoを使って管理者モードで実施する必要があります。

■ サービスの設定を再読み込み

```
$ sudo systemctl reload sshd.service Enter
```

● サービスを自動的に起動・停止する

サービスの中には、標準ではシステムの起動時に自動的に有効にならないサービスもあります。サービスのシステムの起動時の状態を設定するには、enableサブコマンドを使います。サービスの起動時の状態は、is-enabledサブコマンドで調べることができます。

■ サービスのシステム起動時の状態を調べる

```
$ systemctl is-enabled atd.service Enter
enabled
```

　　　　自動起動が有効になっている場合には、この例のように「enabled」が表示されます。自動起動が無効になっている場合には、「disabled」と表示されます。

　　　　サービスの自動起動を無効にするには、disableサブコマンドにサービス名を指定して実行します。システム設定の変更になるので、sudoを使って管理者モードで実施する必要があります。

■ サービスの自動起動無効

```
$ sudo systemctl disable atd.service Enter
Removed /etc/systemd/system/multi-user.target.wants/atd.service.
```

　　　　反対にサービスの自動起動を有効にするには、enableサブコマンドにサービス名を指定して実行します。

■ サービスの自動起動有効

```
$ sudo systemctl enable atd.service Enter
Created symlink /etc/systemd/system/multi-user.target.wants/atd.service → /usr
/lib/systemd/system/atd.service.
```

　　　　なお、enable, disableサブコマンドは、自動起動の有効/無効を切り替えるだけで、すぐにはサービスが起動/停止しません。自動起動の有効化/無効化と、サービスの起動/停止を同時に行いたい場合には、次のように--nowコマンドを付けます。

■ サービスの自動起動の有効化と同時にサービスを起動する

```
$ sudo systemctl enable --now atd.service Enter
Created symlink /etc/systemd/system/multi-user.target.wants/atd.service → /usr
/lib/systemd/system/atd.service.
```

■ サービスの自動起動の無効化と同時にサービスを停止する

```
$ sudo systemctl disable --now atd.service Enter
Removed /etc/systemd/system/multi-user.target.wants/atd.service.
```

Cockpitからのサービス管理

　サービス管理は、Cockpitからも実施できます。ただし、実施できるのは一時的なサービスの開始、停止、再起動などの処理だけで、サービスの自動起動設定などの操作はできません。

　Cockpitからサービス管理を実施する場合には、左側のメニューから「サービス」の項目を選択します。図6-7のように、サービスの一覧画面が表示されます。

図6-7 Cockpitのサービス管理画面

この画面で、各サービスの現在の状態（有効/無効）を確認することができます。また、何らかのエラーが発生しているサービスには「起動に失敗しました」のように状況が表示されます。

　各サービスをクリックすると詳細な情報を確認することができます。図6-8は、atd.serviceをクリックした場合の表示例です。

図6-8 Cockpitの個別サービス画面

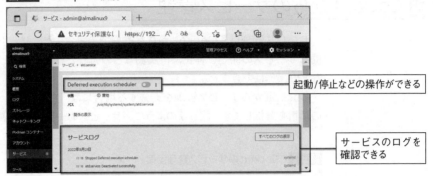

起動/停止などの操作ができる

サービスのログを
確認できる

　この画面では、サービスの状態が詳細に表示されています。関連するログも確認することができます。さらに、サービス名の横にあるスイッチやメニューから、サービスの起動/停止/再起動などが操作できます。

Windows と Linux では、取り扱う文字コードや改行コードなど、テキストファイルの扱いが異なります。このセクションでは、テキストファイルのコードの変換方法について確認しておきましょう。

このセクションのポイント

■ Linux と Windows では文字コードが異なる。
■ Linux と Windows ではテキストファイルの改行コードも異なる。
■ AlmaLinux 9/Rocky Linux 9 には、文字コードや改行コードを変換する方法が用意されている。

文字コードが違う！

以前のWindowsは、AlmaLinuxやRocky Linuxと扱う文字コードが違っていました。以前のWindowsは、SJIS（CP932）という文字コードを使っていて、Windows 11やAlmaLinux/Rocky LinuxではUTF-8という文字コードを使っています。そのため、以前のWindowsとデータを交換する場合には、文字コードを意識してファイルを扱う必要があります。

文字コードの変換を行う場合には、**iconv** コマンドを使います。Windowsで作ったSJISのファイルを、UTF-8に変換するには次のようにします。

■ SJISからUTF-8に変換

```
$ iconv -f CP932 -t UTF-8 sjis.txt > utf8.txt Enter
```

この例では、文字コードがSJISのファイルsjis.txtをUTF-8に変換し、utf8.txtに保存しています。逆に、文字コードがUTF-8のファイルをSJISに変換して保存するには、次のようにします。

■ UTF-8からSJISに変換

```
$ iconv -f UTF-8 -t CP932 utf8.txt > sjis.txt Enter
```

改行コードが違う！

WindowsとLinuxでは、さらに改行コードも違います。WindowsはCRとLFという2つのコードで改行を表すのに対して、LinuxではLFの1文字だけで改行コードを表すためです。AlmaLinux 9/Rocky Linux 9では、改行コードの変換を行うためのユーティリティプログラムを使うことができます。

Windowsの形式からLinuxの形式に変換する場合には、次のようにします。

■ Windowsの形式からLinuxの形式に変換

```
$ dos2unix windows.txt Enter
dos2unix: ファイル windows.txt を Unix 形式へ変換しています。
```

改行コードが変換され、同じファイルに保存されます。逆に、Linuxの形式から
Windowsの形式に変換する場合には、次のようにします。

■ Linuxの形式からWindowsの形式に変換

```
$ unix2dos linux.txt Enter
unix2dos: ファイル linux.txt を DOS 形式へ変換しています。
```

やはり、改行コードが変換され、同じファイルに保存されます。

Section 06-07 ネットワーク設定を変更する

ネットワークの設定は、インストール時に行うことができます。しかし、そのときの設定が間違っていたり不十分だったりした場合など、何らかの理由でネットワークの設定を変更したい場合があります。このセクションでは、ネットワーク設定の変更について説明します。

このセクションのポイント

■1 Cockpitからネットワークの設定を変更することができる。
■2 ネットワークの設定は、できるだけコンソールから行う。

Cockpitからネットワーク設定を変更する

ネットワークの設定は、Cockpitから行うことができます。Cockpitの左メニューで、［ネットワーキング］をクリックすると、図6-9のような画面が表示されます。

図6-9 Cockpitのネットワーク設定画面

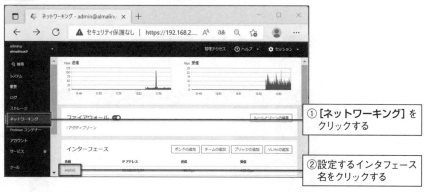

① [ネットワーキング] を
クリックする

② 設定するインタフェース
名をクリックする

［インタフェース］の欄にあるインタフェースの一覧から、修正したいインタフェースを選んでクリックします。図6-10のような画面が表示されます。

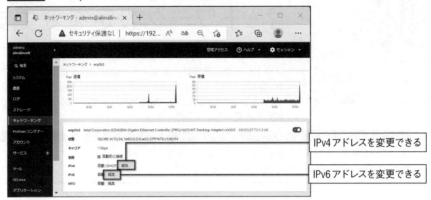

図6-10　Cockpitのインタフェース設定画面

　[IPv4] や [IPv6] の欄にある [編集] をクリックすると、それぞれのアドレスを設定できます。

■ IPv4アドレスの設定

　図6-11は、[IPv4] の [編集] をクリックした場合の画面です。この画面で、IPv4アドレスの設定を変更できます。

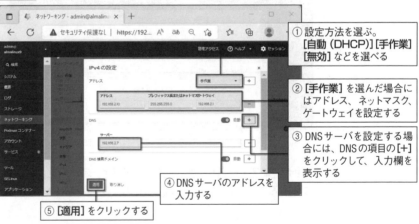

図6-11　CockpitのIPv4設定画面

　最初に、メニューからアドレスの設定方法として [手作業] または [自動（DHCP）] を選択します。IPv4を使わない場合には [無効] を選びます。[手作業] を選んだ場合には、下の [アドレス] の欄に、アドレス、ネットマスクまたはプレフィックス、ゲートウェイを設定します。DNSサーバのアドレスを設定するためには、まずDNSの欄の [+] ボタンをクリックします。DNSサーバの入力欄が表示されるので、DNSサーバを設定します。複数のDNSサーバを設定する場合には、さらに [+] をクリックして、入力欄を増やします。設定が完了したら [適用] のボタンをクリックします。

注意

入力して［適用］のボタンをクリックすると、設定が直ちに反映されます。IPアドレスを変更すると、Cockpitとの通信ができなくなりますので、新しいIPアドレスで接続し直す必要があります。

■ IPv6アドレスの設定

図6-12は、［**IPv6**］の［**編集**］をクリックした場合の画面です。この画面で、IPv6アドレスの設定を変更できます。

図6-12 CockpitのIPv6設定画面

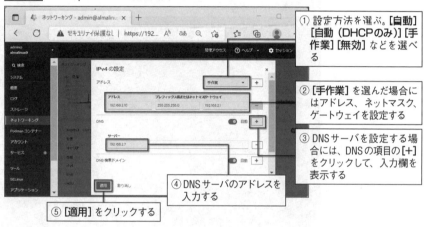

① 設定方法を選ぶ。［自動］［自動（DHCPのみ）］［手作業］［無効］などを選べる

② ［手作業］を選んだ場合にはアドレス、ネットマスク、ゲートウェイを設定する

③ DNSサーバを設定する場合には、DNSの項目の［+］をクリックして、入力欄を表示する

④ DNSサーバのアドレスを入力する

⑤ ［適用］をクリックする

　最初に、メニューからアドレスの設定方法として［**手作業**］または［**自動**］［**自動（DHCPのみ）**］を選択します。IPv6を使わない場合には［**無効**］を選びます。［**手作業**］を選んだ場合には、下の［**アドレス**］欄に、アドレス、プレフィックス、ゲートウェイを設定します。DNSサーバのアドレスを設定するためには、まずDNSの欄の［**+**］ボタンをクリックします。DNSサーバの入力欄が表示されるので、DNSサーバを設定します。複数のDNSサーバを設定する場合には、さらに［**+**］をクリックして、入力欄を増やします。設定が完了したら［**適用**］ボタンをクリックします。設定は、直ちに反映されます。

コマンドラインからネットワーク設定を変更する

　Cockpitからはネットワークの設定を簡単に変更できますが、もし設定を間違えるとリモートから接続ができなくなってしまいます。また、手作業でIPアドレスを設定している状態から、DHCPでのアドレス設定に変更した場合には、接続すべ

きIPアドレスがわからなくなってしまう可能性があります。

　そのため、より安全に設定を変更するためには、コンソールのコマンドラインからnmtuiコマンドを使って作業します。次のようにnmtuiコマンドを実行します。

■ コマンドラインからのネットワーク設定変更

```
$ sudo nmtui Enter
```

　図6-13のように画面表示されます。画面でハイライト表示されている部分を↑↓キーで移動することができます。[Edit a connection] に移動し、Enter キーを押します。

図6-13 nmtuiの起動画面

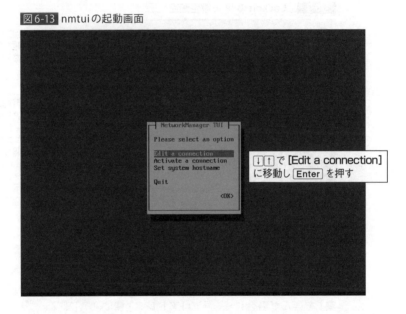

　すると、図6-14のようなインタフェースの選択画面が表示されます。↑↓キーで設定を変更したいインタフェースを選んだ後、→キーを使って右側に移動し＜ Edit... ＞を選びます。

図6-14 nmtuiのインタフェース選択画面

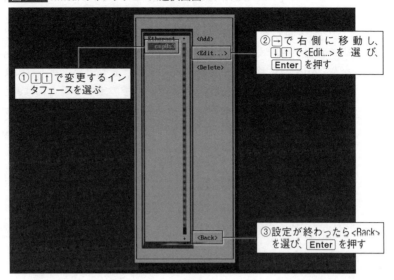

①↓↑で変更するインタフェースを選ぶ

②□で右側に移動し、↓↑で<Edit...>を選び、Enter を押す

③設定が終わったら<Back>を選び、Enter を押す

Enter キーを押すと、設定画面が表示されます。

■ IPv4アドレスの設定

設定画面の初期状態では、設定項目のほとんどが隠されています。←→↑↓キーを使って、設定を変更したい項目の<Show>の部分に移動して Enter キーを押すと、設定内容が表示されます。図6-15は、IPv4の設定を表示した場合の画面例です。

図6-15 nmtuiのIPv4設定画面

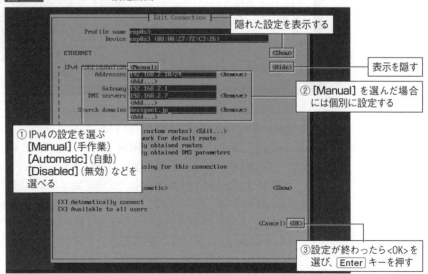

隠れた設定を表示する

表示を隠す

②[Manual]を選んだ場合には個別に設定する

①IPv4の設定を選ぶ
[Manual]（手作業）
[Automatic]（自動）
[Disabled]（無効）などを選べる

③設定が終わったら<OK>を選び、Enter キーを押す

まず、[IPv4 CONFIGURATION] に移動し、メニューから [Manual] (手作業) または [Automatic] (自動) を選択します。IPv4を使わない場合には、[Disabled] (無効) を選びます。下の [Addresses] 欄に、アドレスとプレフィックスを、[Gateway] 欄にゲートウェイを設定します。DNSサーバの設定は、[DNS servers] の欄にある <Add...> に移動して Enter キーを押します。DNSサーバの入力欄が表示されるので設定します。複数のDNSサーバを設定する場合には、さらに <Add...> に移動して Enter キーを押して、入力欄を増やします。IPv4設定が完了したら、続けてIPv6も設定できます。IPv4設定だけを変更する場合には、<OK> に移動して Enter キーを押します。

■ IPv6アドレスの設定

[IPv6 CONFIGURATION] の右側にある <Show> に移動して Enter キーを押すと、IPv6の設定が表示されます。図6-16は、IPv6の設定を表示した場合の画面例です。

図6-16 nmtuiのIPv6設定画面

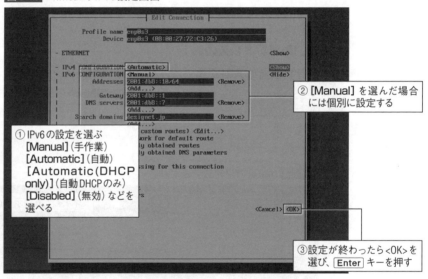

① IPv6の設定を選ぶ
[Manual] (手作業)
[Automatic] (自動)
[Automatic(DHCP only)] (自動DHCPのみ)
[Disabled] (無効) などを選べる

② [Manual] を選んだ場合には個別に設定する

③設定が終わったら<OK>を選び、Enter キーを押す

まず、[IPv6 CONFIGURATION] の横のメニューから [Manual] (手作業)、[Automatic] (自動)、[Automtic (DHCP only)] を選択します。IPv6を使わない場合には、[Disabled] (無効) を選びます。下の [Addresses] 欄に、アドレスとプレフィックスを、[Gateway] の欄にゲートウェイを設定します。DNSサーバの設定は、[DNS servers] の欄にある <Add...> に移動して Enter キーを押します。DNSサーバの入力欄が表示されるので設定します。複数のDNSサーバを設定する場合には、さらに <Add...> に移動して Enter キーを押して、入力欄を増やします。設定が完了したら、<OK> に移動して Enter キーを押します。

■ 設定の反映

設定を変更しても、すぐには有効になりません。AlmaLinux 9/Rocky Linux 9 が採用しているネットワークマネージャでは、設定は次のタイミングで反映されます。

・システムを再起動したとき
・ネットワークの接続が切れ、再度接続されたとき

ネットワークの接続を切る方法には、次のような方法があります。

・物理的にネットワークケーブルを抜いて、もう一度接続する
・論理的にネットワークを切断して、再接続する

論理的にネットワークを切断するには、nmtuiの起動画面（図6-13）から**[Activate a connection]**を選びます。すると、図6-17のような画面が表示されます。

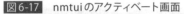

図6-17　nmtuiのアクティベート画面

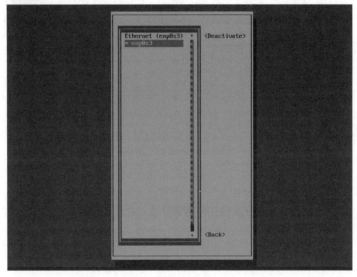

Ethernetの項目中から↓↑キーで設定を変更したいインタフェースを選び、→キーを使って右側に移動します。さらに、**<Deactivate>**に移動し Enter キーを押します。すると接続が解除され、表示が**<Activate>**になります。もう一度 Enter キーを押すと再接続され、設定が反映されます。

注意

　SSH でログインしてコマンドラインで操作すると、切断処理をした段階で接続が切れてしまい、再接続できません。そのため、この作業はコンソールで実施する必要があります。

Section 06-08

VirtualBox Guest Additions を インストールする

仮想マシンに AlmaLinux/Rocky Linux をインストールした場合には、仮想化ソフトウェアが配布しているデバイスドライバをインストールすると、ディスクI/Oやネットワークの性能が向上します。このセクションでは、VirtualBoxへの設定方法を解説します。

このセクションのポイント

■ VirtualBox Guest Additionsをインストールすると、ディスクI/Oやネットワークの性能が向上する。
② VirtualBox Guest Additionsは、VirtualBoxのデバイスメニューからCDイメージを挿入してインストールする。

■ VirtualBox Guest Additions とは

　仮想マシンを使っている場合には、仮想化ソフトウェアが配布するデバイスドライバやツール群をインストールしておく必要があります。このアドオンソフトウェアは、VirtualBoxではVirtualBox Guest Additons、VMWareではVMWare toolsとよばれています。これらのドライバやユーティリティソフトウェアをインストールすると、ディスクIOやネットワークの性能を向上することができます。

・ディスク I/O やネットワークの性能が向上する

　仮想マシンでは、デバイスドライバのエミュレーションを行って、ハードディスクへの書き込みやネットワークの通信の処理を行っています。VirtualBox Guest Additionsをインストールすると、専用のドライバがインストールされるため、ディスクI/Oやネットワークの性能が向上します。

・画面の大きさを自由に変更することができる

　GUIを使っている場合には、画面サイズを大きくすることができ、使いやすくなります。

・Windows とクリップボードを共有できる

　GUI環境でWindowsでクリップボードにコピーしたデータを、AlmaLinux 9/Rocky Linux 9でペーストできます。反対に、AlmaLinux 9/Rocky Linux 9でコピーしたデータを、Windows 側でペーストすることができます。

・マウスの動作が安定する

　WindowsとAlmaLinux 9/Rocky Linux 9では、本来マウスの移動速度やクリック間隔などの標準が異なります。VirtualBox Guest Additionsをインストールするとマウスがスムーズに動作するようになります。

・**Windowsフォルダを共有できる**

　Windows のフォルダを共有することができるようになります。

　このような利点があるため、仮想マシンを使っている場合には必ずユーティリティ
ソフトウェアをインストールしておきましょう。

VirtualBox Guest Additionsをインストールする

　VirtualBox Guest Additionsをインストールするには、仮想マシンのコンソー
ル画面のメニューから [**デバイス**] → [**Guest Additions CD イメージの挿入...**] を選
択します。次に、次のようにCDをマウントします。

■ VirtualBox Guest Addtions CDのマウント

```
$ sudo mount -r /dev/cdrom /mnt [Enter]
```

　マウントしたディレクトリに移動し、VBoxLinuxAdditions.runを実行します。

■ インストールスクリプトの実行

```
$ cd /mnt [Enter] ──── マウントしたCDに移動
$ sudo sh VBoxLinuxAdditions.run [Enter] ──── インストールスクリプトを実行
Verifying archive integrity... All good.
Uncompressing VirtualBox 6.1.38 Guest Additions for Linux........
VirtualBox Guest Additions installer
Copying additional installer modules ...
Installing additional modules ...
VirtualBox Guest Additions: Starting.
VirtualBox Guest Additions: Building the VirtualBox Guest Additions kernel
modules.  This may take a while.
VirtualBox Guest Additions: To build modules for other installed kernels, run
VirtualBox Guest Additions:    /sbin/rcvboxadd quicksetup <version>
VirtualBox Guest Additions: or
VirtualBox Guest Additions:    /sbin/rcvboxadd quicksetup all
VirtualBox Guest Additions: Building the modules for kernel
5.14.0-70.13.1.el9_0.x86_64.
```

　実行には、少し時間がかかります。処理が無事に終了したら、CDのマウントを
解除して作業は終了です。

■ CDのマウントを解除

```
$ cd /  Enter  ──── /mntの外に移動する
$ sudo umount /mnt Enter  ──── マウントを解除する
```

AlmaLinux 9/Rocky Linux 9 の セキュリティ

インターネット経由での不正アクセスやサービス妨害などの手口は、日々複雑になっています。AlmaLinux 9/Rocky Linux 9 にはさまざまなセキュリティ強化方法が用意されています。この Chapter では、ファイルのアクセスに関する基本的な設定と、セキュリティ対策を強化するための SELinux、そしてネットワークからの不正アクセスを防ぐパケットフィルタリングについて説明します。

Contents

Section 07-01 ファイルとディレクトリの アクセス権限を理解する

ユーザは、サーバ上でいろいろなファイルやディレクトリを作成し、利用します。ですが、それらのファイルの中には、他のユーザから参照されたり変更されたりすると好ましくないものがあります。このセクションでは、ファイルの所有者とグループの確認や変更手順、ファイルへのアクセス権限の設定方法について説明します。

このセクションのポイント

■1 ファイルやディレクトリには、所有者とグループという属性がある。
■2 ファイルへのアクセスを許可・制限するために、アクセス権限を設定する。

所有者とグループ

ファイルへのアクセスをファイルの所有者だけに制限したり、あるグループに所属するユーザだけに制限することができます。ファイルには、**所有者**と**グループ**という属性があります。「-l」オプションを指定して ls コマンドを実行すると、所有者とグループを確認することができます。

ファイルの所有者とグループの確認

```
$ ls -l /var/spool/ Enter
合計 0
drwxr-xr-x. 2 root root 63 9月 13 16:32 anacron
drwx------. 3 root root 31 9月 13 16:33 at
drwx------. 2 root root 6 1月 30  2022 cron
drwxr-xr-x. 2 root root 6 3月 25 18:42 lpd
drwxrwxr-x. 2 root mail 42 9月 20 16:41 mail —— *
drwxr-xr-x. 2 root root 6 3月 26 03:39 plymouth
```

アクセス権限　所有者　グループ

上記の * で示した /var/spool/mail/ の場合、所有者はrootでグループはmailです。

アクセス権限

ファイルには、所有者、グループ、そして所有者でもグループでもないその他のユーザのそれぞれに対して、アクセス権限を設定することができます。アクセス権限には、「読み込み」「書き込み」および「実行（ディレクトリの場合は移動）」があり

ます。前述のとおり、「-l」オプションを指定してlsコマンドを実行すると、アクセス権限を確認できます。

■ アクセス権限の確認

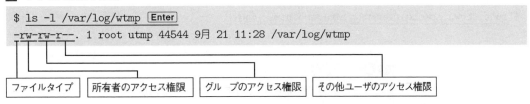

```
$ ls -l /var/log/wtmp Enter
-rw-rw-r--. 1 root utmp 44544 9月 21 11:28 /var/log/wtmp
```

ファイルタイプ　　所有者のアクセス権限　　グループのアクセス権限　　その他ユーザのアクセス権限

ファイルタイプおよびアクセス権限の種類を、それぞれ表7-1および表7-2に示します。上記の場合、/var/log/wtmpは通常のファイルで、rootユーザとutmpグループに所属するユーザは、このファイルへの読み込みと書き込みが許可されています。それ以外のユーザは、読み込みのみ許可されています。

表7-1　ファイルタイプの種類

文字	意味
-	通常のファイル
d	ディレクトリ
l(エル)	シンボリックリンク
b	ブロックデバイスファイル
c	キャラクタデバイスファイル
p	名前付きパイプ
s	ソケット

表7-2　アクセス権限の種類

文字	意味
r	読み込み
w	書き込み
x	実行（ディレクトリの場合は移動）

所有者とグループの変更

*1　CHange OWNer

ファイルの所有者を変更するには、**chown**[*1]コマンドを使います。sudoを使って、管理者ユーザ権限で実行する必要があります。所有者とファイル名を指定してchownコマンドを実行すると、指定したファイルの所有者を変更できます。例え

ば、/var/www/html/foo.htmlの所有者をapacheに変更するには、以下のように実行します。

■ 所有者の変更

```
$ sudo chown apache /var/www/html/foo.html Enter
```

> **注意**
>
> chownコマンドで所有者を変更できるのは、rootユーザに限られます。

*2 CHange GRouP

ファイルのグループを変更するには、**chgrp**[*2]コマンドを使います。設定を行うファイルの所有者でない場合には、sudoを使って管理者モードで実行する必要があります。グループとファイル名を指定してchgrpコマンドを実行すると、指定したファイルのグループを変更できます。例えば、/var/www/cgi-bin/bar.cgiのグループをapacheに変更するには、以下のように実行します。

■ グループの変更

```
$ sudo chgrp apache /var/www/cgi-bin/bar.cgi Enter
```

> **メモ**
>
> 所有者が自分の所属するグループに変更する場合には、sudoを使用せずにグループを変更することができます。

chownコマンドでは、所有者とグループの両方を設定することができます。その場合は、所有者とグループを「.」か「:」で区切って指定して実行します。例えば、/var/www/html/dir/の所有者をroot、グループをapacheに設定するには以下のように実行します。

■ 所有者とグループの変更

```
$ sudo chown root:apache /var/www/html/dir Enter
```

また、chownコマンドもchgrpコマンドも、「-R」オプションを指定すると、指定したディレクトリ以下にあるすべてのファイルやディレクトリの所有者もしくはグループを変更できます。例えば、/var/www/html/dir/以下にあるすべてのファイルやディレクトリのグループをapacheに設定するには以下のように実行します。

■ 指定したディレクトリ配下すべてのグループを変更

```
$ sudo chgrp -R apache /var/www/html/dir [Enter]
```

アクセス権限の変更

＊3 CHange MODe　ファイルのアクセス権限を変更するには、**chmod**＊3コマンドを使います。設定を行うファイルの所有者でない場合には、sudoを使って管理者モードで実行する必要があります。記号で指定する方法と、8進数で指定する方法があります。記号で指定する場合の書式は以下のとおりです。

■ ファイルのアクセス権限の変更（記号での指定）

```
chmod [ugoa][+-=][rwx] ファイル名...
```
ユーザ　演算子　アクセス権

　設定変更するユーザ、変更内容を示す演算子、設定するアクセス権限を、それぞれ表7-3、表7-4および表7-2から選びます。いずれも複数を指定できます。また、「,」で区切って複数指定することもできます。例えば、/var/www/cgi-bin/test.cgiに対して、グループに書き込みおよび実行を追加し、その他のユーザから読み込みのアクセス権を削除するには、以下のように実行します。

■ アクセス権限の変更例

```
$ ls -l /var/www/cgi-bin/test.cgi [Enter] —— 設定前のアクセス権限を確認
-rw-r--r--. 1 root root 21  9月 21 12:43 /var/www/cgi-bin/test.cgi
$ sudo chmod g+wx,o-r /var/www/cgi-bin/test.cgi [Enter] —— アクセス権限の変更
$ ls -l /var/www/cgi-bin/test.cgi [Enter] —— 設定後のアクセス権限を確認
-rw-rwx---. 1 root root 21  9月 21 12:43 /var/www/cgi-bin/test.cgi
```

表7-3 chmodコマンドで指定するユーザ

文字	意味
u	所有者
g	グループ
o	その他のユーザ
a	すべてのユーザ（ugoと指定した場合と同じ）

表7-4 chmodコマンドで指定する演算子

文字	意味
+	指定したアクセス権限を追加する
-	指定したアクセス権限を削除する
=	指定したアクセス権限に設定する

8進数で指定する場合の書式は、以下のとおりです。

■ ファイルのアクセス権限の変更(8進数での指定)

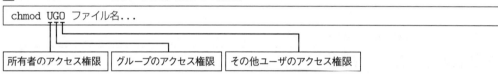

```
chmod UGO ファイル名...
```

所有者のアクセス権限   グループのアクセス権限   その他ユーザのアクセス権限

所有者、グループおよびその他のユーザのアクセス権限を、それぞれ8進数の1桁の数値で指定します。数値は、表7-5で示したそれぞれの値を足したものです。例えば、/var/www/cgi-bin/test.cgiに対して、所有者は読み込み・書き込み・実行 (4+2+1=7)、グループは読み込みと実行 (4+1=5)、その他のユーザは読み込み (4) のアクセスモードを設定するには、以下のように実行します。

■ 8進数でアクセス権限を変更する例

```
$ sudo chmod 754 /var/www/cgi-bin/test.cgi [Enter] ─── アクセス権限の変更
$ ls -l /var/www/cgi-bin/test.cgi [Enter] ─── 設定後のアクセス権限の確認
-rwxr-xr--. 1 root root 21  9月 21 12:43 /var/www/cgi-bin/test.cgi
```

表7-5 chmodコマンドで指定するアクセス権限の数値

記号	数値	意味
r	4	読み込み
w	2	書き込み
x	1	実行 (ディレクトリの場合は移動)

また、いずれの書式でも「-R」オプションを指定すると、指定したディレクトリ以下すべてのアクセスモードを変更します。

■ 指定したディレクトリ配下のすべてのアクセス権限を変更

```
$ sudo chmod -R a-w,o-x /var/www/html/dir [Enter]
```

SELinux

高度なセキュリティの仕組みを理解する

ファイルのアクセス権限を適切に設定することで、基本的には不正なアクセスを防ぐことができます。しかし、Linuxではrootユーザがすべての権限を持っているため、rootの権限を不正に得られてしまうと、アクセス権限の設定だけでは不正アクセスを防げません。このセクションでは、SELinuxの概要と、SELinuxによる高度なセキュリティ対策を行う方法について説明します。

このセクションのポイント

■ SELinuxは、Linuxのセキュリティ機能を強化する仕組みである。
■ setenforceコマンドで、SELinuxを一時的に無効に設定できる。
■ ブールパラメータを使うと、SELinuxの設定を簡単に変更できる。

SELinuxとは

*1 National Security Agency

SELinuxは、アメリカ国家安全保障局 (NSA[*1]) が中心に開発した、Linuxのセキュリティ機能を強化するための仕組みです。従来のLinuxでは、rootユーザがすべての権限を持っています。そのため、悪意のあるユーザがセキュリティホールなどをもとにrootの権限を不正に得てしまうと、あらゆる設定を行うことができてしまいます。そこで、SELinuxではこれらの問題に対処するため、以下の機能を提供します。

*2 Role-Based Access Control

RBAC（ロールベースアクセス制御）[*2]

ロールと呼ばれるアクセス権をユーザに設定することで、そのユーザに対して必要最小限の権限を設定できます。

*3 Type Enforcement

TE [*3]

ドメインと呼ばれるラベルをプロセスに、**タイプ**と呼ばれるラベルをファイルなどのリソースに設定し、ドメインとタイプの間のアクセス権限を設定することで、プロセス毎に権限を設定できます。また、そのアクセス権限のことを**アクセスベクタ**と呼びます。例えば、WWWサーバに対して、設定ファイルやコンテンツにのみアクセスを許可することで、万が一WWWサーバが乗っ取られても、WWWサーバ以外への影響を極力避けられます。

ドメイン遷移

コマンドなどを実行したときに、親プロセスと別のドメインを設定することで、そのプロセスに適切な権限を設定できます。例えば、rootユーザがWWWサーバを起動したときに、rootユーザのドメインをそのまま継承するのではなく、WWWサーバのドメインを設定することで、不必要に大きな権限を与えなくて済みます。

| ＊4　Mandatory Access Control | **MAC（強制アクセス制御）**＊4 |

ファイルの所有者ではなく、システム管理者だけがファイルのアクセス権限を設定できます。これにより、アクセス権限の設定を一元管理できます。従来のファイルの所有者がアクセス権限を設定する方式を「DAC（任意アクセス制御）＊5」と呼び、DACの確認とMACの確認の両方が行われます。

| ＊5　Discretionary Access Control |

セキュリティコンテキスト

SELinuxは、ユーザやプロセスから利用できるファイルをルールベースで集中管理する機能だと言えます。個別のユーザとプロセスとファイルを関連付けるのは効率が悪いため、ユーザ、プロセス、ファイルに**セキュリティコンテキスト**と呼ばれるラベルを付けて管理します。

■ ユーザのセキュリティコンテキスト

ユーザに割り当てられたセキュリティコンテキストは、ユーザ（ユーザ識別子）とロール（ロール識別子）、TEのドメインもしくはタイプ（タイプ識別子）などから構成されます。ユーザのセキュリティコンテキストを確認するには、「-Z」オプションを指定して**id**＊6コマンドを実行します。

| ＊6　IDentifier |

■ ユーザのセキュリティコンテキストを確認

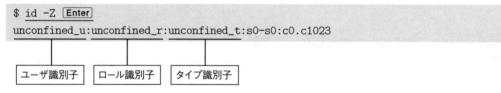

```
$ id -Z [Enter]
unconfined_u:unconfined_r:unconfined_t:s0-s0:c0.c1023
```

| ユーザ識別子 | ロール識別子 | タイプ識別子 |

■ プロセスのセキュリティコンテキスト

プロセスのセキュリティコンテキストを確認するには、「-Z」オプションを指定して**ps**＊7コマンドを実行します。

| ＊7　Process Status |

■ プロセスのセキュリティコンテキストを確認

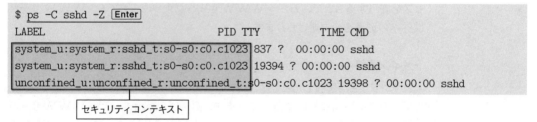

```
$ ps -C sshd -Z [Enter]
LABEL                                          PID TTY        TIME CMD
system_u:system_r:sshd_t:s0-s0:c0.c1023        837 ?     00:00:00 sshd
system_u:system_r:sshd_t:s0-s0:c0.c1023      19394 ? 00:00:00 sshd
unconfined_u:unconfined_r:unconfined_t:s0-s0:c0.c1023 19398 ? 00:00:00 sshd
```

| セキュリティコンテキスト |

■ ファイルのセキュリティコンテキスト

ファイルのセキュリティコンテキストを確認するには、「-lZ」オプションを指定してlsコマンドを実行します。

■ ファイルのセキュリティコンテキストを確認

```
$ ls -lZ /etc/ssh Enter
合計 600                                    ┌─ ファイルコンテキスト
-rw-r--r--. 1 root root    system_u:object_r:etc_t:s0       578094  5月  2 00:20
moduli
-rw-r--r--. 1 root root    system_u:object_r:etc_t:s0         1921  5月  2 00:20
ssh_config
drwxr-xr-x. 2 root root    system_u:object_r:etc_t:s0           28  9月 13 16:32
ssh_config.d
-rw-r-----. 1 root ssh_keys system_u:object_r:sshd_key_t:s0     480  9月 13 16:39
ssh_host_ecdsa_key
-rw-r--r--. 1 root root    system_u:object_r:sshd_key_t:s0     162  9月 13 16:39
ssh_host_ecdsa_key.pub
-rw-r-----. 1 root ssh_keys system_u:object_r:sshd_key_t:s0     387  9月 13 16:39
ssh_host_ed25519_key
-rw-r--r--. 1 root root    system_u:object_r:sshd_key_t:s0      82  9月 13 16:39
ssh_host_ed25519_key.pub
-rw-r-----. 1 root ssh_keys system_u:object_r:sshd_key_t:s0    2578  9月 13 16:39
ssh_host_rsa_key
-rw-r--r--. 1 root root    system_u:object_r:sshd_key_t:s0     554  9月 13 16:39
ssh_host_rsa_key.pub
-rw-------. 1 root root    system_u:object_r:etc_t:s0         3669  5月  2 00:20
sshd_config
drwx------. 2 root root    system_u:object_r:etc_t:s0           28  9月 13 16:33
sshd_config.d
```

ファイルに割り当てられたセキュリティコンテキストは、**ファイルコンテキスト**と呼びます。

SELinuxのポリシーと動作モード

AlmaLinuxやRocky Linuxの標準では、ユーザのセキュリティコンテキストを使わないtargetedポリシーと呼ばれるセキュリティポリシーを利用します。targetedポリシーでは、ネットワークに対してサービスを行うプロセスに専用のセキュリティコンテキストを定義し、そこから利用できるファイルコンテキストをルールとして定義しています。

SELinuxには、3つの動作モードがあります（表7-6）。**Enforcing**モードは、SELinuxが有効な状態です。AlmaLinux 9/Rocky Linux 9では標準でEnforcingモードに設定されます。**Permissive**モードは、SELinuxの評価を行うものの実際にはアクセス拒否を行わないモードです。

表7-6　SELinuxのモード

モード	意味
Enforcing	SELinux が有効な状態
Permissive	SELinux は有効だがアクセス拒否は実施しない

SELinuxを無効にする

SELinuxを一時的に無効にするには、**setenforce**コマンドを使います。sudoを使って、管理ユーザモードで実施する必要があります。引数に「Permissive」もしくは「0」を指定して実行すると、Permissiveモードに変更されます。

■　Permissiveモードに変更

```
$ sudo setenforce Permissive Enter ——— SELinuxのモードをPermissiveに変更
$ getenforce Enter ——— 現在のSELinuxのモードを確認
Permissive
```

Enforcingモードに戻すには、引数に「Enforcing」もしくは「1」を指定して実行します。

■　Enforcingモードに変更

```
$ sudo setenforce Enforcing Enter ——— SELinuxのモードをEnforcingに変更
$ getenforce Enter ——— 現在のSELinuxのモードを確認
Enforcing
```

一時的ではなく、完全にSELinuxを無効にする場合は、/etc/selinux/configの「SELINUX」をpermissiveに設定します。設定後再起動すると、Permissiveモードで起動します。

■　SELinuxの無効の設定（/etc/selinux/config）

```
SELINUX=permissive
```

注意

ファイルのコメントには、disabledというモードが説明されていますが、AlmaLinux 9/Rocky Linux 9では、disabledはサポートされていません。指定した場合には、動作が不安定になるなどの問題が報告されています。

SELinuxのブールパラメータの設定

SELinuxの設定を変更するには、SELinuxの知識をかなり必要とします。ですが、**ブールパラメータ**を使うと、関連する設定をまとめて行うため、SELinuxの設定を比較的簡単に変更することができます。ブールパラメータの一覧を表示するには、**getsebool**[*8]コマンドを使います。「-a」オプションを指定してgeseboolコマンドを実行すると、以下のように、ブールパラメータ名とその設定が有効かどうかを一覧で表示します。

[*8] GET SELinux BOOLian value

■ ブールパラメータの一覧表示

```
$ getsebool -a Enter
abrt_anon_write --> off
abrt_handle_event --> off
abrt_upload_watch_anon_write --> on
antivirus_can_scan_system --> off
.........
```

[*9] SET SELinux BOOLian value

ブールパラメータの設定値を変更するには、**setsebool**[*9]コマンドを使います。sudoを使って管理者モードで実行します。引数にブールパラメータ名と設定値（「on」もしくは「off」）を指定してsetseboolコマンドを実行すると、ブールパラメータの設定を変更できます。

■ ブールパラメータの設定値の変更

```
$ sudo setsebool httpd_enable_homedirs on Enter
```

ただし、この設定は、サーバの再起動を行うと元に戻ってしまいます。再起動後も同じ設定になるようにするには、「-P」オプションを付けてsetseboolコマンドを実行します。

■ 再起動後も同じ設定になるように設定

```
$ sudo setsebool -P httpd_enable_homedirs on Enter
```

ファイルコンテキストを変更する

プロセスがファイルにアクセスするには、アクセスを許可されたファイルコンテキストがそのファイルに設定されている必要があります。各サービスのパッケージをインストールすると、サービスがアクセスするファイルには標準的なセキュリティコンテキストが設定されています。ですが、例えば以下のように、別のディレクトリにあるファイルを移動させた場合は、元のタイプのままになってしまいます。そのため、移動させたファイルを参照しようとすると、エラーになってしまう場合があります。

■ 正しいコンテキストが設定されていない状況の例

```
$ cd /var/ftp Enter
$ ls -lZ Enter ── /var/ftpにあるファイルのコンテキストを確認
合計 0
-rw-r--r--. 1 root root unconfined_u:object_r:public_content_t:s0 0  9月 21 13:12
memo.txt ──────────────────────────────── public_content_tになっている
$ sudo mv /tmp/invalid.txt . Enter ── 別のディレクトリからファイルを移動
$ ls -lZ Enter ── ファイルコンテキストを確認
合計 4
-rw-r--r--. 1 admin admin unconfined_u:object_r:user_tmp_t:s0      8  9月 21 13:12
invalid.txt ── user_tmp_tになっている
-rw-r--r--. 1 root  root  unconfined_u:object_r:public_content_t:s0 0  9月 21 13:12
memo.txt
```

■ restorecon コマンド

＊10 RESTORE
CONtext

restorecon[10]コマンドを使うと、標準のセキュリティコンテキストに設定することができます。sudoを使って管理者モードで実行する必要があります。設定したいファイルを指定して実行すると、そのファイルのセキュリティコンテキストが標準の設定に変更されます。

■ 標準のセキュリティコンテキストに設定

```
$ ls -lZ invalid.txt Enter
-rw-r--r--. 1 admin admin unconfined_u:object_r:user_tmp_t:s0 8  9月 21 13:12
invalid.txt
$ sudo restorecon invalid.txt Enter ── セキュリティコンテキストを標準の設定にする
$ ls -lZ invalid.txt Enter
-rw-r--r--. 1 admin admin unconfined_u:object_r:public_content_t:s0 8  9月 21 13:12
invalid.txt
```

また、「-R」オプションを指定すると、指定したディレクトリ以下にあるすべてのファイルやディレクトリに対して、設定が変更されます。

■ 指定したディレクトリ配下すべてに対して設定を変更

```
$ sudo restorecon -R /var/ftp Enter
```

● semanage コマンド

＊11 SELinux policy
MANAGEment tool

新たなディレクトリにhttpdがアクセスできるようにするなど、標準と異なる設定を行いたい場合は、**semanage** ＊11 コマンドを使って変更を行う必要があります。

現在の設定を確認するには、引数に「fcontext」と「-l」オプションを指定してsemanageコマンドを実行します。

■ 現在の設定を確認

```
$ sudo semanage fcontext -l Enter
SELinux fcontext                                    タイプ              コンテキスト

/                                                   directory          system_u:
object_r:root_t:s0
/.*                                                 all files          system_u:
object_r:default_t:s0
/[^/]+                                              regular file       system_u:
object_r:etc_runtime_t:s0
/\.autofsck
.........
```

新たに設定を追加するには、引数に「fcontext」と「-a」オプションを指定してsemanageコマンドを実行します。例えば、/var/ftp/incomingというディレクトリを作成し、そのディレクトリ以下にあるすべてのファイルやディレクトリに対してpublic_content_rw_tというタイプを設定するには、以下のように実行します。

■ 設定の追加

```
$ sudo semanage fcontext -a -t public_content_rw_t "/var/ftp/incoming(/.*)?" Enter
$ sudo restorecon -R /var/ftp/incoming/ Enter ── セキュリティコンテキストを反映
```

semanageコマンドを実行すると設定が行われますが、反映はされません。設定を反映するには、この例のようにrestoreconコマンドを実行する必要があります。

設定を削除するには、引数に「fcontext」と「-d」オプションを指定してsemanageコマンドを実行します。例えば、先ほど追加した設定を削除するには、以下のように実行します。

■ 設定の削除

```
$ sudo semanage fcontext -d -t public_content_rw_t "/var/ftp/incoming(/.*)?" Enter
```

Section 07-03 パケットフィルタリングの設定を理解する

アクセス権限を適切に設定したり、SELinuxを利用することで、サーバのファイルやディレクトリを不正なアクセスから防ぐことができます。さらに、パケットフィルタリングを適切に設定することで、ネットワークからの不正なアクセスも防ぐことができます。このセクションでは、パケットフィルタリングの概要と設定方法について説明します。

このセクションのポイント

■パケットフィルタリングを設定すると、必要なパケットだけを送受信することができる。
■AlmaLinux 9/Rocky Linux 9では、ネットワークインタフェースをゾーンという単位でグループ化し、管理する。
■9種類のゾーンが用意されているが、サーバではpublicを使う。

パケットフィルタリングとは

パケットフィルタリングとは、送受信するIPパケットの内容を確認して、そのパケットの送受信を許可もしくは拒否する機能です。本来アクセスされるはずのないホストからの受信を拒否したり、送信するはずのないIPパケットの送信を拒否することで、サーバのセキュリティを高めることができます。

図7-1に示すように、Linuxでは、受信、送信およびルータとして他のホストに転送する際のそれぞれに対して、パケットフィルタリングを行います。具体的には、特定のホストやネットワークからのアクセス、TCPやUDPなどのプロトコル、TCPやUDPの特定のポートなどに対して、許可もしくは拒否を行います。

図7-1 パケットフィルタリングの例

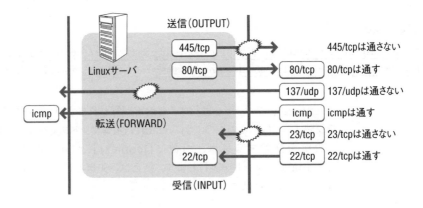

パケットフィルタリングとゾーン

　AlmaLinux 9/Rocky Linux 9では、パケットフィルタリングのルールを設定するためのグループを各インタフェースに設定します。このグループを**ゾーン**と呼びます。インタフェースの属するゾーンを変更したり、各ゾーンに設定を追加、削除することでパケットフィルタリングを行います。AlmaLinux 9/Rocky Linux 9では、あらかじめblock、dmz、drop、external、home、internal、public、trusted、workという9個のゾーンが定義されています。

　表7-7は各ゾーンの特徴です。どのゾーンでも、送信はすべて許可に設定されています。

表7-7 ゾーンの特徴

ゾーン	用途	特徴
drop	特殊用途	他のホストからのすべての通信をドロップし、応答しません。
block	特殊用途	他のホストからのすべての通信を拒絶します。
trusted	特殊用途	すべての通信を許可します。
public	サーバ	SSH、Cockpit、ICMPパケットなど、サーバとしての基本的な通信を許可します。
work	クライアント	DHCP、プリンタ、Cockpitなど、クライアントとして業務に必要な通信を許可します。
home	クライアント	DHCP、ファイル共有、プリンタ、Cockpitなど、クライアントとして家庭で利用するのに必要な通信を許可します。
external	NATルータ	NATルータとして動作するLinuxサーバのグローバルアドレスを設定したインタフェース用で、SSHやICMPパケットなどの基本的な通信を許可します。また、マスカレーディング（アドレス変換）が有効になっています。
internal	NATルータ	NATルータとして動作するLinuxサーバのプライベートアドレスを設定したインタフェース用で、SSH、Cockpit、ICMPパケットの他にプリンタやファイル共有などの基本的な通信を許可します。
dmz	NATルータ	DMZとして外部ネットワークと内部ネットワークから隔離したインタフェース用で、ICMPパケットやSSHなどの基本的な通信を許可します。

　図7-2は、ネットワーク構成とゾーンの関係を示しています。コンピュータの用途に合わせて、ゾーンの種類を選択します。サーバとして利用する場合には、標準設定であるpublicを使うのがよいでしょう。

図7-2 ネットワーク構成図

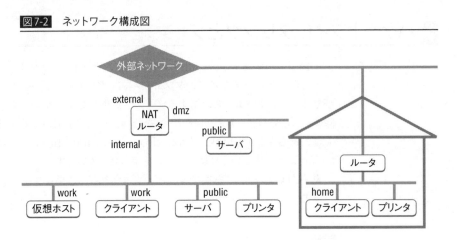

ゾーンを設定する

ゾーンは、コンピュータが接続されているネットワークの信頼度などに合わせて、適切に選択する必要があります。このセクションでは、インタフェースごとのゾーンの確認、変更を行いましょう。

このセクションのポイント

■1 ゾーンの設定を、Cockpitで行うことができる。
■2 コマンドラインでゾーンを設定するには、firewall-cmd コマンドを使用する。

Cockpitでゾーンを設定する

ゾーンの設定は、Cockpitから実施することができます。Cockpitで管理者モードになって、左のメニューから[**ネットワーキング**]を選択します。すると、図7-3のような画面が表示されます。

図7-3 Cockpitのネットワーク管理画面

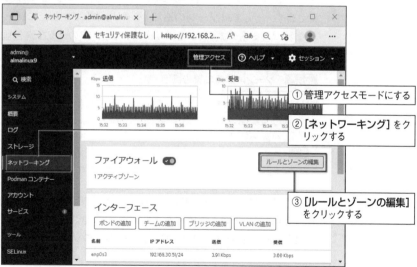

[**ファイアウォール**]の欄にある[**ルールとゾーンの編集**]をクリックします。すると、図7-4のような画面が標示されます。

図7-4 Cockpitのファイアウォール設定画面

インタフェースenp0s3が、publicゾーンに設定されていることがわかります。enp0s3のゾーンを変更するには、ゴミ箱のアイコンをクリックして、この設定を削除します。そして、[**ゾーンの追加**]をクリックして、新たにゾーン設定を行います。

なお、ゴミ箱のアイコンをクリックすると、次のような警告画面が標示されます。

図7-5 ゾーン削除時の警告画面

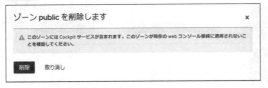

これは、ゾーンを削除するとCockpitへのアクセスができなくなる可能性があるためです。ここでは、[**削除**]をクリックして問題ありません。

[**ゾーンの追加**]をクリックすると、図7-6のゾーン設定画面が表示されます。

図7-6 ゾーン設定画面

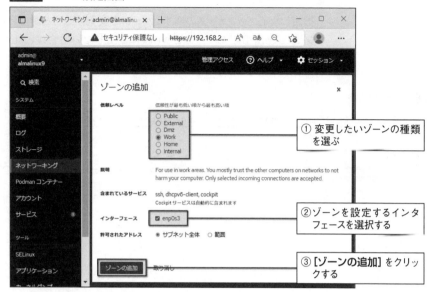

[**信頼レベル**] から、ゾーンの種類を選択します。また、ゾーンを設定するインタフェースを選択します。最後に [**ゾーンの追加**] をクリックすると、インタフェース(この例ではenp0s3) に新しいゾーンが適用されます。

コマンドラインで設定する

ゾーンの設定は、firewall-cmdコマンドを使ってコマンドラインで行うことができます。

■ ゾーンの確認

指定したインタフェースの現在のゾーンを確認することができます。例えば、インタフェースenp0s3の現在のゾーンを確認したい場合は、以下のようにコマンドを実行します。

■ ゾーンの確認

```
$ firewall-cmd --get-zone-of-interface=enp0s3 [Enter] ── インタフェースenp0s3の現在の
public                                                    ゾーンを確認
```

■ ゾーンの変更

指定したインタフェースの属するゾーンを変更することができます。例えば、インタフェースenp0s3のゾーンをworkに変更したい場合は、sudoコマンドを使って以下のようにコマンドを実行します。

■ ゾーンの変更

```
$ sudo  firewall-cmd --zone=work --change-interface=enp0s3 Enter
```
└── **指定したインタフェースのゾーンを変更**

```
success
$ firewall-cmd --get-zone-of-interface=enp0s3 Enter ── インタフェースenp0s3の現在のゾーンを確認
work
```

パケットフィルタリングルールを設定する

このセクションでは、パケットフィルタリングルールの設定について説明します。

パケットフィルタリングの設定方針

パケットフィルタリングの設定には、**実行時設定**と**永続設定**という2種類の方法があります。

■ 実行時設定

パケットフィルタリングの設定を変更した瞬間に、設定が有効になります。しかし、実行時設定は、一時的な設定です。パケットフィルタリングルールを再読み込みしたり、システムが再起動すると削除されます。簡単にサービスの許可、拒否を切り替えることができるため、接続確認テストなど一時的に設定を変えたいときに利用することをお勧めします。

■ 永続設定

パケットフィルタリングの設定を変更後、パケットフィルタリングルールを再読み込みを行うと有効になります。この設定は、永続的な設定でシステムを再起動しても失われません。

> **メモ**
>
> AlmaLinux 9/Rocky Linux 9では、接続状態の情報を保持したまま、パケットフィルタリング設定の再読み込みを行うことができます。つまり、既存のフィルタリング設定に影響を与えることなく、新しい設定を追加することができます。

■ 実行時設定と永続設定の選択

実行時設定は即時に設定が有効になります。例えばsshの許可設定を誤って外してしまった場合に、その瞬間から外部からのssh接続ができなくなってしまいます。そのため、十分に注意して設定を行ってください。万一問題が発生した場合に

は、システムを再起動します。すると変更した一時設定は消去され、保存されていた永続設定が適用されます。

　本書では、実行時設定を変更して動作を確認し、問題がなければ永続設定に保存するという方針で解説します。なお、Cockpitから設定を変更した場合には、一時設定として適用されるだけでなく、永続設定として設定が保存されます。十分に注意して設定を行って下さい。

Cockpitで設定する

　Cockpitの左メニューから[**ネットワーキング**]を選択し、[**ファイアウォール**]の欄にある[**ルールとゾーンの編集**]をクリックします。すると、図7-7のような画面が表示されます。

図7-7　Cockpitのファイアウォール設定画面

　この画面例では、publicゾーンで標準で通信が許可されているssh、dhcpv6-client、cockpitが表示されています。サービス名の右側には、許可されているTCPとUDPのポート番号も標示されています。

■ 許可するサービスの追加

　通信を許可するサービスを追加するには、[**サービスの追加**]をクリックします。すると、図7-8のような画面が表示されます。

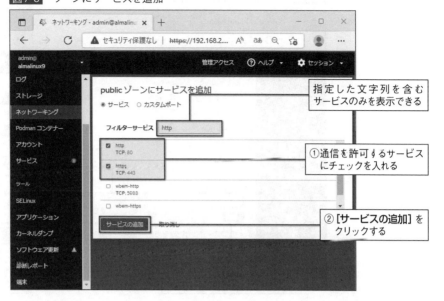

図7-8　ゾーンにサービスを追加

　メニューの中から、通信を許可するサービスを選び、チェックボックスをチェックし、[**サービスの追加**]をクリックすると、サービスを追加することができます。[**フィルターサービス**]の欄に文字列を入れると、その文字列を含むサービスだけを検索し、表示を絞り込むことができます。

メモ

　Cockpitでは、一覧の中に該当するサービスがない場合には、[**カスタムポート**]をクリックして設定が行えるようになっています。しかし、本書の執筆時点では、この機能はうまく動作していませんでした。そのため、本書では説明を割愛します。
　一覧にないポートを設定したい場合には、コマンドラインから設定して下さい。

■ サービスの許可の取り消し

　サービスを追加すると、図7-9のようにルールの一覧に追加されたサービスやポートが表示されます。

図7-9 ルールの一覧と取り消し

① [>] をクリックすると説明と
削除ボタンが表示される

② 削除ボタンをクリックし
て、許可を取り消す

サービス名の左側の [>] をクリックすると、詳細を表示することができます。

サービスやポートの詳細欄に表示されているゴミ箱のアイコンをクリックすると、サービスやポートの許可を取り消し（削除）することができます。特に警告などはなく、直ちに削除され、設定も反映されます。

コマンドラインで設定する

パケットフィルタリングルールの設定にもfirewall-cmdコマンドを使用します。firewall-cmdを使う時には、必ず管理者モードにする必要がありますので、必ずsudoと一緒に利用します。

■ ルールの確認

ルールの確認には、「--list-all」オプションを使います。

■ パケットフィルタリング設定の確認

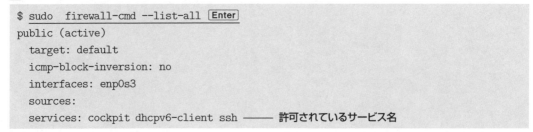

```
$ sudo  firewall-cmd --list-all [Enter]
public (active)
  target: default
  icmp-block-inversion: no
  interfaces: enp0s3
  sources:
  services: cockpit dhcpv6-client ssh ── 許可されているサービス名
```

```
ports: 1000/tcp ——— 許可されているポート
protocols:
masquerade: no
forward-ports:
source-ports:
icmp-blocks:
rich rules:
```

■ サービス設定の追加

　サービス設定の追加には、「--add-service=＜サービス名＞」オプションを使います。例えば、HTTP（TCPのポート80番）宛のTCPパケットの受信を許可するには、以下のようにコマンドを実行します。

■ サービス設定の追加

```
$ sudo firewall-cmd --add-service=http Enter ——— HTTP宛のTCPパケットの受信許可
success
$ sudo firewall-cmd --list-al Enter
public (active)
  target: default
  icmp-block-inversion: no
  interfaces: enp0s3
  sources:
  services: cockpit dhcpv6-client http ssh —— 許可されているサービス名にhttpが追加されている
  ports: 1000/tcp
  protocols:
  masquerade: no
  forward-ports:
  source-ports:
  icmp-blocks:
  rich rules:
```

■ ポート設定の追加

　ポート設定の追加には、「--add-port=＜ポート番号・範囲/プロトコル＞」オプションを使います。例えば、TCPのポート1001番宛のTCPパケットの受信を許可するには、以下のようにコマンドを実行します。

■ ポート設定の追加

```
$ sudo firewall-cmd --add-port=1001/tcp Enter ——— ポート1001番宛のTCPパケットの受信許可
success
```

```
$ sudo firewall-cmd --list-all Enter
public (active)
  target: default
  icmp-block-inversion: no
  interfaces: enp0s3
  sources:
  services: cockpit dhcpv6-client http ssh
  ports: 1000/tcp 1001/tcp ——— 許可されているポートに1001/tcpが追加されている
  protocols:
  masquerade: no
  forward-ports:
  source-ports:
  icmp-blocks:
  rich rules:
```

■ 接続元を指定しての許可

コマンドラインからは、接続元を限定したより安全な設定を行うことができます。firewall-cmdの「--add-rich-rule」オプションを使って、設定を行います。次は、その設定例です。

```
$ sudo firewall-cmd --add-rich-rule='rule family=ipv4 service name=ssh source
address=192.168.2.100 accept' Enter ——— 192.168.2.100からのsshパケットの受信許可
success
$ sudo firewall-cmd --list-all Enter
public (active)
  target: default
  icmp-block-inversion: no
  interfaces: enp0s3
  sources:
  services: cockpit dhcpv6-client ssh
  ports: 1000/tcp
  protocols:
  masquerade: no
  forward-ports:
  source-ports:
  icmp-blocks:
  rich rules:
  rule family="ipv4" source address="192.168.2.100" service name="ssh" accept
                                             └——— 許可設定が追加されている
```

この例では、192.168.2.100からのSSHへの接続を許可しています。

「192.168.2.0/24」のように、サブネットで指定することもできます。また複数のアドレスからの許可を行いたい場合には、IPアドレスだけを変更して実行することで、いくつもルールを追加することができます。

また、次のようにポート番号を指定することもできます。

```
$ sudo firewall-cmd --add-rich-rule='rule family=ipv4 port port=1001 protocol=tcp
source address=192.168.0.0/16 accept' Enter ——— 192.168.2.100からのTCP 1001番ポート宛
                                                      パケットの受信許可
success
$ sudo firewall-cmd --list-all Enter
public (active)
  target: default
  icmp-block-inversion: no
  interfaces: enp0s3
  sources:
  services: cockpit dhcpv6-client ssh
  ports: 1000/tcp
  protocols:
  masquerade: no
  forward-ports:
  source-ports:
  icmp-blocks:
  rich rules:
  rule family="ipv4" source address="192.168.2.100" service name="ssh" accept
  rule family="ipv4" source address="192.168.2.100" port port="1001" protocol="tcp"
accept ——— 許可設定が追加されている
```

■ サービス設定の削除

サービス設定の削除には、「--remove-service=＜サービス名＞」オプションを使います。

■ サービス設定の削除

```
$ sudo firewall-cmd --remove-service=http Enter ——— HTTP宛のTCPパケットの受信許可削除
success
$ sudo firewall-cmd --list-all Enter
public (active)
  target: default
  icmp-block-inversion: no
  interfaces: enp0s3
  sources:
```

```
services: cockpit dhcpv6-client ssh ——— 許可されているサービスからhttpが削除されている
ports: 1000/tcp 1001/tcp
protocols:
masquerade: no
forward-ports:
source-ports:
icmp-blocks:
rich rules:
```

■ ポート設定の削除

ポート設定の削除には、「--remove-port＝＜ポート番号・範囲/プロトコル＞」
オプションを使います。

■ ポート設定の削除

```
$ sudo firewall-cmd --remove-port=1001/tcp [Enter]
                            └——— ポート1001番宛TCPパケットの受信許可削除
success
$ sudo firewall-cmd --list-all [Enter]
public (active)
  target: default
  icmp-block-inversion: no
  interfaces: enp0s3
  sources:
  services: cockpit dhcpv6-client ssh
  ports: 1000/tcp —— 許可されているポートから1001/tcpが削除されている
  protocols:
  masquerade: no
  forward-ports:
  source-ports:
  icmp-blocks:
  rich rules:
```

■ 接続元を指定しての設定の削除

接続元を限定した許可設定を削除するには、「--remove-rich-rule」オプション
を使います。

```
$ sudo firewall-cmd --remove-rich-rule='rule family=ipv4 service name=ssh source
address=192.168.2.100 accept' [Enter] ——— 192.168.2.100からのsshパケットの許可削除
success
```

```
$ sudo firewall-cmd --remove-rich-rule='rule family=ipv4 port port=1001 protocol=tcp
source address=192.168.2.100 accept' Enter ── 192.168.2.100からのTCP 1001番ポート宛
                                                   パケットの許可削除
success
$ sudo firewall-cmd --list-all Enter
public (active)
  target: default
  icmp-block-inversion: no
  interfaces: enp0s3
  sources:
  services: cockpit dhcpv6-client ssh
  ports: 1000/tcp
  protocols:
  masquerade: no
  forward-ports:
  source-ports:
  icmp-blocks:
  rich rules: ── ルールが削除されている
```

■ 設定の保存

firewall-cmdで行った設定変更は、すぐに有効になっています。しかし、サーバを再起動すると設定が失われてしまいます。

設定の保存には、「--runtime-to-permanent」を使います。

■ パケットフィルタリング設定の保存

```
$ sudo firewall-cmd --runtime-to-permanent Enter
success
```

■ ゾーンの指定

本書では、ゾーンに標準のpublicを使い説明しています。publicとは違うゾーンに設定を行いたい場合には、「--zone=<ゾーン名>」オプションを指定します。例えば、homeゾーンにHTTP(TCPのポート80番)宛のTCPパケットの受信を許可するには、以下のようにコマンドを実行します。

■ ゾーンの指定

```
$ sudo  firewall-cmd --zone=home --add-service=http Enter ── homeゾーンにHTTP宛のTCP
success                                                       パケットの受信許可
$ sudo firewall-cmd --zone=home --list-all Enter ── homeゾーンの設定を確認
home
```

```
target: default
icmp-block-inversion: no
interfaces:
sources:
services: cockpit dhcpv6-client http mdns samba-client ssh —— サービスhttpが追加される
ports:
protocols:
masquerade: no
forward-ports:
source-ports:
icmp-blocks:
rich rules:
```

メモ

　永続設定のみを変更する場合には、「--permanent」オプションを指定してコマンドを実行します。

NFS サーバを使う

Linuxでは、ネットワーク上でファイルを共有するサーバとして NFS サーバが使われています。最近のクラウド環境などでは、NFS サーバをデータの保存場所として利用することが多くなっています。この Chapter では、そのような場合に NFS サーバを利用する方法について解説します。

Contents

はじめての AlmaLinux 9 & Rocky Linux 9 Linux サーバエンジニア入門編

NFSサーバの仕組みを理解する

NFSサーバは、Linuxでよく使われているファイル共有の仕組みです。Chapter 10
で紹介するWindowsファイル共有とは、動作の仕組みも働きも違います。このセク
ションでは、NFSの仕組みについて解説します。

このセクションのポイント

■NFSは、ネットワーク上でファイルを共有する仕組みである。
■NFSサーバでファイルに設定された所有者、グループ、アクセス権は、クライアントに継承される。
■クライアントのrootユーザは、NFS共有したファイルへのアクセスが制限される。
■NFSバージョン3とバージョン4があり、サーバがサポートするバージョンを利用する。

NFSとは

NFSは、Network File Systemの略で、LinuxなどUNIX系のOSで利用さ
れるファイル共有の仕組みです。NFSでは、データの実体は**NFSサーバ**と呼ばれ
るファイルサーバに保管されています。**NFSクライアント**は、NFSサーバの公開さ
れたディレクトリをネットワーク越しにマウントして利用します。一つのNFSサーバ
を複数のクライアントから使うことができます。

NFSサーバ

NFSサーバは、ファイルを提供する側のサーバです。サーバ内のどのディレクト
リを誰に共有するのかをあらかじめ設定しておくことができます。この設定に基づ
いて、NFSクライアントからの要求にしたがって、ファイルやディレクトリの情報を
提供します。NFSサーバは、クライアント毎に読み込み専用か、読み書き可能かと
いった動作条件を決めることができます。

なお、NFSでは、exportという単語やコマンドがよく出てきます。exportは「公
開」という意味で、NFSサーバがファイルを公開することを指しています。

NFSクライアント

NFSクライアントは、NFSサーバから提供されたディレクトリを利用できるよう、
自身の適切なディレクトリにマウント処理を行います。一旦、マウントを行うと、あ
たかも自分のサーバ内にあるファイルのように利用することができます。

図8-1は、ホームページのデータを共有する場合の例です。

NFSクライアントは、NFSサーバの/export/wwwを、WWWサーバのドキュ
メント用のディレクトリである/var/wwwにマウントしています。このように、NFS
クライアントは用途に合わせて、使いやすいディレクトリに共有したファイルを配置
することができます。

図8-1 ホームページのデータを共有

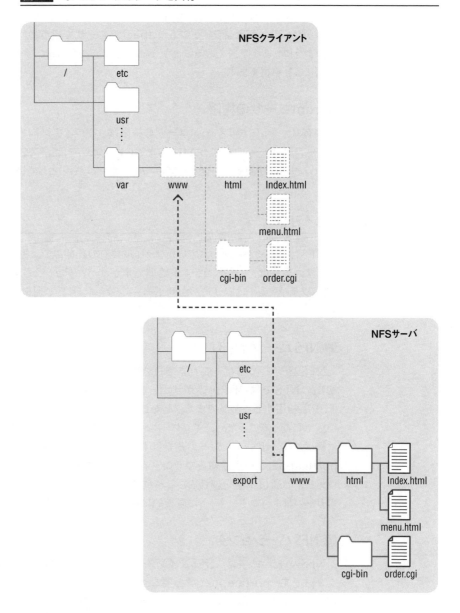

■ ユーザIDのマップ

NFSクライアントが共有しているファイルには、NFSサーバで設定されたユーザ、グループ、アクセス権などのファイル属性がそのまま付与されています。例えば、NFSサーバでapacheユーザが所有しているファイルには、apacheユーザのユーザ番号である48が所有者として設定されています。そのため、クライアントでもユーザ番号48が所有者として扱われます。もし、サーバとクライアントで

apacheユーザのユーザ番号が同じ48だった場合には、クライアントでもファイルはapacheユーザの所有とみなされます。

しかし、サーバとクライアントがapacheユーザを違う番号で管理していると、このようにうまく連携を取ることができません。もちろん、グループ番号についても同じことが言えます。

■ rootユーザの権限

共有ファイルに対するrootユーザの権限は、クライアントに与えないのが一般的です。NFSサーバから共有されたファイルにrootユーザがアクセスしようとすると、rootユーザは所有者でもグループメンバーでもないものとして扱われます。

NFSのバージョン

NFSは、古くから使われていたファイル共有の仕組みで、複数のバージョンがあります。現在は、バージョン4が標準ですが、バージョン3もよく使われています。NFSクライアントは、サーバがサポートするバージョンで通信を行う必要があります。

■ NFSバージョン3

NFSバージョン3は、これまで長く使われてきたNFSサーバのバージョンです。初期のNFSではUDPのみがサポートされていましたが、NFSバージョン3ではTCPも利用することがでます。しかし、それでもNFSバージョン3は、非常に古い設計になっているため、インターネット上では安全に利用することができません。

例えば、NFSバージョン3では標準ではUDPを利用し、ポート番号はportmapperという仕組みでランダムに割り当てられます。そのため、ファイアウォールで通信相手を絞り込むことができません。したがって、NFSバージョン3のサーバは、インターネットに直接的に接続しないように利用する必要があります。

■ NFSバージョン4

NFSバージョン4は、NFSをインターネット上でも利用できるように改良したバージョンです。portmapperが必要なくなり、TCPが標準になりました。2049番ポートで通信が行われるため、パケットフィルタリングなどのセキュリティを掛けることもできます。また、NFSv4では、Kerberos認証がサポートされ、パフォーマンスも向上しています。

Section 08-02

NFSサーバを利用する

NFSサーバを利用するための設定は、非常に簡単です。ただし、必要に応じていくつかのオプションを使い分ける必要があります。ここでは、NFSサーバを利用するための設定について解説します。

このセクションのポイント

■ あらかじめ利用するNFSサーバの情報を入手しておく。
■ mountコマンドでNFSサーバをマウントすることができる。
■ /etc/fstabに設定すると、起動時に自動的にマウントされるようになる。

NFSサーバの情報を入手する

NFSサーバを使うには、まずサーバに関する情報を入手する必要があります。少なくとも、次のような情報が必要になります。

- NFSサーバの通信可能な名前（IPアドレス）
- 共有するディレクトリのパス
- 読み込み専用か、読み書き可能か
- 利用プロトコル（TCP/UDP）
- 利用可能なNFSのバージョン

ここでは、解説のため表8-1のような前提で解説します。

表8-1 NFSサーバの情報

サーバ名	nfsserver
共有パス	/export/www
読書モード	読込専用
利用プロトコル	udp
NFSバージョン	Version 4

NFSユーティリティのインストール

NFS共有を利用するために、インストールするパッケージはnfs-utilsです。次のようにyumコマンドを使ってインストールします。

■ NFS ユーティリティのインストール

```
$ sudo yum install nfs-utils Enter
AlmaLinux 9 - AppStream                       4.0 kB/s | 3.8 kB     00:00
AlmaLinux 9 - AppStream                       1.3 MB/s | 8.5 MB     00:06
AlmaLinux 9 - BaseOS                          4.4 kB/s | 3.8 kB     00:00
AlmaLinux 9 - BaseOS                          2.9 MB/s | 4.2 MB     00:01
AlmaLinux 9 - Extras                          4.5 kB/s | 3.7 kB     00:00
AlmaLinux 9 - Extras                           12 kB/s |  12 kB     00:00
```

メタデータの期限切れの最終確認: -1 day, 23:59:59 時間前の 2022年10月03日 15時02分52秒 に実施しました。

依存関係が解決しました。

```
================================================================================
 パッケージ            Arch          バージョン              リポジトリー   サイズ
================================================================================
インストール:
 nfs-utils            x86_64        1:2.5.4-10.el9          baseos        422 k
依存関係のインストール:
 gssproxy             x86_64        0.8.4-4.el9             baseos        108 k
 keyutils             x86_64        1.6.1-4.el9             baseos         62 k
 libev                x86_64        4.33-5.el9              baseos         52 k
 libnfsidmap          x86_64        1:2.5.4-10.el9          baseos         61 k
 libverto-libev       x86_64        0.3.2-3.el9             baseos         13 k
 python3-pyyaml       x86_64        5.4.1-6.el9             baseos        190 k
 rpcbind              x86_64        1.2.6-2.el9             baseos         56 k
 sssd-nfs-idmap       x86_64        2.6.2-2.el9             baseos         37 k

トランザクションの概要
================================================================================
インストール   9 パッケージ

ダウンロードサイズの合計: 1.0 M
インストール後のサイズ: 2.7 M
```

これでよろしいですか? [y/N]: y Enter ―――― **確認して y を入力**

```
パッケージのダウンロード:
(1/9): libev-4.33-5.el9.x86_64.rpm            459 kB/s |  52 kB     00:00
(2/9): keyutils-1.6.1-4.el9.x86_64.rpm        507 kB/s |  62 kB     00:00
(3/9): libverto-libev-0.3.2-3.el9.x86_64.rpm  482 kB/s |  13 kB     00:00
(4/9): gssproxy-0.8.4-4.el9.x86_64.rpm        547 kB/s | 108 kB     00:00
(5/9): libnfsidmap-2.5.4-10.el9.x86_64.rpm    558 kB/s |  61 kB     00:00
(6/9): rpcbind-1.2.6-2.el9.x86_64.rpm         570 kB/s |  56 kB     00:00
(7/9): sssd-nfs-idmap-2.6.2-2.el9.x86_64.rpm  422 kB/s |  37 kB     00:00
(8/9): python3-pyyaml-5.4.1-6.el9.x86_64.rpm  636 kB/s | 190 kB     00:00
(9/9): nfs-utils-2.5.4-10.el9.x86_64.rpm      670 kB/s | 422 kB     00:00
```

```
-----------------------------------------------------------------------
合計                                          633 kB/s | 1.0 MB        00:01
トランザクションの確認を実行中
トランザクションの確認に成功しました。
トランザクションのテストを実行中
トランザクションのテストに成功しました。
トランザクションを実行中
  準備              :                                                  1/1
  インストール中    : libnfsidmap-1:2.5.4-10.el9.x86_64                1/9
  scriptletの実行中 : rpcbind-1.2.6-2.el9.x86_64                       2/9
  インストール中    : rpcbind-1.2.6-2.el9.x86_64                       2/9
  scriptletの実行中 : rpcbind-1.2.6-2.el9.x86_64                       2/9
Created symlink /etc/systemd/system/multi-user.target.wants/rpcbind.service → /usr/
lib/systemd/system/rpcbind.service.
Created symlink /etc/systemd/system/sockets.target.wants/rpcbind.socket → /usr/lib/
systemd/system/rpcbind.socket.

......

インストール済み:
  gssproxy-0.8.4-4.el9.x86_64            keyutils-1.6.1-4.el9.x86_64
  libev-4.33-5.el9.x86_64               libnfsidmap-1:2.5.4-10.el9.x86_64
  libverto-libev-0.3.2-3.el9.x86_64    nfs-utils-1:2.5.4-10.el9.x86_64
  python3-pyyaml-5.4.1-6.el9.x86_64    rpcbind-1.2.6-2.el9.x86_64
  sssd-nfs-idmap-2.6.2-2.el9.x86_64

完了しました!
```

ファイルシステムをマウントする

　　　　表8-1のようなNFS共有を利用するには、サーバ名と共有パスを指定して
mountを行います。mountを行うためには管理者権限が必要です。sudoを使っ
て、管理者モードで実行します。

■ NFSのマウント

```
$ sudo  mount -t nfs -r nfsserver:/export/www /var/www  Enter
```

　　　　この例では、nfsserverの/export/wwwを、/var/wwwにマウントしていま
す。「-r」は、読み込み専用でマウントすることを示しています。読み書き可能な
モードでマウントする場合には、「-r」は指定しません。

なお、NFS バージョン 3 を使う場合には、次のようにします。

■ NFS のマウント

```
$ sudo mount -t nfs -o nfsvers=3 -r nfsserver:/export/www /var/www Enter
```

マウントされたことを確認する

マウントができたら df コマンドを使って状態を確認します。引数にマウントしたディレクトリを指定します。うまくマウントできていれば、次の例のように nfsserver:/export/www が表示されます。

■ 状態の確認

```
$ df /var/www Enter
ファイルシス          1K-ブロック  使用      使用可      使用%  マウント位置
nfsserver:/export/www  6486016   1048960   5437056    17%   /var/www
```

マウントのオプション

NFS のマウント処理には、たくさんのオプションがあります。表 8-2 は、代表的なオプションです。

表8-2 主なマウントオプション

オプション	解説
proto=tcp|udp	利用するプロトコルを指定します。tcp と udp が指定できます。
timeo=*<sec>*	NFS サーバが応答しないとみなすタイムアウト時間を設定します。
[no]ac	ac を指定するとファイルの属性をキャッシュします。noac を指定すると、ファイル属性をキャッシュしません。
bg	NFS サーバのマウントがタイムアウトした時には、継続して処理を試みます。
fg	NFS サーバのマウントががタイムアウトしたら、エラー終了します。
soft	NFS への操作がタイムアウトしたら、アクセスしようとしたプロセスにはエラーを返します。
hard	NFS への操作がタイムアウトしても、リクエストし続けます。アクセスしようとしたプロセスは、処理が終了するまで待機させられます。
intr	hard と同様ですが、シグナルにより処理を中断することができます。
ro	読み込み専用でマウントします。
nfsvers=<n>	NFS バージョンを <n> にします。

オプションは、「-o」に続いて記述します。複数のオプションがある場合には、次の例のように「,」で区切って並べることができます。

■ オプション指定の例

```
$ sudo  mount -t nfs -o bg,soft nfsserver:/export/www /var/www [Enter]
```

■ プロトコルの指定

NFS バージョン3でtcpを使う場合等、明示的にプロトコルを指定する必要がある場合には、protoオプションを使います。次は、NFS バージョン3で、tcpを使う場合の例です。

■ NFSのマウント

```
$ sudo mount -t nfs -o nfsvers=3,proto=tcp nfsserver:/export/www /var/www [Enter]
```

■ mount処理の継続

bgオプションとfgオプションでは、mount処理がタイムアウトした場合の動作を指定できます。bgオプションは、mount処理がタイムアウトしてもバックグラウンドで継続して処理を行います。NFSサーバが応答したら、自動的にマウントが行われます。fgオプションを指定すると、処理がタイムアウトした場合には、mountはエラー終了します。

次は、fgオプションを指定する場合の例です。

■ NFSのfgオプションでのマウント

```
$ sudo mount -t nfs -o fg nfsserver:/export/www /var/www [Enter]
```

■ hardマウントとsoftマウント

NFSサーバが応答しない場合にどのように処理を行うのかを制御することができます。softオプションを指定すると、NFSサーバが応答しない場合には、アクセスしようとしたプロセスにエラーが返却されます。hardオプションを指定すると、成功するまでリトライします。アクセスしようとしたプロセスは、処理が完了するまで待機します。この待機中はシグナルなどでもプロセスを終了することができません。なお、hardの代わりにintrオプションを指定すると、待機中のプロセスをシグナルで中断することができるようになります。

次は、softオプションを指定する場合の例です。

■ NFSのsoftマウント

```
$ sudo mount -t nfs -o soft nfsserver:/export/www /var/www Enter
```

NFSマウントの解除

NFSマウントを解除する場合には、次のようにumountを行います。mountの時と同様に、管理ユーザ権限で処理を行うため、sudoを使います。

■ NFSのマウント

```
$ sudo umount /var/www Enter
```

この例では、マウントした場所を指定しています。次のようにサーバの共有パスを指定しても構いません。

■ NFSのマウント

```
$ sudo umount nfssserver:/export/www Enter
```

起動時に自動マウントされるようにする

サーバの起動時に、NFSサーバのマウント処理を自動的に行うように設定することができます。設定は、/etc/fstabで行います。このファイルの中には、他のファイルシステムのマウント設定もありますので、NFSサーバのマウント設定を追記します。このファイルの編集には、システム管理権限が必要ですので、sudoを使ってviを起動する必要があります。

次は、表8-1の条件でNFSサーバを利用する場合に追加する設定の例です。

■ /etc/fstab

```
nfsserver:/export/www   /var/www    nfs ro,hard
```

最初のカラムは、NFSサーバの名称と共有パスです。2つめのカラムは、マウントするディレクトリです。3つ目のカラムは、マウントの種類です。nfsと記載します。4つめのカラムは、マウントオプションです。

読み込み専用の場合には、mountコマンドでは-rオプションを使っていました。/etc/fstabでは、roオプションを指定します。

DHCP サーバ

DHCP は、クライアントに IP アドレスを自動的に割り振るためのプロトコルです。DHCP サーバを構築することで、LAN に接続されているコンピュータの IP アドレスを自動的に割り振ることができます。この Chapter では、この DHCP サーバについて解説します。

はじめての AlmaLinux 9 & Rocky Linux 9 Linux サーバエンジニア入門編

Section

09-01

DHCPをインストールする

AlmaLinux 9/Rocky Linux 9に付属するdhcpを使って、DHCPサーバを構築することができます。このセクションでは、dhcpのインストールを行いましょう。

このセクションのポイント

■DHCPは、PCにIPアドレスを自動的に割り振る仕組みである。
②1つのDHCPサーバソフトウェアで、IPv4、IPv6の両方に対応できる。
③IPv4とIPv6は別々の設定が必要である。

DHCPとは

*1 Dynamic Host Configuration Protocol

　DHCP[*1]とは、コンピュータにIPアドレスを自動的に割り振る仕組みです。クライアントでIPアドレスを自動的に取得するよう設定を行うと、クライアントがIPアドレスを要求したときに、「IPアドレスを貸してください」とネットワーク全体に情報を送ります。これに対してDHCPサーバは、あらかじめ設定されているIPアドレスの中から、未使用のものを選んでクライアントに一定期間貸し出します。

図9-1　DHCPの仕組み

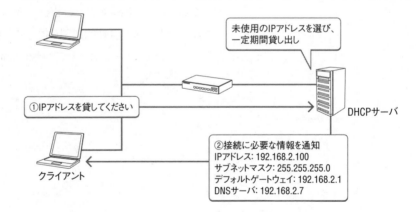

未使用のIPアドレスを選び、一定期間貸し出し

①IPアドレスを貸してください

DHCPサーバ

②接続に必要な情報を通知
IPアドレス: 192.168.2.100
サブネットマスク: 255.255.255.0
デフォルトゲートウェイ: 192.168.2.1
DNSサーバ: 192.168.2.7

クライアント

インストール

　DHCPサーバを構築するためにインストールするパッケージはdhcp-serverです。1つのパッケージをインストールするだけでIPv4、IPv6両方の環境に必要なファイルがインストールされます。
　次のようにyumコマンドを使ってインストールを行います。

■ dhcpのインストール

```
$ sudo yum install dhcp-server Enter
メタデータの期限切れの最終確認: 0:35:36 時間前の 2022年10月03日 15時23分53秒 に実施しました。
依存関係が解決しました。
================================================================================
 パッケージ          Arch          バージョン                  リポジトリー    サイズ
================================================================================
インストール:
 dhcp-server         x86_64        12:4.4.2-15.b1.el9          baseos         1.2 M
依存関係のインストール:
 dhcp-common         noarch        12:4.4.2-15.b1.el9          baseos         129 k

トランザクションの概要
================================================================================
インストール   2 パッケージ

ダウンロードサイズの合計: 1.3 M
インストール後のサイズ: 4.2 M
これでよろしいですか? [y/N]: y Enter ──────────── 確認して y を入力
パッケージのダウンロード:
(1/2): dhcp-common-4.4.2-15.b1.el9.noarch.rpm    761 kB/s | 129 kB      00:00
(2/2): dhcp-server-4.4.2-15.b1.el9.x86_64.rpm    4.1 MB/s | 1.2 MB     00:00
--------------------------------------------------------------------------------
合計                                             913 kB/s | 1.3 MB     00:01
トランザクションの確認を実行中
トランザクションの確認に成功しました。
トランザクションのテストを実行中
トランザクションのテストに成功しました。
トランザクションを実行中
  準備              :                                                   1/1
  インストール中    : dhcp-common-12:4.4.2-15.b1.el9.noarch             1/2
  scriptletの実行中: dhcp-server-12:4.4.2-15.b1.el9.x86_64             2/2
useradd warning: dhcpd's uid 177 outside of the SYS_UID_MIN 201 and SYS_UID_MAX 999
range.

  インストール中    : dhcp-server-12:4.4.2-15.b1.el9.x86_64             2/2
  scriptletの実行中: dhcp-server-12:4.4.2-15.b1.el9.x86_64             2/2
  検証              : dhcp-common-12:4.4.2-15.b1.el9.noarch             1/2
  検証              : dhcp-server-12:4.4.2-15.b1.el9.x86_64             2/2

インストール済み:
  dhcp-common-12:4.4.2-15.b1.el9.noarch  dhcp-server-12:4.4.2-15.b1.el9.x86_64

完了しました!
```

DHCPのディレクトリ構造

パッケージをインストールすると、DHCPの動作に必要なファイルがインストールされます。主なファイルは図9-2のとおりです。保存場所を確認しておきましょう。

図9-2 DHCPの動作に必要なファイル

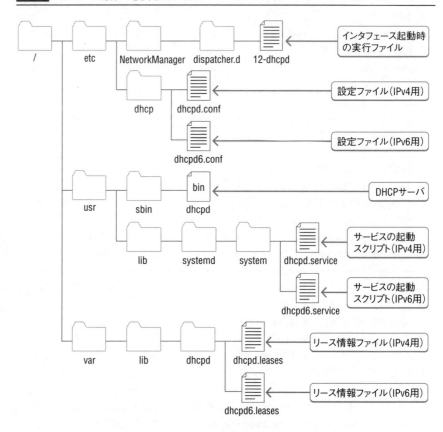

このように、DHCPサーバのプログラムは /usr/sbin/dhcpd だけですが、それ以外のほとんどのファイルはIPv4、IPv6で別のものを使います。

Section 09-02

IPv4 で DHCP サーバを使う

実際に DHCP サービスを提供するためには、IP アドレスを貸し出すための設定を行う必要があります。このセクションでは、IPv4 用の設定について説明します。

このセクションのポイント

■ DHCP サーバの設定前にパケットフィルタリングの設定を行い、必要なパケットが届くように設定する。

■ IPv4 用の DHCP サーバの設定は、/etc/dhcp/dhcpd.conf で行う。

■ 設定ファイルはあらかじめ用意されていないので、サンプルをコピーして作成する。

パケットフィルタリングの設定

DHCP サーバを公開するためには、パケットフィルタリングの設定を行う必要があります。

■ Cockpit で設定する

パケットフィルタリングの設定は、Cockpit で行うことができます。Cockpit から設定する場合には、［ネットワーキング］画面のファイアウォールの欄にある［ルールとゾーン］をクリックし、［public ゾーンにサービスを追加］画面で、dhcp サービスをチェックします。

図 9-3　Cockpit のゾーンにサービスを追加画面

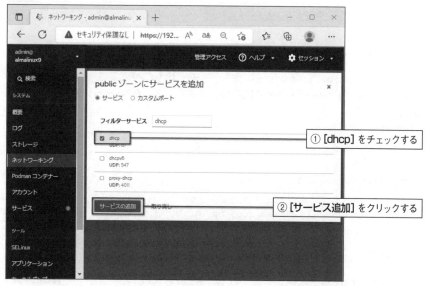

① [dhcp] をチェックする

② [サービス追加] をクリックする

■ コマンドラインで設定する

パケットフィルタリングの設定をコマンドラインで行う場合には、firewall-cmd コマンドを使います。sudo を使って、管理者モードで設定する必要があります。

■ パケットフィルタリングの設定

```
$ sudo firewall-cmd --add-service=dhcp [Enter]
success
```

設定が終了したら、パケットフィルタリングルールを保存します。

■ パケットフィルタリングルールの保存

```
$ sudo firewall-cmd --runtime-to-permanent [Enter]
success
```

DHCP サーバの基本設定

IPv4用の設定ファイルは /etc/dhcp/dhcpd.conf ですが、パッケージをインストールした直後は何も設定されていません。サンプルの設定ファイルが /usr/share/doc/dhcp-server/ に用意されていますので、それをコピーして編集しましょう。

■ サンプルの設定ファイルをコピーして開く

```
$ sudo cp /usr/share/doc/dhcp-server/dhcpd.conf.example /etc/dhcp/dhcpd.conf [Enter]
$ sudo vi /etc/dhcp/dhcpd.conf [Enter]
```

■ DHCP サーバの基本設定 (/etc/dhcp/dhcpd.conf)

```
option domain-name "designet.jp";  ──── ドメイン名を設定
option domain-name-servers 192.168.2.7;  ──── DNSキャッシュサーバを設定

default-lease-time 600;
max-lease-time 7200;

log-facility local7;

subnet 192.168.2.0 netmask 255.255.255.0 {  ──── IPアドレスの割出しを行うサブネット
    option routers 192.168.2.1;  ──── デフォルトゲートウェイ
    option subnet-mask 255.255.255.0;  ──── サブネットマスク

    range dynamic-bootp 192.168.2.100 192.168.2.200;  ──── 貸し出すIPアドレスの範囲
}
```

```
host PC1 { ——— IPアドレスを固定するコンピュータのホスト名
        hardware ethernet 08:00:27:77:08:1b; ——— MACアドレス
        fixed-address 192.168.2.99; ——— IPアドレス
}
```

　　　　　　ドメイン名やDNSキャッシュサーバ、IPアドレスの割り出しを行うサブネットの情報等の基本的な情報を変更すれば、それ以外の値を変更する必要はありません。特定のコンピュータに常に同じIPアドレスを割り振りたい場合は、「host」の設定でMACアドレスとIPアドレスを指定します。

　　　　　　設定ファイルの変更が完了したら、書式のチェックを行っておきましょう。

■　設定ファイルの書式のチェック

```
$ sudo dhcpd -t -cf /etc/dhcp/dhcpd.conf [Enter]
Internet Systems Consortium DHCP Server 4.4.2b1
Copyright 2004-2019 Internet Systems Consortium.
All rights reserved.
For info, please visit https://www.isc.org/software/dhcp/
ldap_gssapi_principal is not set,GSSAPI Authentication for LDAP will not be used
Not searching LDAP since ldap-server, ldap-port and ldap-base-dn were not specified
in the config file
Config file: /etc/dhcp/dhcpd.conf
Database file: /var/lib/dhcpd/dhcpd.leases
PID file: /var/run/dhcpd.pid
Source compiled to use binary-leases
```

　　　　　　設定ファイルに書式エラーがあると、次のようにエラーがあった行番号が表示されます。

■　設定ファイルの書式チェック (エラー)

```
$ sudo dhcpd -t -cf /etc/dhcp/dhcpd.conf [Enter]
Internet Systems Consortium DHCP Server 4.4.2b1
Copyright 2004-2019 Internet Systems Consortium.
All rights reserved.
For info, please visit https://www.isc.org/software/dhcp/
/etc/dhcp/dhcpd.conf line 10: semicolon expected. ——— エラーの行番号と原因が表示される
default-lease-time ——— default-lease-timeの周辺に問題があることがわかる
  ^
Configuration file errors encountered -- exiting
……
exiting.
```

サービス提供インタフェースの設定

システムに複数のNICがあり、特定のNICだけでDHCPサービスを提供したい場合には、/etc/sysconfig/dhcpdでDHCPサーバに渡す引数として設定を行うことができます。sudoを使って管理者モードでviを起動し、DHCPARGSという設定項目に、インタフェース名を登録します。次は、その設定例です。

■ /etc/sysconfig/dhcpd

```
DHCPDARGS=enp0s8
```

サービスの起動

設定ファイル、インタフェースの指定が完了したら、dhcpdサービスを起動します。

■ dhcpdサービスの起動

```
$ sudo systemctl start dhcpd.service Enter ——— dhcpdサービスを起動
$ systemctl is-active dhcpd.service Enter ——— 状態を確認
active
```

また、システムの起動時に自動でdhcpdサービスを開始する設定が必要な場合は、そちらも設定しておきましょう。

■ 自動起動の設定

```
$ sudo systemctl enable dhcpd.service Enter
Created symlink /etc/systemd/system/multi-user.target.wants/dhcpd.service →
/usr/lib/systemd/system/dhcpd.service.
```

Section 09-03

IPv6でDHCPサーバを使う

IPv6用のDHCPサーバの設定は、IPv4ととてもよく似ていますが、IPv4とは別の設定ファイルを作成する必要があります。このセクションでは、IPv6用の設定について説明します。

このセクションのポイント

■1 DHCPサーバの設定前にパケットフィルタリングの設定を行い、必要なパケットが届くように設定する。

■2 IPv6用のDHCPサーバの設定は、/etc/dhcp/dhcpd6.conf で行う。

■3 設定ファイルはあらかじめ用意されていないので、サンプルをコピーして作成する。

パケットフィルタリングの設定

DHCPサーバを公開するためには、パケットフィルタリングの設定を行う必要があります。IPv6の場合はIPv4と異なり、dhcpv6、dhcpv6-clientの通信を許可します。

■ Cockpitで設定する

パケットフィルタリングの設定は、Cockpitで行うことができます。Cockpitから設定する場合には、[**ネットワーキング**]画面のファイアウォールの欄にある[**ルールとゾーン**]をクリックし、[**publicゾーンにサービスを追加**]画面でdhcpv6をチェックします。

図9-4 Cockpitのゾーンにサービスを追加画面

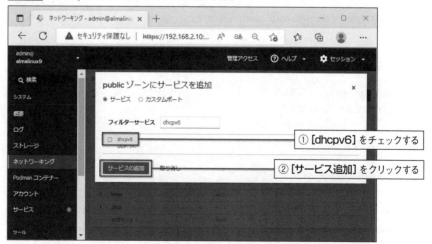

① [**dhcpv6**]をチェックする

② [**サービス追加**]をクリックする

■ コマンドラインで設定する

パケットフィルタリングの設定をコマンドラインで行う場合には、firewall-cmdコマンドを使います。sudoを使って、管理者モードで実行する必要があります。

■ パケットフィルタリングの設定

```
$ sudo firewall-cmd --add-service=dhcpv6 Enter
success
```

設定が終了したら、パケットフィルタリングルールを保存します。

■ パケットフィルタリングルールの保存

```
$ sudo firewall-cmd --runtime-to-permanent Enter
success
```

DHCP サーバの基本設定

IPv6用の設定ファイルは/etc/dhcp/dhcpd6.confですが、パッケージをインストールした直後は何も設定されていません。サンプルファイルが/usr/share/doc/dhcp-server/に用意されていますので、それをコピーして編集しましょう。

■ サンプルの設定ファイルをコピーして開く

```
$ sudo cp /usr/share/doc/dhcp-server/dhcpd6.conf.example  /etc/dhcp/dhcpd6.conf Enter
cp: `/etc/dhcp/dhcpd6.conf' を上書きしますか? y Enter ── yを入力して既存ファイルに上書き
$ sudo vi /etc/dhcp/dhcpd6.conf Enter
```

■ DHCP サーバの基本設定（/etc/dhcp/dhcpd6.conf）

```
default-lease-time 2592000;
preferred-lifetime 604800;
option dhcp-renewal-time 3600;
option dhcp-rebinding-time 7200;

allow leasequery;

option dhcp6.name-servers 2001:DB8::7; ── DNSキャッシュサーバを設定
option dhcp6.domain-search "designet.jp"; ── ドメイン名設定

option dhcp6.info-refresh-time 21600;
```

```
dhcpv6-lease-file-name "/var/lib/dhcpd/dhcpd6.leases";

host PC01 { ——— IPアドレスを固定にするコンピュータのホスト名
        host-identifier option dhcp6.client-id 0:1:0:1:16:8E:0A:32:08:0:27:77:08:1B;
                                                           └——— クライアントのDUID
        fixed-address6 2001:db8::400; ——— IPv6アドレス
}

subnet6 2001:DB8::/64 { ——— IPアドレスの割り出しを行うサブネット
        range6 2001:DB8::100 2001:DB8::200; ——— 貸し出すIPアドレスの範囲
}
```

　ドメイン名やDNSキャッシュサーバ、IPアドレスの割り出しを行うサブネットの情報等の基本的な情報を変更すれば、それ以外の値を変更する必要はありません。特定のコンピュータに常に同じIPアドレスを割り振りたい場合は、「host」の設定でクライアントのDUIDとIPv6アドレスを指定します。DUIDは、クライアントがWindowsの場合、Windows Terminalで以下のように確認することができます。

図9-5　DUIDの確認

設定ファイルの変更が完了したら、書式のチェックを行っておきましょう。

■ 設定ファイルの書式チェック

```
$ sudo dhcpd -6 -t -cf /etc/dhcp/dhcpd6.conf [Enter]
......
ldap_gssapi_principal is not set,GSSAPI Authentication for LDAP will not be used
Not searching LDAP since ldap-server, ldap-port and ldap-base-dn were not specified
in the config file
Config file: /etc/dhcp/dhcpd6.conf
Database file: /var/lib/dhcpd/dhcpd6.leases
PID file: /var/run/dhcpd6.pid
```

サービス提供インタフェースの設定

システムに複数のNICがあり、特定のNICだけでDHCPサービスを提供したい場合には、/etc/sysconfig/dhcpd6でDHCPサーバに渡す引数として設定を行うことができます。DHCPARGSという設定項目に、インタフェース名を登録します。管理者モードでしか編集できないため、sudoを使ってviを起動して編集を行います。次は、その設定例です。

■ /etc/sysconfig/dhcpd6

```
DHCPDARGS=enp0s8
```

サービスの起動

設定ファイル、インタフェースの指定が完了したら、dhcpd6サービスを起動します。

■ dhcpd6サービスの起動

```
$ sudo systemctl start dhcpd6.service [Enter]  ―― dhcpd6サービスを起動
$ systemctl is-active dhcpd6.service [Enter]  ―― 状態を確認
active
```

また、システムの起動時に自動でdhcpd6サービスを開始する設定が必要な場合は、そちらも設定しておきましょう。

■ 自動起動の設定

```
$ sudo systemctl enable dhcpd6.service [Enter]
Created symlink /etc/systemd/system/multi-user.target.wants/dhcpd6.service →
/usr/lib/systemd/system/dhcpd6.service.
```

DHCPサーバの動作を確認する

DHCPサーバの設定ができたら、クライアントPCから動作確認を行いましょう。このセクションでは、Windowsクライアントでの動作確認方法について説明します。

このセクションのポイント

■ DHCPを使うには、Windowsクライアント側でIPアドレスを自動的に取得する設定を行う。
■ クライアントも、IPv4とIPv6は別々に設定が必要である。

Windowsクライアントの設定

Windowsクライアントで、IPアドレスを自動取得するように設定します。

スタートメニューから**[設定]**を選択して、設定画面から**[ネットワークとインターネット]**を選択すると、図9-6のような画面が表示されます。**[IP割り当て]**の項目の**[編集]**をクリックするとダイアログが表示されますので、**[自動（DHCP）]**を選択し**[保存]**をクリックします。

図9-6　ネットワークとインターネットの設定画面

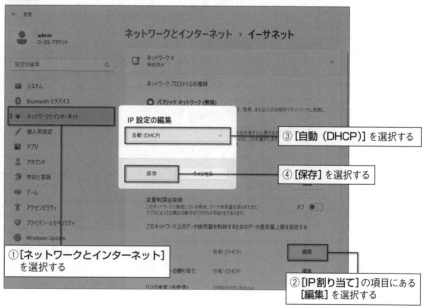

設定は、すぐに反映されます。

動作確認

IPアドレスが取得されると、図9-7のように取得された情報が表示されます。

図9-7 ネットワークとインターネットの設定画面での確認

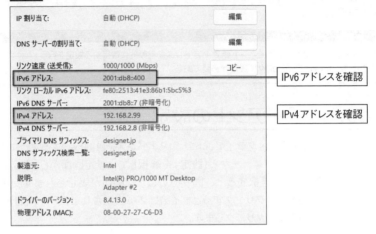

IP 割り当て:	自動 (DHCP)	編集
DNS サーバーの割り当て:	自動 (DHCP)	編集
リンク速度 (送受信):	1000/1000 (Mbps)	コピー
IPv6 アドレス:	2001:db8::400	← IPv6 アドレスを確認
リンク ローカル IPv6 アドレス:	fe80::2513:41e3:86b1:5bc5%3	
IPv6 DNS サーバー:	2001:db8::7 (非暗号化)	
IPv4 アドレス:	192.168.2.99	← IPv4 アドレスを確認
IPv4 DNS サーバー:	192.168.2.8 (非暗号化)	
プライマリ DNS サフィックス:	designet.jp	
DNS サフィックス検索一覧:	designet.jp	
製造元:	Intel	
説明:	Intel(R) PRO/1000 MT Desktop Adapter #2	
ドライバーのバージョン:	8.4.13.0	
物理アドレス (MAC):	08-00-27-27-C6-D3	

IPv4アドレス、IPv6アドレス、DNSサーバなど、DHCPサーバに設定したとおりのアドレスが取得できていることを確認します。

> **コラム**
>
> ### IPv6 の自動アドレス割り当て
>
> IPv6では、Section 09-03で紹介したDHCPv6とは違うアドレス割り当て方法を使うことができます。それは、RA（Router advertisement）と呼ばれる方式です。
>
> RAでは、DHCPサーバのようなサーバではなく、ネットワーク内のルータがアドレスを自動的に割り当てます。IPv6のルータは、自分が管理するネットワークの情報を定期的にネットワークに流す機能を持っていて、クライアントからのリクエストに対してネットワーク情報を通知することもできます。ただし、RAでは、ネットワークを利用するのに必要な最低限の情報だけを提供します。IPv6をサポートしたルータが標準で備えている機能ですので、単純な用途で利用するには非常に便利な機能です。
>
> しかし、RAではDNSキャッシュサーバの情報を得ることができません。これは、インターネットを利用するにはとても不便です。そのため、一般的にPCにアドレスを割り当てる用途ではDHCPv6が利用されています。

Chapter
10 →

Windows ファイル共有サーバ

AlmaLinux 9/Rocky Linux 9 は、Windows PC に対するファイルサーバ
としての機能も提供しています。Windows からは Linux サーバである
ことを意識せずにファイルを参照・更新できます。この Chapter では、
Linux サーバでファイルサーバを作る方法について解説します。

Contents

はじめての AlmaLinux 9 & Rocky Linux 9 Linux サーバエンジニア入門編

Section 10-01 ファイル共有の仕組みを理解する

Linuxサーバをファイルサーバとして、Windows PCからのファイル共有を実現するためには、LinuxサーバをWindowsのネットワークに参加させる必要があります。このセクションでは、その仕組みを実現する方法について説明します。

このセクションのポイント

■ WindowsのネットワークではSMBといわれるプロトコルでファイル共有が行われている。
■ SMBを標準化したプロトコルがCIFS（Common Internet File System）である。
■ SambaはCIFSプロトコルを利用して、WindowsのネットワークとLinuxの仲立ちをするサービスである。
■ Sambaは、SMBサービスとNMBサービスの2つのサービスから成り立っている。

Windowsのファイル共有

*1 Server Message Block

*2 Common Internet File System

　Windowsのファイル共有では、**SMB**[*1]といわれるプロトコルが使われています。SMBは、残念ながらMicrosoftの独自プロトコルで、仕様が公開されていません。ただMicrosoftは、Microsoft以外の製品との相互接続できるようにするためにSMBプロトコルを拡張した**CIFS**[*2]プロトコルを公開しています。

　AlmaLinux 9/Rocky Linux 9には、このCIFSプロトコルを使ってWindowsファイル共有を行うための仕組みとして**Samba**が採用されています。

図10-1 Sambaを使ったWindowsファイル共有の仕組み

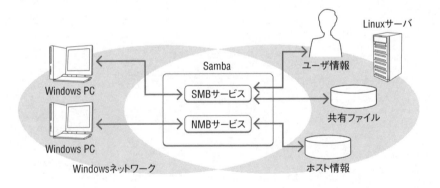

　図10-1は、Sambaを使ったWindowsファイル共有の仕組みです。Sambaは、Windowsネットワークで必要とされるさまざまな機能を提供することで、LinuxとWindowsネットワークのゲートウェイとして動作します。Sambaは、次のような2つのサービスから成り立っています。

SMBサービス

Linux上のユーザ情報や共有ファイルの情報を使って、ファイル共有を行います。

NMBサービス

Windowsネットワーク上に自サーバを知らせたり、Windowsネットワーク上に存在する他のサーバやクライアントを検知し管理することで、Windowsネットワーク上での名前解決を行います。

ファイル共有の3つのモデル

本書では次のような3つのモデルでのファイル共有の仕組みを解説します。

公開フォルダモデル

1つの共有フォルダを公開し、誰でも利用できるフォルダとします。共有フォルダへのアクセスでは、ユーザ名やパスワードが不要で、誰でもフォルダを使うことができます。Linux上では、1つのユーザのファイルとして管理されます。

ユーザによるアクセス管理モデル

共有フォルダへのアクセス時に、ユーザ名やパスワードを入力します。許可されたユーザだけが共有フォルダを使うことができます。Linux上では、指定したユーザの権限でファイルへの参照をすることができます。ファイルのアクセス権、所有者、グループなどを使って、細かなアクセス制御を行うことができます。

ユーザ専用フォルダ

アクセス時には、ユーザ名やパスワードを入力します。Linux上のユーザのホームディレクトリを使って、ユーザ専用のフォルダとしてアクセスすることができます。

Section 10-02

Sambaをインストールする

Windowsファイル共有を利用するために、このセクションではsambaパッケージと関連パッケージをインストールします。

このセクションのポイント

■ sambaパッケージをインストールする。
■ パケットフィルタリングでは、sambaサービスを許可する。

インストール

Windowsファイル共有を行うためには、まずsambaパッケージをインストールします。

次のようにyumコマンドを使ってインストールを行います。

■ sambaのインストール

```
$ sudo yum install samba  Enter
AlmaLinux 9 - AppStream                    3.9 kB/s | 3.8 kB    00:00
AlmaLinux 9 - BaseOS                       4.3 kB/s | 3.8 kB    00:00
AlmaLinux 9 - Extras                       4.4 kB/s | 3.7 kB    00:00
依存関係が解決しました。

=================================================================
 パッケージ            Arch       バージョン              Repo        サイズ
=================================================================
インストール:
 samba                x86_64     4.15.5-108.el9_0        baseos      786 k
アップグレード:
 libsmbclient         x86_64     4.15.5-108.el9_0        baseos       76 k
 libwbclient          x86_64     4.15.5-108.el9_0        baseos       47 k
 samba-client-libs    x86_64     4.15.5-108.el9_0        baseos      5.5 M
 samba-common         noarch     4.15.5-108.el9_0        baseos      146 k
 samba-common-libs    x86_64     4.15.5-108.el9_0        baseos      101 k
依存関係のインストール:
 python3-dns          noarch     2.1.0-6.el9             baseos      306 k
 python3-ldb          x86_64     2.4.1-1.el9             baseos       56 k
 python3-samba        x86_64     4.15.5-108.el9_0        baseos      3.2 M
 python3-talloc       x86_64     2.3.3-1.el9             baseos       21 k
 python3-tdb          x86_64     1.4.4-1.el9             baseos       22 k
 python3-tevent       x86_64     0.11.0-1.el9            baseos       19 k
 samba-common-tools   x86_64     4.15.5-108.el9_0        baseos      455 k
```

```
samba-libs          x86_64      4.15.5-108.el9_0      baseos      101 k
  tdb-tools          x86_64      1.4.4-1.el9           baseos       35 k
```

トランザクションの概要
==
インストール　　10 パッケージ
アップグレード　　5 パッケージ

ダウンロードサイズの合計: 11 M
これでよろしいですか? [y/N]: y [Enter] ── **確認して[y]を入力**
パッケージのダウンロード:
```
(1/15): python3-ldb-2.4.1-1.el9.x86_64.rpm      369 kB/s |  56 kB    00:00
(2/15): python3-talloc-2.3.3-1.el9.x86_64.rpm   548 kB/s |  21 kB    00:00
(3/15): python3-tdb-1.4.4-1.el9.x86_64.rpm      644 kB/s |  22 kB    00:00
......
(14/15): python3-samba-4.15.5-108.el9_0.x86_64. 1.6 MB/s | 3.2 MB    00:02
(15/15): samba-client-libs-4.15.5-108.el9_0.x86 2.6 MB/s | 5.5 MB    00:02
----------------------------------------------------------------
合計                                            2.8 MB/s |  11 MB    00:03
```
トランザクションの確認を実行中
トランザクションの確認に成功しました。
トランザクションのテストを実行中
トランザクションのテストに成功しました。
トランザクションを実行中
```
  準備              :                                                1/1
  scriptletの実行中: samba-common-4.15.5-108.el9_0.noarch           1/20
  アップグレード中 : samba-common-4.15.5-108.el9_0.noarch           1/20
  scriptletの実行中: samba-common-4.15.5-108.el9_0.noarch           1/20
......
```
インストール済み:
```
  python3-dns-2.1.0-6.el9.noarch
  python3-ldb-2.4.1-1.el9.x86_64
  python3-samba-4.15.5-108.el9_0.x86_64
  python3-talloc-2.3.3-1.el9.x86_64
  python3-tdb-1.4.4-1.el9.x86_64
  python3-tevent-0.11.0-1.el9.x86_64
  samba-4.15.5-108.el9_0.x86_64
  samba-common-tools-4.15.5-108.el9_0.x86_64
  samba-libs-4.15.5-108.el9_0.x86_64
  tdb-tools-1.4.4-1.el9.x86_64
```

完了しました!

Sambaのディレクトリ構造

パッケージをインストールすると、Sambaの動作に必要なファイルがインストールされます。主なファイルは図10-2のとおりです。保存場所を確認しておきましょう。

図10-2　Sambaの動作に必要なファイル

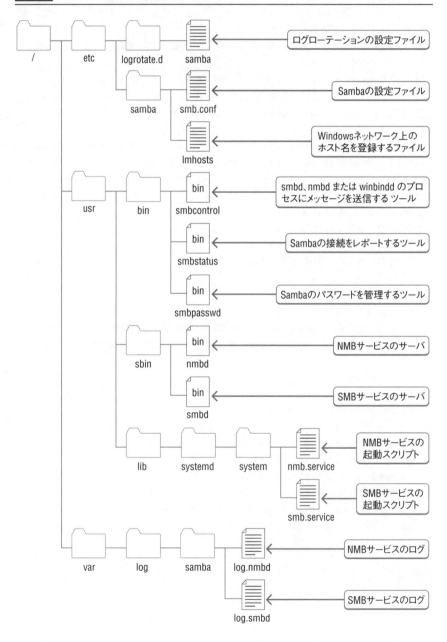

パケットフィルタリングの設定

実際にWindowsファイル共有サービスを公開するためには、パケットフィルタリングの設定を行う必要があります。パケットフィルタリングの設定は、Cockpitで行うことができます。Cockpitから設定する場合には、[ネットワーキング]画面のファイアウォールの欄にある[ルールとゾーン]をクリックし、[publicゾーンにサービスを追加]画面で[samba]にチェックを入れ、[サービスの追加]をクリックします。

図10-3 Cockpitのゾーンにサービスを追加画面

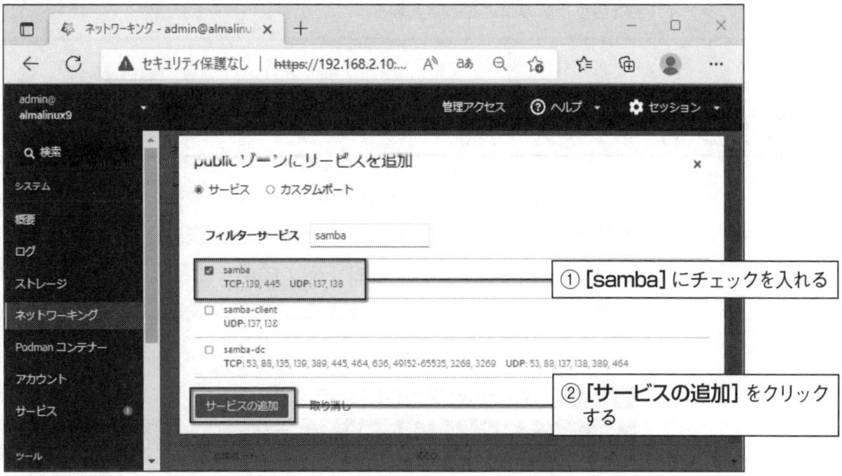

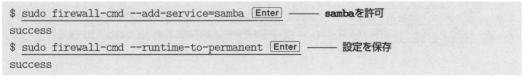

なお、「samba」と「samba-client」という2つの項目がありますが、「samba」はWindowsファイル共有のサーバとして動作するために、「samba-client」はWindowsファイル共有のクライアントとして操作するために必要な設定です。今回は、「samba」を有効にします。

■ コマンドラインからの設定

コマンドラインでサービスを公開するには、firewall-cmdを使用してsambaサービスを有効にします。sudoを使って、管理者モードで実行する必要があります。firewall-cmdでsambaサービスを許可し、設定を保存します。

■ firewall-cmdによるSambaの有効化

```
$ sudo firewall-cmd --add-service=samba [Enter]  ―― sambaを許可
success
$ sudo firewall-cmd --runtime-to-permanent [Enter]  ―― 設定を保存
success
```

共有フォルダ

フォルダを公開する

Sambaをインストールしたら、まずは共有フォルダを設定し誰でも利用できる
フォルダとして公開してみましょう。

このセクションのポイント

①Sambaには共有フォルダの名称、ワークグループなどを設定する。
②共有管理用のユーザを用意すると共有の設定が行いやすい。
③日本語のファイル名を扱うための設定も必要である。

共有フォルダの作成

Sambaのインストールとパケットフィルタリングの通信準備ができたら、共有す
るフォルダを作成します。ここでは例として、表10-1のような共有フォルダを作成
する場合を説明します。なおワークグループ名は、Windowsネットワークですでに
ファイル共有を使っている場合には現在の設定に合わせて使う必要があります。

表10-1　Windowsファイル共有の設定例

設定項目	設定内容
共有の名称	share
ワークグループ名	PRIVATE
共有ファイルを置くディレクトリ	/share
ファイルを管理するLinuxユーザ/グループ	winshare

最初に共有フォルダを管理するためのユーザとディレクトリを作成します。ディレク
トリの所有者やアクセス権を次のように設定します。いずれも、sudoを使って管理者
モードで実行する必要があります。

■　共有フォルダ用のユーザとディレクトリの作成

```
$ sudo useradd winshare Enter
$ sudo mkdir /share Enter ── ディレクトリを作成
$ sudo chown winshare:winshare /share Enter ── ディレクトリの所有者を設定
$ sudo chmod g+ws /share Enter ── グループを書き込み可能にし受け継がれるようにする
```

最後のchmodは、ディレクトリに設定したwinshareというグループが、その
ディレクトリ配下に作成するすべてのファイルに受け継がれるように設定しています。

これは、Section 10-05で説明する共有アクセス権を設定するときに役立ちます。

さらに、Sambaサーバから利用できるようにSELinuxのコンテキストをSambaから共有できるファイルコンテキスト samba_share_tに変更します。

■ SELinuxのコンテキストの変更

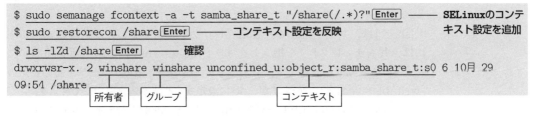

```
$ sudo semanage fcontext -a -t samba_share_t "/share(/.*)?" Enter —— SELinuxのコンテ
$ sudo restorecon /share Enter —— コンテキスト設定を反映              キスト設定を追加
$ ls -lZd /share Enter —— 確認
drwxrwsr-x. 2 winshare winshare unconfined_u:object_r:samba_share_t:s0 6 10月 29
09:54 /share
```

所有者　グループ　　　　　　　コンテキスト

公開フォルダの設定

次に、作成したフォルダを共有するようにSambaを設定しましょう。まず、ワークグループ、共有管理ユーザと日本語の設定をします。/etc/samba/smb.confのSamba全体に対する共通設定を記載するブロックを示す[global]という設定の中に、「workgroup」の設定があります。それを探して、次のように修正します。修正は、sudoを使って管理者モードでviを起動して行います。

■ ワークグループと共有管理ユーザの設定 (/etc/samba/smb.conf)

```
[global]
    workgroup = PRIVATE —— 変更
    security = user
    guest account = winshare —— 追加
    dos charset = CP932 —— Windows側の文字コード
    unix charset = UTF-8 —— Samba側の文字コード

    # passdb backend = tdbsam —— コメントアウト

    map to guest = Bad Password —— 追加
```

「workgroup」を変更し「guest account」に共有管理用のユーザ「winshare」を設定します。日本語を扱うために、Windows(dos charset) はCP932、Linux(unix charset) にはUTF-8を設定します。さらに、ユーザ認証をしなくても接続できるようにするために、「passdb backend」を無効化し、間違ったパスワードでも利用できるように「map to guest」という設定を追加します。

ファイルの最後に次のように共有ディレクトリの設定を追加します。

■ 共有ディレクトリの設定 (/etc/samba/smb.conf)

```
[share] ── 共有名shareの設定の開始
    path = /share ── 共有するディレクトリ
    public = yes ── 一般公開する設定
    writable = yes ── 書き込み可能であることを設定
```

　　　　　[share]は、共有名shareの設定ブロックを開始するという意味です。path
には、共有ディレクトリを指定します。「public=yes」は、ユーザを問わずに
フォルダを公開する設定です。共有フォルダへの書き込みアクセスを認めるため
「writable=yes」としていますが、noに設定すると読み込み専用にできます。
　　　　設定が終わったら、smbサービスとnmbサービスを起動します。sudoを使って、
管理者モードで実行する必要があります。

■ smbサービス、nmbサービスの起動

```
$ sudo systemctl start nmb.service [Enter] ── nmbサービスの起動
$ sudo systemctl start smb.service [Enter] ── smbサービスの起動
$ systemctl is-active nmb.service [Enter] ── nmbサービスの確認
active
$ systemctl is-active smb.service [Enter] ── smbサービスの確認
active
```

　　　　　システムの起動時に自動でsmbサービスとnmbサービスを開始する設定が必要
な場合には、そちらも設定しておきましょう。

■ 自動起動の設定

```
$ sudo systemctl enable nmb.service [Enter]
Created symlink /etc/systemd/system/multi-user.target.wants/nmb.service → /usr
/lib/systemd/system/nmb.service.
$ sudo systemctl enable smb.service [Enter]
Created symlink /etc/systemd/system/multi-user.target.wants/smb.service → /usr
/lib/systemd/system/smb.service.
```

Section 10-04

Windowsからアクセスする

Sambaの設定が終わったら、クライアントPCから実際に共有フォルダにアクセスしてみましょう。

このセクションのポイント

■1 ワークグループの設定をWindowsとLinuxで同じにする。
■2 ネットワークから共有ファイルにアクセスできる。

ワークグループの設定

クライアントPCから共有フォルダにアクセスする場合には、クライアントPCのワークグループの設定がSambaサーバに設定したものと同じでなければなりません。まずは、その設定を確認します。

クライアントPCでWindowsの設定を確認します。スタートメニューから[**設定**]を選択し設定画面を表示します。さらに、[**システム**] → [**バージョン情報**]を選択すると、図10-4のような画面が表示されます。

図10-4 システムのバージョン情報

[ドメインまたはワークグループ]をクリックする

関連リンクの欄にある［**ドメインまたはワークグループ**］をクリックすると、図10-5の画面が開きます。

図10-5 システムのプロパティ画面

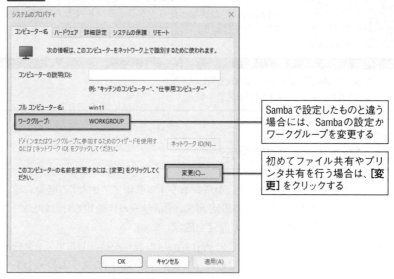

図10-5のようなシステムのプロパティ画面が開きます。［**コンピューター名**］タブを開き、表示されているワークグループを確認します。ワークグループがSambaに設定したものと違う場合には、この設定に合わせてSambaの設定を修正するか、ワークグループを変更する必要があります。

すでに他のサーバやWindowsPCとファイル共有やプリンタ共有を使っている場合には、Section 09-03に戻ってSambaに設定したワークグループを変更してください。

初めてファイル共有やプリンタ共有を使う場合には、［**変更**］ボタンをクリックし、ワークグループの設定を変更します。図10-6のような画面が表示されますので、ワークグループにSambaに設定したものと同じワークグループ名（今回の例ではPRIVATE）を入力して［**OK**］をクリックします。システムを再起動すると設定が変更されます。

図10-6 ワークグループ設定の変更

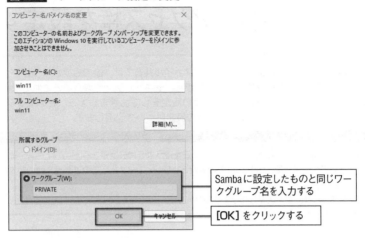

Sambaに設定したものと同じワークグループ名を入力する

[OK] をクリックする

共有フォルダへのアクセス

エクスプローラを表示し、フォルダ名として「¥¥almalinux9」とサーバ名を入力して **Enter** キーを押すと、共有フォルダを使用できます。

図10-7 サーバの共有フォルダ

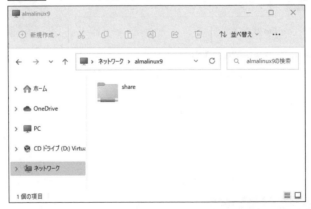

Section 10-05 共有へアクセス権を設定する

ここまでに設定したファイル共有では、誰でもファイルにアクセスができるようになっています。しかし、セキュリティを考えるとこれでは心配です。より安全性の高いアクセス権の設定をしておきましょう。このセクションではSambaのファイルアクセス権の設定について説明します。

このセクションのポイント

■Sambaへのアクセス時にユーザ名とパスワードの認証を行うように設定できる。
■共有フォルダへのアクセス権は、smb.confでの設定と、Linuxユーザとしてのアクセス権の設定の2段階で制御できる。
■共有フォルダを使ったり、書き込みしたりできるユーザを制限できる。

ユーザアクセスの設定

Sambaには共有フォルダ上のファイルへのアクセスをユーザによって制限する機能があります。この機能を有効にすると、Windows PCで共有フォルダにアクセスしたときに、図10-8のような画面が表示されるようになります。

図10-8 ネットワークパスワードの入力

ここで入力されたユーザ名とパスワードは、Linuxサーバに登録されたSamba専用のユーザデータベースで認証されます。認証ができると、共有フォルダにアクセスができます。フォルダの閲覧、ファイルの読み込み、書き込みなどのアクセス権限は、Linuxサーバ上のユーザのファイルアクセスの場合と同じになります。さらに、Sambaではその共有フォルダ全体へのアクセス権を制御できます。

表10-2 アクセス制限の種類

制限の種別	制限する場所
共有フォルダ全体へのアクセス権限	Sambaサーバの設定
共有フォルダ全体への書き込み権限	Sambaサーバの設定
個別のファイルへのアクセス	各ファイルのユーザアクセス権限
個別のディレクトリへのアクセス	各ディレクトリのユーザアクセス権限

ユーザの作成

Sambaは、Linuxのユーザを利用します。ただし、Windowsファイル共有で利用する情報がLinuxで管理されているユーザ情報よりも多いので、Sambaは独自にユーザの情報を持っています。そのため、通常のLinuxユーザを登録した上で、Sambaのユーザデータベースへも登録する必要があります。

例えば、user1というユーザを作る場合には、次のようにLinuxユーザを作成します。このときに、Sambaの共有ファイルを管理するために作成したグループ（winshare）を副グループに登録しておくと便利です。このユーザは、Linuxに直接SSHなどでログインしないのであれば、パスワードを設定する必要はありません。

■ ユーザの作成

```
$ sudo useradd -G winshare user1 Enter
```

次に、pdbeditコマンドでSamba専用のユーザ情報を作成します。sudoを使って管理ユーザ権限で実行する必要があります。

■ Samba専用ユーザの作成

```
$ sudo pdbedit -a -u user1 Enter
new password: ******** Enter ── ファイル共有用のパスワードを入力
retype new password:******** Enter ── パスワードを再入力
Unix username:        user1
NT username:
Account Flags:        [U          ]
User SID:             S-1-5-21-2387034433-3814782901-627266094-1000
Primary Group SID:    S-1-5-21-2387034433-3814782901-627266094-513
Full Name:
Home Directory:       \\ALMALINUX9\user1
HomeDir Drive:
Logon Script:
Profile Path:         \\ALMALINUX9\user1\profile
Domain:               ALMALINUX9
```

```
Account desc:
Workstations:
Munged dial:
Logon time:           0
Logoff time:          木, 07  2月 2036 00:06:39 JST
Kickoff time:         木, 07  2月 2036 00:06:39 JST
Password last set:    水, 05 10月 2022 14:19:05 JST
Password can change:  水, 05 10月 2022 14:19:05 JST
Password must change: never
Last bad password   : 0
Bad password count  : 0
Logon hours         : FFFFFFFFFFFFFFFFFFFFFFFFFFFFFFFFFFFFFFFFFF
```

　同様の方法で、ファイル共有に必要なユーザを必要に応じて作成しておきます。また、もう一度pdbeditコマンドを実行すれば、パスワードを修正することもできます。

　なお、ユーザを削除する場合には、次のようにLinuxユーザだけでなくSamba側のユーザ削除も忘れないように行う必要があります。次は、deluserというユーザをSambaのユーザデータベースから削除する場合のコマンド例です。

■ Sambaのユーザ設定の削除

```
$ sudo pdbedit -x -u deluser  Enter
```

● Sambaのユーザアクセス設定

　ユーザを作成したら、次にSambaの設定を変更します。/etc/samba/smb.confのセキュリティの設定を修正します。また、登録されていないユーザや不正なパスワードでのアクセスを禁止するために、ゲスト接続を禁止に設定します。

■ 共有セキュリティの設定（/etc/samba/smb.conf）

```
[global]
        workgroup = PRIVATE
        security = user
        guest account = winshare
        dos charset = CP932
        unix charset = UTF-8

        passdb backend = tdbsam ─── 修正

        map to guest = Never ─── 修正
```

　さらに、共有の設定を次のように修正します。

■ Sambaのユーザアクセス設定（/etc/samba/smb.conf）

```
[share]
path = /share
public = no ——— 公開ディレクトリの設定：noに変更
writable = yes
```

　「public」を「no」にすると、ユーザ名とパスワードを入力しないとアクセスできなくなります。さらに、アクセスするユーザを限定したい場合には、次のように「valid users」にアクセスできるユーザを設定します。また、「read list」にユーザを指定することで、一部のユーザだけを読み込み専用にすることもできます。

■ 共有フォルダ設定（/etc/samba/smb.conf）

```
[share]
path = /share
public = no
writable = yes
valid users = user1,user2,user3 ——— アクセスすることのできるユーザ
read list = user3 ——— 読み込みのみができるユーザ
```

　/etc/samba/smb.confの設定を変更したら、次のようにして設定ファイルの再読み込みを行います。

■ smbサービスの再読み込み

```
$ sudo systemctl reload smb.service Enter
```

■ ファイルアクセス権によるユーザアクセスの制限

　実際に設定をして、共有フォルダ上にuser1、user2のようなユーザでアクセスしてファイルを作ったり、ユーザを作ったりすると、実際のLinux上では次のようにファイルが作成されます。

■ 作成されたファイル

```
$ ls -l Enter
合計 4
-rwxr--r--. 1 user1 winshare 8 10月  5 14:29 testdata.txt
drwxr-sr-x. 2 user2 winshare 6 10月  5 14:31 user2
```

　ファイルの所有者だけに、ファイルやディレクトリへの書き込み権が設定されていることに気が付いたでしょうか？標準的なSambaの設定では、このようにファイルの所有者だけがファイルに書き込んだり、ディレクトリにファイルを作ったりすることができるようになっています。他のユーザは、それを単純に見るだけしかできま

せん。しかし、これでは不便な場合もあります。

すべてのユーザが、共有しているファイルを作成したり変更したりできるようにするには、ファイルやディレクトリの作成のときに標準で付けられるアクセス権を、次のようにグループでの書き込みが可能な設定に変更します。

■ 共有フォルダ設定（/etc/samba/smb.conf）

```
[share]
path = /share
public = no
writable = yes
valid users = user1,user2,user3
read list = user3
create mask = 0664 ――― ファイルを作成するときのモード
directory mask = 0775 ――― ディレクトリをアクセスするときのモード
```

実は、この設定ですべてのユーザからファイルの作成や変更ができるようになるのは、ここまでの設定で次のようなことを行ってきたからです。

- 共有ディレクトリ（/share/）のグループをwinshareにして、winshareグループで書き込みできるようにしておいた。
- Samba用のユーザを作成するときに、副グループにwinshareを指定した。
- ディレクトリのグループ設定が、新しく作成するファイルやディレクトリに引き継がれるように設定した。

このように、ファイルやディレクトリの所有者やグループの設定は、共有フォルダへのアクセスを制御するために柔軟に利用することができます。

■ IPアドレスでのアクセス制限

アクセス制限は、クライアントのIPアドレスでも実施することができます。IPアドレスでアクセス制限を実施するには、/etc/samba/smb.confの共有フォルダ設定に、次のような設定項目を追加します。

■ IPアドレスでのアクセス制御の設定（/etc/samba/smb.conf）

```
[share]
.........
hosts allow = 127.0.0.1 192.168.2.0/255.255.255.0
hosts deny = ALL
```

hosts allowでは、アクセスを許可するホストまたはネットワークを指定します。

この例では、127.0.0.1と192.168.2.0/255.255.255.0が指定されています。ネットワークを指定する場合には、192.168.2.0/24のような表記は使えませんので、ネットマスクで指定を行います。

hosts denyでは、アクセスを禁止するホストまたはネットワークを指定します。

どちらの場合にも、ALLを指定することができます。ALLは、「すべてのホスト」という意味です。つまり、この設定では、hosts allowで許可された以外のすべてのホストからの接続を禁止しています。

なお、標準では、設定にホスト名は指定できません。ホスト名を指定したい場合には、次のような設定を[global]に行う必要があります。

■ ホスト名を調べる設定（/etc/samba/smb.conf）

```
[global]
.........
hostname lookups = yes
```

注意

アクセス制御設定やファイルの隠蔽の設定は、サーバ側で設定してもただちに既存のコネクションには反映されません。Windows側でいったんログオフしてから、動作確認して下さい。

アクセス権とファイルの隠蔽

Sambaでユーザが扱うことのできるファイルは、Section 07-01で解説したLinux上のファイルアクセス権と同じです。そのため、Linux上でchmodなどを使ってファイルのアクセス権限を変更することで、読み込みや書き込みを制限することができます。さらに、Sambaの設定を変更することで、読み込みができないファイルや書き込みができないファイルを表示させないように設定することもできます。

読み込みができないファイルを見せないように設定を使う場合には、/etc/samba/smb.confの共有フォルダ設定に、次のような設定項目を追加します。

■ 読み込みできないファイルを隠蔽する設定（/etc/samba/smb.conf）

```
[share] ── 共有フォルダの設定項目の中に設定する
.........
hide unreadable = yes
```

また、書き込みができないファイルを見せないように設定を行うこともできます。/etc/samba/smb.confの共有フォルダ設定に、次のような設定項目を追加します。

■ 書き込みできないファイルを隠蔽する設定（/etc/samba/smb.conf）

```
[share] ──── 共有フォルダの設定項目の中に設定する
.........
hide unwriteable files = yes
```

ユーザ専用フォルダの設定

Sambaには、ユーザの個人用フォルダを作成する機能があります。この機能は、/etc/samba/smb.confに標準で[homes]という共有名で設定されていて、有効になっています。そのため、Windowsからアクセスすると、図10-9のように認証したユーザ名に合わせて、自動的に共有が作成されます。

図10-9 ユーザに合わせて作成された共有フォルダ

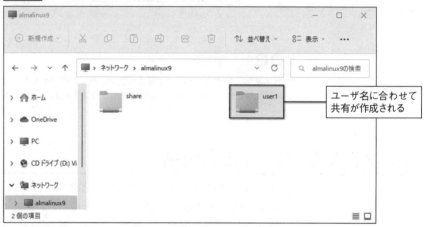

なお、この機能はAlmaLinux9/Rocky Linux 9の標準では完全に利用できる状態になっていません。実際に利用できるようにするためには、次のようにSELinuxの制限を解除する必要があります。

■ SELinuxの制限解除

```
$ sudo setsebool -P samba_enable_home_dirs on [Enter]
```

隠しファイルの制御

Linuxでは、「.」ではじまるファイルやディレクトリは隠しファイルや隠しディレクトリとして扱われます。ユーザのホームディレクトリには、この機能を使って、シェルの設定ファイルやヒストリの情報が隠しファイルとして配置されています。また、SSH、VNC、GNOMEなどのアプリケーションのユーザ専用の設定は、隠しディ

レクトリとして配置されています。

　Sambaの標準的な設定では、このようなファイルがWindowsでも隠しファイルや隠しディレクトリとして扱われるように設定されています。そのため、Windows側で隠しファイルや隠しフォルダを表示しない設定が行われている場合には、普通にフォルダを表示しただけでは表示されません。

　Sambaでは、このように隠しファイルとして扱われるファイルを設定することができます。

　例えば、viが作成するバックアップファイルは、「test.txt~」のように「~」で終わります。これを隠しファイルにするには、共有フォルダ設定の中で、次のように設定を行います。

■　隠しファイルの種類を増やす（/etc/samba/smb.conf）

```
[share] ── フォルダ設定の中に設定する
‥‥‥‥‥
hide files = /.*/*~/ ── 項目を「/」で区切る
```

　hide filesの設定では、項目を「/」で区切ります。また、「*」は任意の文字列として扱われます。つまり、この設定は、「.」ではじまるファイルと「~」で終わるファイルを隠しファイルして扱うという指定です。

《←TM

コラム

Windows ファイルサーバを Linux から使う

Chapter 10 では、AlmaLinux/Rocky Linux を使って Windows ファイルサーバを作成する方法について解説しました。反対に、Windows ファイルサーバを AlmaLinux/Rocky Linux からマウントすることもできます。

パッケージのインストール

Linux から Windows ファイルサーバを使うには、まず cifs-utils パッケージをインストールする必要があります。

```
$ sudo yum install cifs-utils Enter
```

Windows ファイル共有のマウント

パッケージをインストールしたら、mount コマンドを使って Windows ファイルサーバをマウントすることができます。次は、「\\samba\documents」という Windows ファイル共有をマウントする場合の例です。sudo コマンドを使って実行します。

```
$ mkdir /home/admin/documents Enter — マウントする場所を作成しておく
$ sudo mount -t cifs -o user=admin,password=xxxxx //samba/
documents /home/admin/documents ——— マウントを実行する
```

mount コマンドの引数の「-o」に続く文字列は、mount オプションの指定です。「user=admin」は Windows ユーザの名前 (ここでは admin)、「password=xxxx」はそのユーザのパスワードです。「//samba/documents」のように共有するフォルダを指定します。Windows では、フォルダの区切りとして「¥」を使いますが、Linux で指定する場合には「/」を使って指定します。「/home/admin/documents」は、Windows ファイル共有をマウントする場所です。

Windows ファイル共有のアンマウント

Windos ファイルサーバの利用が終了したら、ファイルシステムを取り外しておきましょう。

```
$ sudo umount /home/admin/documents Enter
```

Chapter
11→

DNS キャッシュサーバ

DNS は、ホスト名から IP アドレスを調べたり、IP アドレスからホスト名を調べたりする仕組みです。インターネットに接続している組織では、組織内に DNS クエリを行うための DNS キャッシュサーバを配置します。この Chapter では、DNS キャッシュサーバの作り方を解説します。

はじめての AlmaLinux 9 & Rocky Linux 9 Linux サーバエンジニア入門編

Section 11-01

DNSキャッシュサーバを理解する

DNSキャッシュサーバは、IPアドレスとドメインを関連付けるサーバです。この
セクションでは、DNSキャッシュサーバの役割について整理しておきましょう。

このセクションのポイント

■ DNSキャッシュサーバは、DNSクエリを受け付けるサーバである。
■ DNSフォワーディングサーバは、クエリを他のキャッシュサーバに依頼するサーバである。

DNSキャッシュサーバの役割

DNSは、インターネットでサービス名（ホスト名）からIPアドレスを調べるための
仕組みです。**DNSキャッシュサーバ**は、クライアントからDNSクエリと呼ばれる調
査依頼を受け付け、サービス名やIPアドレスなどの情報を調査する役割を持ってい
ます。

DNSキャッシュサーバは、一度調べた情報はデータベースにキャッシュします。
次に同じ問い合わせがあると、キャッシュから調べて回答します。キャッシュの機
能は、DNSクエリを高速化するとともに、インターネットに流れるデータ量を減ら
す役割を持っています。

DNSフォワーディングサーバ

DNSフォワーディングサーバは、DNSキャッシュサーバの一種です。DNSの
問い合わせに対する調査を自分では行わず、他のキャッシュサーバに転送します。
組織内にいくつものDNSキャッシュサーバがある場合、あちこちにデータがキャッ
シュされて効率が悪いため、1つのDNSキャッシュサーバに問い合わせを集約する
役割を持ちます。しかし高速化のため、DNSフォワーディングサーバも、調査した
情報はデータベースにキャッシュします。

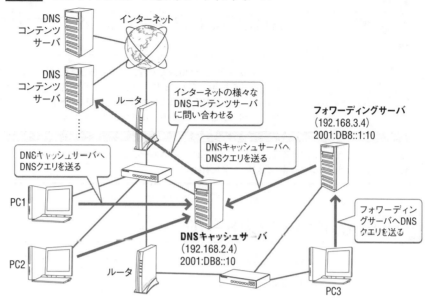

図 11-1　DNS キャッシュサーバとフォワーディングサーバ

DNS のセキュリティ

　DNS は、インターネット上で大変重要な役割を持っています。しかしながら、DNS の仕組みを悪用した犯罪が行われることがしばしばあります。DNS キャッシュサーバに間違った情報を覚えさせることで、本来のサーバではなく攻撃を意図したサーバにアクセスを誘導するのです。利用者は、意図していないサーバに知らないうちにアクセスさせられてしまうため、様々な犯罪に巻き込まれる可能性があります。

　こうした被害を防ぐために、DNS のセキュリティについては十分に配慮する必要があります。実際には、次のようなことに気をつけるのが良いでしょう。

■ 関係のない人が DNS キャッシュサーバにアクセスできないようにする

　DNS キャッシュサーバは、組織の外部からアクセスできないところに配置しましょう。また、論理的にも組織内からしか使えないようにアクセス制御を必ず実施しましょう。

■ DNSSEC を有効にする

　DNS キャッシュサーバが問い合わせた時点で間違った情報を入手してしまう場合があります。これを防ぐ技術が DNSSEC です。DNS の情報にデジタル署名と呼ばれる情報を付加することで、情報の正当性を保証します。

Section 11-02

unboundをインストールする

AlmaLinux 9/Rocky Linux 9では、DNSキャッシュサーバのソフトウェアとして
unboundを採用しています。unboundはDNSキャッシュサーバ専用のソフト
ウェアで、後述するbindよりも安全性が高いと言われています。このセクション
では、unboundのインストールについて解説します。

このセクションのポイント

■DNSキャッシュサーバを作る場合には、unboundをインストールする。
■パケットフィルタリングでは、dnsサービスを有効にする。

unboundのインストール

DNSキャッシュサーバを構築するには、次のようにyumコマンドを使って
unboundパッケージのインストールを行います。

■ unboundのインストール

```
$ sudo yum install unbound Enter
メタデータの期限切れの最終確認: 0:09:44 時間前の 2022年10月06日 09時36分21秒 に実施しました。
依存関係が解決しました。
================================================================================
 パッケージ          Arch          バージョン            リポジトリー        サイズ
================================================================================
インストール:
 unbound           x86_64        1.13.1-13.el9_0       appstream         903 k
依存関係のインストール:
 unbound-libs      x86_64        1.13.1-13.el9_0       appstream         515 k

トランザクションの概要
================================================================================
インストール    2 パッケージ

ダウンロードサイズの合計: 1.4 M
インストール後のサイズ: 4.5 M
これでよろしいですか? [y/N]: y Enter ―― 確認してyを入力
パッケージのダウンロード:
(1/2): unbound-libs-1.13.1-13.el9_0.x86_64.rpm   2.2 MB/s | 515 kB       00:00
(2/2): unbound-1.13.1-13.el9_0.x86_64.rpm        3.1 MB/s | 903 kB       00:00
--------------------------------------------------------------------------------
合計                                             1.1 MB/s | 1.4 MB       00:01
トランザクションの確認を実行中
```

```
トランザクションの確認に成功しました。
トランザクションのテストを実行中
トランザクションのテストに成功しました。
トランザクションを実行中
  準備              :                                            1/1
  scriptletの実行中 : unbound-libs-1.13.1-13.el9_0.x86_64        1/2
  インストール中    : unbound-libs-1.13.1-13.el9_0.x86_64        1/2
  scriptletの実行中 : unbound-libs-1.13.1-13.el9_0.x86_64        1/2
Created symlink /etc/systemd/system/timers.target.wants/unbound-anchor.timer → /
usr/lib/systemd/system/unbound-anchor.timer.

  インストール中    : unbound-1.13.1-13.el9_0.x86_64             2/2
  scriptletの実行中 : unbound-1.13.1-13.el9_0.x86_64             2/2
  検証              : unbound-1.13.1-13.el9_0.x86_64             1/2
  検証              : unbound-libs-1.13.1-13.el9_0.x86_64        2/2

インストール済み:
  unbound-1.13.1-13.el9_0.x86_64        unbound-libs-1.13.1-13.el9_0.x86_64

完了しました!
```

unboundのディレクトリ構造

インストールすると、unboundの動作に必要なファイルがインストールされます。主なファイルは、図11-2のとおりです。保存場所を確認しておきましょう。

図11-2　unboundの動作に必要なファイル

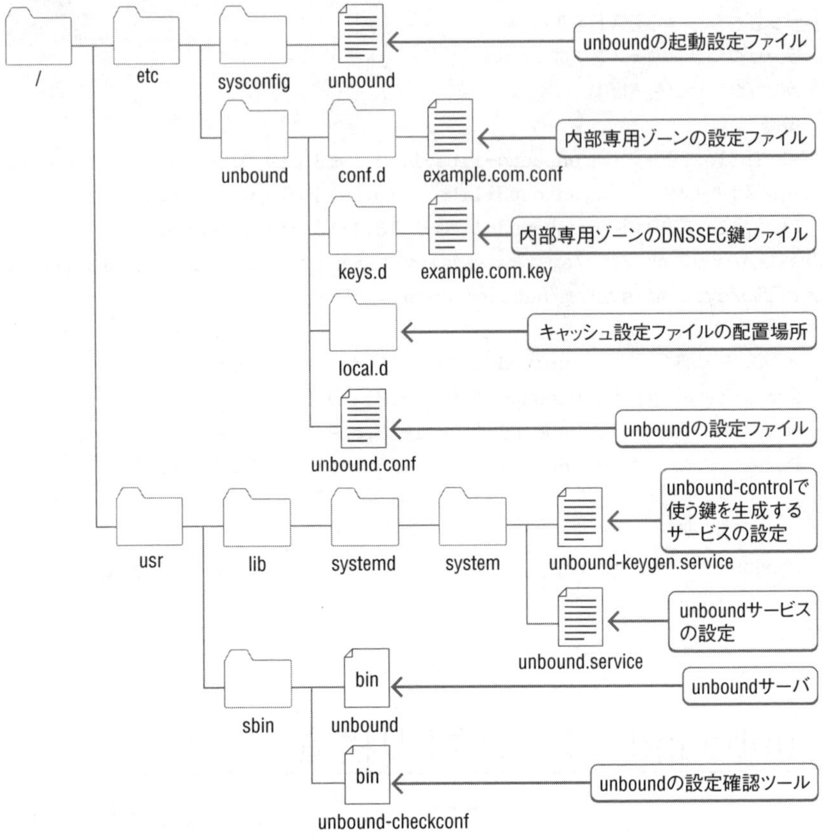

- unboundの起動設定ファイル — /etc/sysconfig/unbound
- 内部専用ゾーンの設定ファイル — conf.d/example.com.conf
- 内部専用ゾーンのDNSSEC鍵ファイル — keys.d/example.com.key
- キャッシュ設定ファイルの配置場所 — local.d
- unboundの設定ファイル — unbound.conf
- unbound-controlで使う鍵を生成するサービスの設定 — usr/lib/systemd/system/unbound-keygen.service
- unboundサービスの設定 — unbound.service
- unboundサーバ — sbin/unbound/bin
- unboundの設定確認ツール — unbound-checkconf/bin

パケットフィルタリングの設定

DNSサーバとしてサービスを公開するためには、パケットフィルタリングの設定を行う必要があります。

■ Cockpitでの設定

パケットフィルタリングの設定は、Cockpitで行うことができます。Cockpitから設定する場合には、[ネットワーキング]画面のファイアウォールの欄にある[ルールとゾーン]をクリックし、[publicゾーンにサービスを追加]画面で[dns]にチェックを入れます。

図11-3 ファイアウォールの設定画面

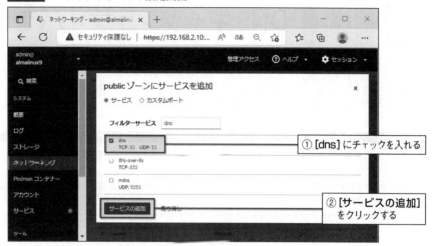

■ コマンドラインでの設定

コマンドラインでパケットフィルタリングの設定を行う場合には、次のように設定を行います。sudoを使って管理者モードで実行します。

■ dnsサービスへのアクセスを許可

```
$ sudo firewall-cmd --add-service=dns [Enter] —— dnsサービスの追加
success
$ sudo  firewall-cmd --runtime-to-permanent [Enter] —— 設定の保存
success
```

Section 11-03

DNSキャッシュサーバを作る

インターネット上の他のDNSコンテンツサーバが管理しているドメイン情報を取得するには、他のDNSサーバへの問い合わせを代行してくれるDNSキャッシュサーバが必要となります。このセクションでは、unboundを使ったキャッシュサーバの作り方を説明します。

このセクションのポイント

■ unboundをインストールすると、自サーバからの問い合わせを受け付けるDNSキャッシュサーバとして設定されている。

■ unboundを起動する前に、問い合わせを受け付けるアドレスと、問い合わせを許可する対象を設定する。

■ 動作確認はhostコマンドで行う。

DNSキャッシュサーバの基本設定

unboundパッケージをインストールすると、DNSキャッシュサーバとして必要な設定はほとんど行われています。ただし、そのままでは自サーバからの問い合わせしか処理しないように設定されています。そのため、問い合わせを受け付けるアドレスを追加し、アクセス制御の設定に実際に問い合わせを行うクライアントの設定を追加します。

設定ファイルは、/etc/unbound/local.d/に「xxx.conf」という形式のファイル名で作成します。ここではaccess-control.confというファイル名で作成します。次は、その例です。

■ /etc/unbound/local.d/access-control.conf

```
#
# interface setting
#
interface: 192.168.2.4 ——— 問い合わせを受け付けるIPアドレス
interface: 127.0.0.1
interface: 2001:DB8::10
interface: ::1
#
# local network setting
#
access-control: 127.0.0.1 allow ——— ローカルからの問い合わせを許可
access-control: ::1 allow
access-control: 192.168.3.4 allow ——— 問い合わせを許可するホスト
access-control: 192.168.2.0/24 allow ——— 問い合わせを許可するネットワーク
access-control: 2001:DB8::/64 allow ——— 問い合わせを許可するIPv6ネットワーク
```

この例では、問い合わせを受け付けるIPアドレス、問い合わせを許可するホストやネットワークは、図11-1の構成に合わせて設定しています。

ローカルデータの定義

unboundには、ローカルに保管したデータを使って、クライアントからの問い合わせに応答する機能があります。例えば、ホスト名からIPアドレスを調べられるようにデータを登録しておけば、ローカルネットワーク内からの問い合わせに応えることができます。

ただし、この機能はあくまで簡易的なもので、DNSマスタサーバの機能を完全に備えているわけではありません。そのため、組織外にDNSデータを公開する場合には、Chapter 12で説明するDNSコンテンツサーバを作成する必要があります。

ローカルデータの定義は、/etc/unbound/local.d/に設定ファイルを作成して行います。次のような設定の書式を使います。

```
local-data: "<name> <type> <data>"
```

例えば、ホスト名からIPアドレスを調査するための設定は次のように行います。sudoを使って、管理者モードでviを起動して設定します。

■ ホスト名からIPアドレスを調べるクエリに応答するための設定（/etc/unbound/local.d/local-data.conf）

```
local-data: "www.localdomain A 192.168.2.2"
local-data: "mail.localdomain A 192.168.2.3"
```

この例のように、<name>にはホスト名、データタイプには「A」、<data>にはIPアドレスを設定します。逆に、IPアドレスからホスト名を調査するための設定は、次のように行います。

■ IPアドレスからホスト名を調べるクエリに応答するための設定（/etc/unbound/local.d/local-data.conf）

```
local-data: "2.2.168.192.in-addr.arpa PTR www.localdomain"
local-data: "2.3.168.192.in-addr.arpa PTR mail.localdomain"
```

<name>には、2.2.168.192.in-addr.arpaのような値を指定しています。これは、IPアドレスを逆順に並べて「.in-addr.arpa」を付けたものです。クライアントは、IPアドレスからホストを調べるときには、このような名称でデータを調べにきます。また、データタイプには「PTR」というタイプが使われます。

設定ファイルの確認とサービスの起動

設定ファイルを作成したら、unboundの制御に必要な鍵ファイルの作成を行っておきましょう。鍵ファイルの作成は、unbound-keygen.serviceというサービスを起動することで自動的に行われます。

■ 鍵ファイルの作成

```
$ sudo systemctl start unbound-keygen.service Enter
```

設定の確認は、unbound-checkconfというコマンドで行います。

■ 設定ファイルの確認

```
$ unbound-checkconf Enter
unbound-checkconf: no errors in /etc/unbound/unbound.conf
```

この例のように、「no errors」と表示されていることを確認します。エラーがある場合には、設定ファイルを修正します。

最後にunboundを起動します。起動後は、念のため状態を確認しておきましょう。

■ unboundの起動

```
$ sudo systemctl start unbound.service Enter  ── サービスを起動
$ systemctl is-active unbound.service Enter  ── 状態を確認
active
```

必要に応じて、自動機能の設定をしておきましょう。

■ 自動機能の設定

```
$ sudo systemctl enable unbound-keygen.service Enter
Created symlink /etc/systemd/system/multi-user.target.wants/unbound-keygen.
service → /usr/lib/systemd/system/unbound-keygen.service.
$ sudo systemctl enable unbound.service Enter
Created symlink /etc/systemd/system/multi-user.target.wants/unbound.service →
/usr/lib/systemd/system/unbound.service.
```

動作確認

DNSキャッシュサーバの動作は、次のようにhostコマンドで確認できます。

■ DNSキャッシュサーバの動作確認

```
$ host www.yahoo.co.jp. 192.168.2.4 [Enter]
Using domain server:
Name: 192.168.2.4
Address: 192.168.2.4#53
Aliases:

www.yahoo.co.jp is an alias for edge12.g.yimg.jp.
edge12.g.yimg.jp has address 182.22.25.124 ——— IPアドレスが表示される
```

最初の引数「www.yahoo.co.jp.」は、実際にはどんなホスト名でも構いません。ここでは、DNSキャッシュサーバの動作を確認していますので、インターネット上のどんなホスト名でも参照できる必要があります。2番目の引数の「192.168.2.4」には、DNSキャッシュサーバが問い合わせを受け付けているIPアドレスを指定します。この例のように、IPアドレスが調べられれば、正しい設定ができています。

また、ローカルデータを定義した場合には、その値が調べられることも確認しておきましょう。

```
$ host www.localdomain. 192.168.2.4 [Enter]
Using domain server:
Name: 192.168.2.4
Address: 192.168.2.4#53
Aliases:

www.localdomain has address 192.168.2.2


$ host 192.168.2.2 192.168.2.4 [Enter]
Using domain server:
Name: 192.168.2.4
Address: 192.168.2.4#53
Aliases:

2.2.168.192.in-addr.arpa domain name pointer www.localdomain.
```

Section 11-04

フォワーディングサーバを作る

フォワーディングサーバは、DNSキャッシュサーバと同じような役割を持った
サーバです。そのため、DNSキャッシュサーバの拡張として設定します。このセク
ションでは、フォワーディングサーバの作り方について解説します。

このセクションのポイント

■ フォワーディングサーバは、DNSキャッシュサーバの拡張として設定する。
② フォワーディング先には、DNSキャッシュサーバを指定する。

フォワーディングサーバの作成

フォワーディングサーバは、DNSキャッシュサーバの一種です。ただ、自分で名
前解決をせず、他のDNSキャッシュサーバに問い合わせをそのまま依頼します。

フォワーディングサーバを設定する場合には、まず前節を参考にDNSキャッシュ
サーバとして動作するサーバを作成しておきます。

■ /etc/unbound/local.d/access-control.conf

```
#
# interface setting
#
interface: 192.168.3.4
interface: 127.0.0.1
interface: 2001:DB8::1:10
interface: ::1
#
# local network setting
#
access-control: 127.0.0.1 allow
access-control: 192.168.3.0/24 allow
access-control: ::1 allow
access-control: 2001:DB8::/64 allow
```

この例では、問い合わせを受け付けるIPアドレス、問い合わせを許可するホスト
やネットワークは、図11-1の構成に合わせて設定しています。ここまで、設定が終
わったら、前節で解説した手順で、設定ファイルの確認、鍵ファイルの作成、サー
ビスの起動を行って、動作を確認します。

■ フォワード設定

フォワードの設定ファイルは、/etc/unbound/conf.d/に「xxx.conf」という形式のファイル名で作成します。先ほどのaccess-control.confとは違うディレクトリですので注意してください。この例では、forward.confというファイル名で作成します。sudoを使って、管理者モードでviを起動して、設定を行います。次は、その例です。

■ /etc/unbound/conf.d/forward.conf

```
forward-zone:
      name: "."
      forward-addr: 192.168.2.4  ——— 転送先のアドレス
      forward-first: yes  ——— 転送方法の設定
```

「foward-first」では、転送方法を設定します。「yes」の場合には、問い合わせは最初に転送先へ行い、エラーの場合には外部へ自分で問い合わせにいきます。「no」の場合には、転送先への問い合わせがエラーになった場合には、それ以上の調査は行わずエラーとします。転送先は、設定行を増やせば複数個を設定することもできます。

設定ができましたら、設定ファイルの確認を行った後、設定ファイルの再読み込みを行います。再起動後は、念のため状態を確認して起きましょう。

■ unboundサービスの再起動

```
$ unbound-checkconf Enter  ——— 設定ファイルの確認
unbound-checkconf: no errors in /etc/unbound/unbound.conf  ——— エラーがない
$ sudo systemctl reload unbound.service Enter  ——— 設定ファイルを再読み込み
$ systemctl is-active unbound.service Enter  ——— 状態を確認
active
```

■ 動作の確認

動作確認の方法は、DNSキャッシュサーバの場合と同様です。

■ DNSフォワーディングサーバの動作確認

```
$ host www.yahoo.co.jp. 192.168.3.4 Enter
Using domain server:
Name: 192.168.3.4
Address: 192.168.3.4#53
Aliases:
```

```
www.yahoo.co.jp is an alias for edge12.g.yimg.jp.
edge12.g.yimg.jp has address 183.79.250.123 ——— IPアドレスが表示される
```

DNS コンテンツサーバ

DNS コンテンツサーバは、インターネットに管理するドメインとホスト
の情報を公開するためのサーバです。この Chapter では、情報を管理
するマスタサーバと、そのバックアップとして動作するスレーブサーバ
の作り方について解説します。

Section 12-01 DNSコンテンツサーバを理解する

DNSコンテンツサーバは、管理しているドメインの情報を公開します。ここでは、マスタサーバとスレーブサーバの役割について整理しておきましょう。

このセクションのポイント

■DNSマスタサーバは、公開するドメインの情報を管理するサーバである。
■DNSスレーブサーバは、DNSマスタサーバをバックアップする役割のサーバである。
■データの更新は、DNSマスタサーバに行う。

マスタサーバとスレーブサーバ

DNSコンテンツサーバは、組織のドメインの情報を管理するサーバです。IPアドレスやサーバ名などの情報を管理し、インターネットに公開する役割を持っています。DNSコンテンツサーバには、マスタサーバとスレーブサーバがあります。

■ マスタサーバ

マスタサーバは、ドメインの情報を管理する主体 (つまりマスタ) です。ドメインのデータベースを管理し、公開する役割を担います。ドメインのデータを公開するためには、絶対に必要なサーバです。

■ スレーブサーバ

スレーブサーバは、マスタサーバのバックアップとして使われるサーバです。マスタサーバで公開しているデータを自動的に入手して、それをインターネットへ公開します。スレーブサーバは必須ではありません。しかし、マスタサーバが停止した場合のため、少なくとも1台は設置するのが一般的です。

メモ

DNSのセキュリティ上の配慮

近年、DNSのマスタサーバやスレーブサーバに対する攻撃が非常に増えています。中には、マスタサーバやスレーブサーバのキャッシュデータを破壊することで、誤った情報を公開するように仕向けるものもあります。

マスタサーバやスレーブサーバが誤った情報を配信すると、サイトのURLを利用したユーザは攻撃者の意図したサーバに誘導されてしまいます。これによって被害が発生する問題が相次いでいるのです。

そのため、DNSのマスタサーバやスレーブサーバがDNSキャッシュサーバを兼用することは、好ましくありません。DNSキャッシュサーバは、必ず組織内に配置するようにしましょう。

公開するドメインの情報

DNSコンテンツサーバが公開するドメインの情報には、次のような種類があります。

- ホスト名からIPアドレスを調べるための情報
- IPアドレスからホスト名を調べるための情報
- このドメインのDNSコンテンツサーバの情報
- このドメインのメールを届けるためのサーバ情報

このChapterでは、図12-1のような構成を前提として、DNSコンテンツサーバの設定について解説していきます。

図12-1　マスタサーバとスレーブサーバの構成例

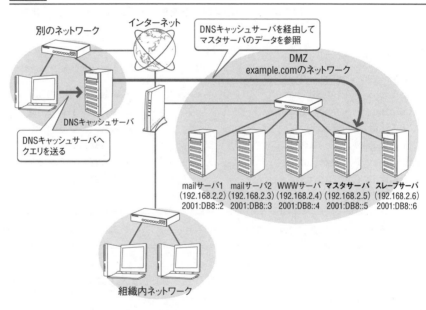

BINDをインストールする

AlmaLinux 9/Rocky Linux 9では、DNSコンテンツサーバ用のソフトウェアとして
BINDが提供されています。このセクションでは、BINDのインストールについて
解説します。

このセクションのポイント

■ DNSコンテンツサーバを作る場合には、bindパッケージをインストールする。
■ パケットフィルタリングの設定は、DNSキャッシュサーバと同じ。

BINDのインストール

DNSコンテンツサーバを構築するには、bindをインストールする必要がありま
す。次のようにyumコマンドを使ってインストールを行います。

■ bindのインストール

```
$ sudo yum install bind Enter
AlmaLinux 9 - AppStream                        3.7 kB/s | 3.8 kB      00:01
AlmaLinux 9 - AppStream                        2.4 MB/s | 8.5 MB      00:03
AlmaLinux 9 - BaseOS                           4.4 kB/s | 3.8 kB      00:00
AlmaLinux 9 - BaseOS                           1.2 MB/s | 4.2 MB      00:03
AlmaLinux 9 - Extras                           4.3 kB/s | 3.7 kB      00:00
AlmaLinux 9 - Extras                            13 kB/s |  13 kB      00:00
依存関係が解決しました。
================================================================================
 パッケージ            Arch       バージョン                 リポジトリー   サイズ
================================================================================
インストール:
 bind                  x86_64     32:9.16.23-1.el9_0.1       appstream     489 k
アップグレード:
 bind-libs             x86_64     32:9.16.23-1.el9_0.1       appstream     1.2 M
 bind-license          noarch     32:9.16.23-1.el9_0.1       appstream      13 k
 bind-utils            x86_64     32:9.16.23-1.el9_0.1       appstream     200 k
依存関係のインストール:
 bind-dnssec-doc       noarch     32:9.16.23-1.el9_0.1       appstream      46 k
 python3-bind          noarch     32:9.16.23-1.el9_0.1       appstream      61 k
 python3-ply           noarch     3.11-14.el9                appstream     103 k
弱い依存関係のインストール:
 bind-dnssec-utils     x86_64     32:9.16.23-1.el9_0.1       appstream     114 k
```

トランザクションの概要
==
インストール　　5 パッケージ
アップグレード　3 パッケージ

ダウンロードサイズの合計: 2.2 M
これでよろしいですか？[y/N]: y [Enter] ―― **確認して[y]を入力**
パッケージのダウンロード:
(1/8): bind-dnssec-doc-9.16.23-1.el9_0.1.noarch 283 kB/s | 46 kB   00:00
(2/8): bind-dnssec-utils-9.16.23-1.el9_0.1.x86_ 644 kB/s | 114 kB   00:00
(3/8): python3-bind-9.16.23-1.el9_0.1.noarch.rp 696 kB/s | 61 kB   00:00
(4/8): python3-ply-3.11-14.el9.noarch.rpm   758 kB/s | 103 kB   00:00
(5/8): bind-license-9.16.23-1.el9_0.1.noarch.rp 376 kB/s | 13 kB   00:00
(6/8): bind-utils-9.16.23-1.el9_0.1.x86_04.rpm 1.0 MB/s | 200 kB   00:00
(7/8): bind-9.16.23-1.el9_0.1.x86_64.rpm   588 kB/s | 489 kB   00:00
(8/8): bind-libs-9.16.23-1.el9_0.1.x86_64.rpm   1.1 MB/s | 1.2 MB   00:01

合計   1.0 MB/s | 2.2 MB   00:02
トランザクションの確認を実行中
トランザクションの確認に成功しました。
トランザクションのテストを実行中
トランザクションのテストに成功しました。
トランザクションを実行中
　準備　　　　　　　:　　　　　　　　　　　　　　　　　　　　　　1/1
　アップグレード中 : bind-license-32:9.16.23-1.el9_0.1.noarch   1/11
　アップグレード中 : bind-libs-32:9.16.23-1.el9_0.1.x86_64   2/11
　アップグレード中 : bind-utils-32:9.16.23-1.el9_0.1.x86_64   3/11
　インストール中   : bind-dnssec-doc-32:9.16.23-1.el9_0.1.noarch   4/11
　インストール中   : python3-ply-3.11-14.el9.noarch   5/11
インストール中　 : python3-bind-32:9.16.23-1.el9_0.1.noarch   6/11
　インストール中   : bind-dnssec-utils-32:9.16.23-1.el9_0.1.x86_64 7/11
　scriptletの実行中: bind-32:9.16.23-1.el9_0.1.x86_64   8/11
　インストール中   : bind-32:9.16.23-1.el9_0.1.x86_64   8/11
　scriptletの実行中: bind-32:9.16.23-1.el9_0.1.x86_64   8/11
　整理　　　　　　　: bind-utils-32:9.16.23-1.el9.x86_64   9/11
　整理　　　　　　　: bind-libs-32:9.16.23-1.el9.x86_64   10/11
　整理　　　　　　　: bind-license-32:9.16.23-1.el9.noarch   11/11
　scriptletの実行中: bind-license-32:9.16.23-1.el9.noarch   11/11
　検証　　　　　　　: bind-32:9.16.23-1.el9_0.1.x86_64   1/11
　検証　　　　　　　: bind-dnssec-doc-32:9.16.23-1.el9_0.1.noarch   2/11
　検証　　　　　　　: bind-dnssec-utils-32:9.16.23-1.el9_0.1.x86_64 3/11
　検証　　　　　　　: python3-bind-32:9.16.23-1.el9_0.1.noarch   4/11
　検証　　　　　　　: python3-ply-3.11-14.el9.noarch   5/11

```
検証              : bind-libs-32:9.16.23-1.el9_0.1.x86_64              6/11
検証              : bind-libs-32:9.16.23-1.el9.x86_64                  7/11
検証              : bind-license-32:9.16.23-1.el9_0.1.noarch           8/11
検証              : bind-license-32:9.16.23-1.el9.noarch               9/11
検証              : bind-utils-32:9.16.23-1.el9_0.1.x86_64            10/11
検証              : bind-utils-32:9.16.23-1.el9.x86_64                11/11

アップグレード済み:
  bind-libs-32:9.16.23-1.el9_0.1.x86_64
  bind-license-32:9.16.23-1.el9_0.1.noarch
  bind-utils-32:9.16.23-1.el9_0.1.x86_64
インストール済み:
  bind-32:9.16.23-1.el9_0.1.x86_64
  bind-dnssec-doc-32:9.16.23-1.el9_0.1.noarch
  bind-dnssec-utils-32:9.16.23-1.el9_0.1.x86_64
  python3-bind-32:9.16.23-1.el9_0.1.noarch
  python3-ply-3.11-14.el9.noarch

完了しました!
```

BINDのディレクトリ構造

インストールするとBINDの動作に必要なファイルがインストールされます。主なファイルは図12-2の通りです。保存場所を確認しておきましょう。

図12-2　BINDの動作に必要なファイル

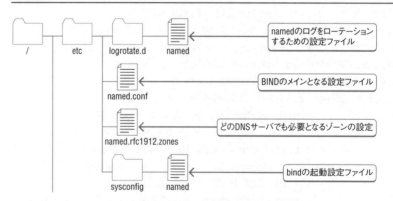

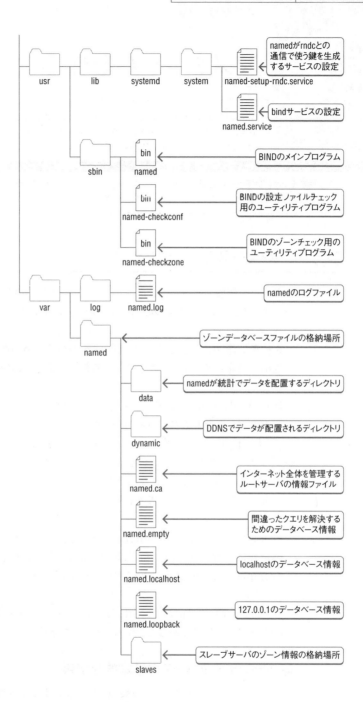

パケットフィルタリングの設定

DNSコンテンツサーバのパケットフィルタリングの設定は、DNSキャッシュサーバの場合とまったく同じです。Section 12-02を参考に設定を行ってください。

Section 12-03

マスタサーバを作る

独自のドメインを取得し、そのドメインの情報をインターネットに公開するためには、マスタサーバが必要になります。このセクションでは、公開用のマスタサーバの作り方について説明します。

このセクションのポイント

■1 ドメインを管理するためには正引き用と逆引き用のゾーンデータベースファイルを作成する必要がある。
■2 ゾーンデータベースファイルには、レコードと呼ばれる情報を記載する。

■ ゾーンデータベースファイル

サーバを作成する前に、公開するドメインの情報を用意しておきましょう。ドメインのデータとして、次の2つの情報を作成する必要があります。

正引き情報—ホスト名からIPアドレスを調べるための情報
逆引き情報—IPアドレスからホスト名を調べるための情報

IPv4とIPv6の両方のデータを公開する場合には、逆引き情報はIPv4とIPv6の両方のデータを用意する必要があります。

こうした情報を記載したファイルを**ゾーンデータベースファイル**と呼びます。ゾーンデータベースファイルは、/var/named/に作成します。

ここでは、図12-1の構成の場合のゾーンファイルの作成方法について説明します。次の3つのゾーンファイルを作成します。

example.com.zone—example.comの正引きゾーンファイル
example.com.rev—192.168.2.0/24のネットワークの逆引きゾーンファイル
example.com.ipv6.rev—2001:DB8::/64のネットワークの逆引きゾーンファイル

ゾーンファイルの名前は、自由に命名することができます。ここでは、example.comに関するデータであることがわかるような名称としています。

■ ゾーンデータベースの基本的な情報

すべてのゾーンデータベースの最初には、次のような情報を記載します。

■ ゾーンデータベース基本設定（/var/named/example.com.zone、example.com.rev、example.com.ipv6.rev）

```
$TTL 1D ——— キャッシュの有効期限
@   IN SOA  ns1.example.com. admin.ns1.example.com. ( ——— このゾーンの管理情報
```

```
        2022101301  ; serial ──── シリアル番号
        1D          ; refresh
        1H          ; retry
        1W          ; expire
        3H )        ; minimum
IN NS  ns1.example.com. ──── このゾーンのネームサーバ
IN NS  ns2.example.com.
```

　最初の「$TTL」は、このゾーンデ　タベ　スの情報がキャッシュされた場合の有
効期限です。ここでは、1D (つまり1日) を指定しています。

表12-1 BINDで使うことのできる時間単位

単位	意味
S	秒 (省略できる)
M	分
H	時
D	日
W	週

　次の行の先頭の「@」は、そのゾーンファイルで管理する情報の元で**オリジン**と呼
ばれます。オリジンは、管理情報のベースになる値で、後ほど説明するBINDの設
定ファイルで指定した値になります。例えば、exmple.comの正引き情報を管理する
ファイルでは、オリジンはexample.comとなるように設定するのが一般的です。

　「@」で始まる行では、このゾーンファイルの情報を管理するための取り決め
をしています。「ns1.example.com.」はこのゾーンを管理するサーバの名前、
「admin.ns1.example.com.」はこのゾーンの管理者のメールアドレスです。通常
のメールアドレスで使う@を「.」にして表記します。どちらの値も、実際に管理する
サーバに合わせて書き換える必要があります。

　なお、これらのホスト名やメールアドレスの最後には「.」が付いていることに注意
してください。ゾーンファイルでは、最後に「.」がないホスト名には自動的にオリジ
ンが付くものと解釈されます。例えば、オリジンが「example.com」の場合には、
「www」と書けば「www.example.com」と解釈されます。

　その後ろの ( ) で囲まれた5つの情報は、この情報の管理パラメータです。
「2022101301; serial」のように表記されていますが、「;」から後ろはコメントです。
serial以外の値は、スレーブサーバとの情報のやりとりのときに使われます。この
例の値は、AlmaLinux 9/Rocky Linux 9標準のlocaldomainなどのゾーンで
使われている値をそのまま使っています。特に理由がなければ、そのままの値で構
いません。

なお、serialは、BINDがゾーン情報のバージョンを管理するために使います。そのため、ゾーンの情報を変更した場合には、必ずシリアル番号を増やさなければなりません。シリアル番号は、32ビット以内で表記できる数値でなければなりません。この例のように、変更年月日がわかるように、年月日とその日の通番（2桁）を指定しておきましょう。

表12-2 SOAレコードの管理パラメータ

値	意味
2022101301	シリアル番号 2022 10 13 01 ↑　↑　↑　↑ 年　月　日　その日の通番
1D	リフレッシュ間隔
1H	リトライ間隔
1W	情報破棄時間
3H	情報有効時間

最後の2行は、このゾーンを管理するネームサーバの情報です。先頭が空白の場合は前の列と同じとなります。つまり、「@」が省略されているものと認識されます。

正引きゾーンデータベース

次の例は、図12-1の構成の場合の正引きゾーンデータベースです。オリジンは、ドメイン名のexample.comとして参照されます。sudoを使って、管理者モードでviを起動してファイルを作成します。

■ 正引きゾーンデータベースファイル（/var/named/example.com.zone）

```
$TTL 1D ─── キャッシュの有効期限
@ IN SOA ns1.example.com. admin.ns1.example.com. (
            2022101301 ; serial
            1D ; refresh
            1H ; retry
            1W ; expire
            3H ) ; minimum
        IN NS   ns1.example.com.
        IN NS   ns2.example.com.
mail1   IN A    192.168.2.2
        IN AAAA 2001:DB8::2 ─── 先頭が空白の場合は前の列と同じリソース名となる
mail2   IN A    192.168.2.3
```

```
        IN AAAA 2001:DB8::3
www     IN A    192.168.2.4
        IN AAAA 2001:DB8::4
ns1     IN A    192.168.2.5
        IN AAAA 2001:DB8::5
ns2     IN A    192.168.2.6
        IN AAAA 2001:DB8::6


@       IN MX   10 mail1.example.com.
        IN MX   20 mail2.example.com.
```

　ゾーンデータベースには、**リソースレコード**と呼ばれる情報が定義されます。各リソースレコードは、次のように表記されています。

■　リソースレコードの表記例（/var/named/example.com.zone）

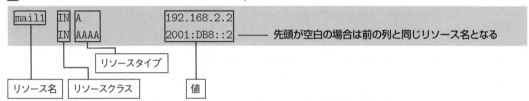

　リソース名には、「.」がありませんのでオリジンが付いて拡張されます。この例では、オリジンは「example.com」ですので、「mail1.example.com」に対する設定であることがわかります。リソース名が省略された場合には、前の行と同じリソース名と解釈されます。

　リソースクラスの「IN」は、インターネットを示しています。したがって、いつも「IN」であると考えて問題ありません。リソースタイプはこのリソースに登録する情報の種類を表し、後ろに値が記載されています。そして、この1行1行をリソースレコードと呼びます。

　リソースタイプには、表12-3のようなものがあります。

表12-3　リソースタイプ

リソースタイプ	値の意味
SOA	ゾーンデータベースサーバの情報（シリアルナンバー、リフレッシュ間隔等）を定義します。
NS	ゾーンを受け持つネームサーバ
MX	メールの処理を行うホスト
A	ホスト名に対応するIPv4アドレス
AAAA	ホスト名に対応するIPv6アドレス
CNAME	ホストの別名（エイリアス）
PTR	IPv4アドレスやIPv6アドレスに対応するホスト名

最後の2行は、このドメインのメールサーバの設定です。

■ ドメインのメールサーバの設定（/var/named/example.com.zone）

```
@       IN MX           10 mail1.example.com.
        IN MX           20 mail2.example.com.
```

この例のように、MXレコードは、値として数値とホスト名を指定します。この値は、メールサーバの優先順位です。値が小さいほど優先順位が高くなります。

IPv4用逆引きゾーンファイル

次の例は、図12-1の構成の場合のIPv4用の逆引きゾーンデータベースファイルです。オリジンは、2.168.192.in-addr.arpaのようになります。「in-addr.arpa」は、IPv4の逆引きのためのドメインです。その前の、「2.168.192」はIPアドレスを逆順で並べたものです。

■ IPv4用逆引きゾーンデータベースファイル（/var/named/example.com.rev）

```
$TTL 1D
@    IN SOA  ns1.example.com. admin.ns1.example.com. (
                2022101301  ; serial
                1D          ; refresh
                1H          ; retry
                1W          ; expire
                3H )        ; minimum
     IN NS           ns1.example.com.
     IN NS           ns2.example.com.


2    IN PTR          mail1.example.com.
3    IN PTR          mail2.example.com.
4    IN PTR          www.example.com.
5    IN PTR          ns1.example.com.
6    IN PTR          ns2.example.com.
```

このように、逆引きファイルではPTRレコードを使って、アドレスに対応するホスト名を設定します。各リソースレコードの値に注意してください。「ns1.example.com.」のように最後に「.」が付いています。この「.」がないと、オリジンが自動的に付加されます。

同様に、先頭のリソース名にも「.」がありません。したがって、ここにはオリジンが自動的に付加されて「2.2.168.192.in-addr.arpa」のように評価されます。

IPv6用逆引きゾーンファイル

次の例は、図12-1の構成の場合のIPv6用の逆引きゾーンデータベースファイルです。オリジンは、次のようになります。

0.0.0.0.0.0.0.0.0.0.0.0.0.0.0.0.0.0.0.0.0.0.0.0.8.b.d.0.1.0.0.2.ip6.arpa

「ip6.arpa」は、IPv6の逆引きのためのドメインです。その前の、31個の値の列はIPアドレス「2001:DB8::」の1バイトずつを逆順で並べたものです。

ゾーンファイルの書式は、オリジンが異なる以外はほとんどIPv4と同じです。

■ IPv6用逆引きゾーンデータベースファイル (/var/named/example.com.ipv6.rev)

```
$TTL 1D
@   IN SOA  ns1.example.com. admin.ns1.example.com. (
                2018102901  ; serial
                1D          ; refresh
                1H          ; retry
                1W          ; expire
                3H )        ; minimum
        IN NS           ns1.example.com.
        IN NS           ns2.example.com.

2       IN PTR          mail1.example.com.
3       IN PTR          mail2.example.com.
4       IN PTR          www.example.com.
5       IN PTR          ns1.example.com.
6       IN PTR          ns2.example.com.
```

ゾーンファイルの確認

named-checkzoneコマンドを使うと、ゾーンファイルが正しく書けているかを確認することができます。引数には、オリジンとゾーンファイルを指定します。

■ ゾーンファイルの設定確認

```
$ sudo named-checkzone example.com /var/named/example.com.zone [Enter]
zone example.com/IN: loaded serial 2022101301
OK
$ sudo named-checkzone 2.168.192.in-addr.arpa /var/named/example.com.rev [Enter]
zone 2.168.192.in-addr.arpa/IN: loaded serial 2022101301
OK
```

```
$ sudo named-checkzone  0.0.0.0.0.0.0.0.0.0.0.0.0.0.0.0.0.0.0.0.0.0.0.0.0.8.b.d.0.1.0.0.
2.ip6.arpa /var/named/example.com.ipv6.rev [Enter]
zone 0.0.0.0.0.0.0.0.0.0.0.0.0.0.0.0.0.0.0.0.0.0.0.0.0.8.b.d.0.1.0.0.2.ip6.arpa/IN:
loaded serial 2022101301
OK
```

各ゾーンファイルで指定したシリアルが正しいこと、「OK」が出力されることを確認します。

マスタサーバの/etc/named.conf

マスタサーバの/etc/named.confは、標準の/etc/named.confを修正して作成します。次は、図12-1の構成の場合の例です。

■ マスタサーバの設定（/etc/named.conf）

```
options {
        listen-on port 53 { 127.0.0.1;
                             192.168.2.5; }; ――― 問い合わせを受け付けるIPアドレス
        listen-on-v6 port 53 { ::1;
                               2001:db8::5; }; ――― 問い合わせを受け付けるIPv6アドレス
        directory       "/var/named";
        dump-file       "/var/named/data/cache_dump.db";
        statistics-file "/var/named/data/named_stats.txt";
        memstatistics-file "/var/named/data/named_mem_stats.txt";
        secroots-file   "/var/named/data/named.secroots";
        recursing-file  "/var/named/data/named.recursing";
        allow-query     { any; }; ――― 問い合わせを許可する相手の設定

        recursion no; ――― 再帰クエリを禁止する

        dnssec-validation yes;

        managed-keys-directory "/var/named/dynamic";
        geoip-directory "/usr/share/GeoIP";

        pid-file "/run/named/named.pid";
        session-keyfile "/run/named/session.key";

        /* https://fedoraproject.org/wiki/Changes/CryptoPolicy */
        include "/etc/crypto-policies/back-ends/bind.config";
};

logging {
```

```
        channel default_debug {
                file "data/named.run";
                severity dynamic;
        };
};

zone "." IN {
        type hint;
        file "named.ca";
};

zone "example.com" IN {
        type master;
        file "example.com.zone";
        allow-transfer { 192.168.2.6; };
};

zone "2.168.192.in-addr.arpa" IN {
        type master;
        file "example.com.rev";
        allow-transfer { 192.168.2.6; };
};

zone "0.0.0.0.0.0.0.0.0.0.0.0.0.0.0.0.0.0.0.0.0.0.0.8.b.d.0.1.0.0.2.ip6.arpa" IN {
        type master;
        file "example.com.ipv6.rev";
        allow-transfer { 192.168.2.6; };
};

include "/etc/named.rfc1912.zones";
include "/etc/named.root.key";
```

　先頭付近の問い合わせを受け付けるアドレスの設定は、実際のサーバのIPアドレスに合わせて設定します。マスタサーバは、インターネット全体にドメインの情報を公開しますので、問い合わせを許可するホストはすべてを示す「any」となります。また、マスタサーバでは、クライアントからDNSの再帰問い合わせのリクエストは受けません。そのため、「recursion」に「no」を設定します。

　下の方の太字の部分が、先ほど作成したゾーンファイルを読み込むための設定です。

■ ゾーンファイルを読み込むための設定（/etc/named.conf）

```
zone "example.com" IN {  ─── ゾーンの定義、対応するオリジンを指定する
         type master;  ─── このゾーンのマスタサーバであることを定義
         file "example.com.zone";  ─── ゾーンファイルの名前
         allow-transfer { 192.168.2.6; };  ─── スレーブサーバへのゾーン転送の許可
};
```

1つのzoneのブロックが、1つのゾーンファイルに対応しています。各行は、それぞれ次のような意味です。

- zoneに続いて""に囲まれて設定されているのは、先ほどのゾーンファイルを作成したときに考えていたオリジンです。
- 「type master」は、このゾーンのマスタサーバであることを定義しています。
- 「file」では、ゾーンファイルの名前を指定しています。
- 「allow-transfer」に続くブロックには、スレーブサーバのアドレスを記載します。設定したホストにゾーンファイルの転送を許可します。

サービスの起動

設定ができたら、/etc/named.confの形式が正しいかnamed-checkconfコマンドで確認します。

■ namedサービスの設定ファイルの確認

```
$ sudo named-checkconf Enter
```

エラーメッセージが出た場合には、修正が必要です。

/etc/named.confとゾーンの形式の確認が完了しましたらnamedサービスを起動します。

■ namedサービスの起動

```
$ sudo systemctl start named.service Enter  ─── namedサービスを起動
$ systemctl is-active named.service Enter  ─── サービスの状態確認
active
```

必要に応じて、自動起動の設定もしておきましょう。

namedの自動起動設定

```
$ sudo systemctl enable named.service [Enter]
Created symlink /etc/systemd/system/multi-user.target.wants/named.service →
/usr/lib/systemd/system/named.service.
```

動作確認

実際に問い合わせを行って、マスタサーバに設定した情報が正しく返されるかを確認します。

■ 正引きの確認

hostコマンドでmail1.example.comのIPアドレスを問い合わせてみましょう。

正引きの確認

```
$ host mail1.example.com. 192.168.2.5 [Enter]
Using domain server:
Name: 192.168.2.5
Address: 192.168.2.5#53
Aliases:

mail1.example.com has address 192.168.2.2
mail1.example.com has IPv6 address 2001:db8::2
```

最初の引数には調べたいリソース名、2番目の引数にはマスタサーバのIPアドレスを指定します。リソース名がホスト名やドメイン名の場合には、最後に「.」を忘れずに指定します。

NSレコードやMXレコードの問い合わせを行いたい場合は「-t」オプションにて指定します。

MXレコードの問い合わせを行う場合

```
$ host -t mx example.com. 192.168.2.5 [Enter]
Using domain server:
Name: 192.168.2.5
Address: 192.168.2.5#53
Aliases:

example.com mail is handled by 10 mail1.example.com.
example.com mail is handled by 20 mail2.example.com.
```

■ 逆引きの確認

hostコマンドでは逆引きも同じように調べることができます。

■ 逆引きの確認（IPv4）

```
$ host 192.168.2.3 192.168.2.5 [Enter]
Using domain server:
Name: 192.168.2.5
Address: 192.168.2.5#53
Aliases:

3.2.168.192.in-addr.arpa domain name pointer mail2.example.com.
```

この例では、192.168.2.3の逆引きを調べています。同様に、IPv6の逆引きも調査することができます。

■ 逆引きの確認（IPv6）

```
$ host 2001:db8::5 192.168.2.5 [Enter]
Using domain server:
Name: 192.168.2.5
Address: 192.168.2.5#53
Aliases:

5.0.0.0.0.0.0.0.0.0.0.0.0.0.0.0.0.0.0.0.0.0.0.0.0.0.0.0.8.b.d.0.1.0.0.2.ip6.arpa domain name
pointer ns1.example.com.
```

■ 再帰クエリの禁止

マスタサーバは、自分が管理する情報以外の問い合わせや再帰クエリには応答を返しません。最後に、その設定が正しく行えていることを確認します。

■ 再帰クエリの確認

```
$ host www.yahoo.co.jp. 192.168.2.5 [Enter]
Using domain server:
Name: 192.168.2.5
Address: 192.168.2.5#53
Aliases:

Host www.yahoo.co.jp not found: 5(REFUSED) ─── 調べられない
```

Cクラス未満の場合のゾーンの設定

　　　IPv4の逆引きの設定では、割り当てられたIPアドレスが24ビットよりも小さな
アドレスの場合には注意が必要です。例えば、192.168.3.8/29のネットワークを
割り当てられている場合、3.168.192.in-addr.arpa.というゾーンをそのまま指定
することができません。

　　　このようなCクラス未満のIPアドレスは、接続しているISPがゾーン3.168.192.
in-addr.arpaの全体を管理しています。そのため、それを分割したネットワーク
では、例えば8.3.168.192.in-addr.arpa.、8/29.3.168.192.in-addr.arpa.、
8-29.3.168.192.in-addr.arpaなどの名前でオリジンを設定する必要があります。
実際に、どのようなオリジンを設定すればよいかは、ISPの管理方針によって違い
ますので、必ずISPからの指示に従う必要があります。

　　　ゾーンファイルの記述方法は、通常のマスタサーバと同じです。次のように、
/etc/named.confのIPv4の逆引き設定のオリジンを、ISPの指示に合わせて修
正します。

■　Cクラス未満の場合のゾーン設定（/etc/named.conf）

```
zone "8.3.168.192.in-addr.arpa" IN { ——— 分割されたネットワーク用のオリジン
        type master;
        file "example.com.rev";
        allow-transfer { 192.168.2.6; };
};
```

Section 12-04

スレーブサーバを作る

スレーブサーバは、マスタサーバのバックアップとなる重要なサーバです。バックアップではありますが、マスタサーバと同様にインターネットにドメインの情報を公開します。このセクションでは、スレーブサーバの作り方を説明します。

このセクションのポイント

■ スレーブサーバの設定は/etc/named.confにてスレーブ用設定を行うだけである。

スレーブサーバの/etc/named.conf

スレーブサーバは、マスタサーバと同様にドメインのデータをインターネットに配布する役割を持っています。ただし、ゾーンの情報は自分では持っていません。マスタサーバからコピーするため、ゾーンの情報等は設定する必要がなく、/etc/named.confを設定するだけで作成することができます。

■ スレーブサーバの設定（/etc/named.conf）

```
options {
        listen-on port 53 { 127.0.0.1;
                             192.168.2.6; };  ── 問い合わせを受け付けるIPアドレス
        listen-on-v6 port 53 { ::1;
                               2001:db8::6; };  ── 問い合わせを受け付けるIPv6アドレス
        directory        "/var/named";
        dump-file        "/var/named/data/cache_dump.db";
        statistics-file "/var/named/data/named_stats.txt";
        memstatistics-file "/var/named/data/named_mem_stats.txt";
        secroots-file    "/var/named/data/named.secroots";
        recursing-file   "/var/named/data/named.recursing";
        allow-query      { any; };  ── 問い合わせを許可する相手の設定

        recursion no;  ── 再帰クエリを禁止する

        dnssec-validation yes;

        managed-keys-directory "/var/named/dynamic";
        geoip-directory "/usr/share/GeoIP";

        pid-file "/run/named/named.pid";
        session-keyfile "/run/named/session.key";
```

```
          /* https://fedoraproject.org/wiki/Changes/CryptoPolicy */
          include "/etc/crypto-policies/back-ends/bind.config";
};

logging {
          channel default_debug {
                    file "data/named.run";
                    severity dynamic;
          };
};

zone "." IN {
          type hint;
          file "named.ca";
};

zone "example.com" IN {
          type slave;
          masters {
                    192.168.2.5;
          };
          file "slaves/example.com.zone";
};

zone "2.168.192.in-addr.arpa" IN {
          type slave;
          masters {
                    192.168.2.5;
          };
          file "slaves/example.com.rev";
};

zone "0.0.0.0.0.0.0.0.0.0.0.0.0.0.0.0.0.0.0.0.0.0.0.0.8.b.d.0.1.0.0.2.ip6.arpa" IN {
          type slave;
          masters {
                    192.168.2.5;
          };
          file "slaves/example.com.ipv6.rev";
};

include "/etc/named.rfc1912.zones";
include "/etc/named.root.key";
```

後半の太字の部分がスレーブサーバ特有の設定です。それ以外の部分は、問い合わせを受け付けるIPアドレスが違うことを除いて、マスタサーバとまったく同じです。

■ スレーブサーバの設定（/etc/named.conf）

```
zone "example.com" IN { ── ゾーンの定義、対応するオリジンを指定する
        type slave; ── このゾーンのスレーブサーバであることを定義
        masters { ── マスタサーバの設定
                192.168.2.5;
        };
        file "slaves/example.com.zone"; ── ゾーンファイルの保管場所
};
```

1つのzoneのブロックが、1つのゾーンに対応しています。各行は、それぞれ次のような意味です。

- zoneに続いて""に囲まれて設定されているのは、マスタサーバから転送するゾーンファイルのオリジンです。
- 「type slave」は、このゾーンのスレーブサーバであることを定義しています。
- 「masters」には、ゾーンファイルを転送するマスタサーバを指定します。
- 「file」では、マスタサーバから転送したゾーンファイルを配置する場所を指定します。

AlmaLinux 9/Rocky Linux 9では、ファイルの配置場所は、slavesディレクトリの下でなければなりません。これは、SELinuxの制限を受けるためです。

■ サービスの起動

設定ができたら、/etc/named.confの形式が正しいかnamed-checkconfコマンドで確認します。

■ namedサービスの設定ファイルの確認

```
$ sudo named-checkconf [Enter]
```

エラーメッセージが出た場合には、修正が必要です。エラーメッセージが出なければ、namedサービスを起動することができます。
/etc/named.confとゾーンの形式の確認が完了しましたらnamedサービスを起動します。

■ namedサービスの起動

```
$ sudo systemctl start named.service [Enter] ―――― namedサービスを起動
$ systemctl is-active named.service [Enter] ―――― サービスの状態確認
active
```

必要に応じて、自動起動の設定もしておきましょう。

■ namedの自動起動設定

```
$ sudo systemctl enable named.service [Enter]
Created symlink /etc/systemd/system/multi-user.target.wants/named.service →
/usr/lib/systemd/system/named.service.
```

動作確認

namedサービスを起動すると、自動的にマスタサーバからゾーンが転送されてきます。/var/named/slaves/にゾーンファイルが正しく転送されて来ていることを確認します。

■ namedサービスの動作確認

```
$ sudo ls -l /var/named/slaves [Enter]
合計 12
-rw-r--r--. 1 named named 948 10月 13 15:34 example.com.ipv6.rev
-rw-r--r--. 1 named named 564 10月 13 15:34 example.com.rev
-rw-r--r--. 1 named named 779 10月 13 15:34 example.com.zone
```

最後に、実際に問い合わせを行って、問い合わせに対してマスタサーバと同じ動作になっていることを確認します。

コラム

IPv6でのDNSクエリ

　DNSサーバは、通常はUDPの53番ポートでDNSクエリを待ち受けています。しかし、例外もあります。例えば、マスタサーバとスレーブサーバの間で行われる通信などは、TCPで行われる場合もあります。実は、DNSのプロトコルでは、512バイト以下のデータはUDPで交換し、それ以上のデータはTCPで交換することになっているのです。

　IPv4のネットワークでは、ほとんどのDNSクエリは512バイト以下で扱うことができました。そのため、ほとんどの通信はUDPで行われていました。しかし、IPv6でDNSサーバを運用すると、IPv4とIPv6の両方のデータを扱うことになるため、扱うデータが大きくなり、512バイトを越えてしまう場合が発生します。このような場合には、TCPで通信が行われる場合もあります。そのため、AlmaLinux 9/Rocky Linux 9では、dnsサービスの公開設定をするとTCPとUDPの両方のポートが開放されるようになっています。

　DNSクエリでTCPを利用すると、オーバーヘッドがとても大きいため、最近ではEDNS0（extension mechanisms for DNS version 0）と言われるDNSの拡張通信方式が使われるようになってきました。EDNS0では、より大きなデータをUDPで扱うことができるようになっています。

　EDNS0を使うととても大きなDNSデータを扱うことができますが、セキュリティ機器の中にはこれを不正パケットとして検出してしまうものもあります。そのため、現時点では、必ずEDNS0が使えるわけではありません。AlmaLinux 9/Rocky Linux 9に採用されているBIND9でも、従来のUDPでのデータ交換、TCP、EDNS0のどの通信方式も利用できるようになっています。

Chapter

13 →

メールサーバ

組織内やインターネットで独自のドメインを使ってメールのやり取りを
するためには、メールサーバが必要です。このChapterでは、メールサー
バの作り方について解説します。

メール送受信の仕組みを理解する

メールサーバを構築する前に、まずはインターネット上でメールが交換される仕組みについて、このセクションで理解しておきましょう。

このセクションのポイント

■ メールの配送にはMTAと呼ばれるメール配信の仕組みと、POP/IMAPと呼ばれるメールを取り出す仕組みの両方が必要である。

■ メールアドレスはユーザ名とドメインから成り立っている。

■ インターネット上の他のメールサーバからメールを受け取るためには、DNSにMXレコードを設定する必要がある。

メール配信の仕組み

図13-1は、あるサイトから、user001@example.comへメールを送った場合の、インターネット上でのメール配信の仕組みをモデル化したものです。このChapterでは、この図のexample.comのメールサーバを構築するケースを例として解説を行います。

図13-1 メール配信の仕組み

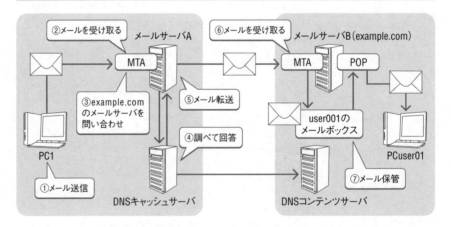

この例では、メールはPC1のメールソフトからuser001@exmaple.com宛に送信されています。メールは、次のような流れで配送されます。

①PC1は、メールを自組織のメールサーバに送信します。

②メールサーバでは、MTA[*1]が動作していて、メールを受け取ります。

*1　Mail Transfer Agent

③MTAは、DNSキャッシュサーバへexample.comのメールサーバが何かを問い合わせます。

④DNSキャッシュサーバは、example.comのDNSコンテンツサーバなどから情報を調べて、MTAへ回答します。

⑤MTAは、DNSキャッシュサーバの回答を元に、メールを mail.example.comへ転送します。

⑥メールは、mail.example.comというメールサーバ内のMTAが受け取ります。

⑦MTAは、システムのuser001というユーザのメールボックスへメールを保管します。

ここまでが、メール配送の流れです。PC1とMTA、MTAとMTAの間のメールの配送では、**SMTP**[*2]というプロトコルが使われます。

＊2 Simple Mail Transfer Protocol

届いたメールは、実際にuser001がメールを読むときに初めてPCuser01へ転送されます。このときは、次の4つのプロトコルのいずれかが使われます。

POP3

メールをサーバからPCへダウンロードします。メールは、すべてPC内に取り込まれます。取り込まれたメールは、PC内のファイルとして保管されます。

POP3 over SSL/TLS

POP3の通信がより安全にできるように暗号セッションを張って通信します。

IMAP4

メールのデータはサーバに残したまま、必要に応じてメールを閲覧します。メールサーバ上に、必要に応じてメールフォルダを作成し、メールを分類して保管するなどの操作ができます。

IMAP4 over SSL/TLS

IMAP4の通信がより安全にできるように暗号セッションを張って通信します。

どのプロトコルの場合でもメールを取り出すときには、次のような流れで処理が行われます。

①メールサーバ上のPOPサーバ（またはIMAPサーバ）へユーザ名、パスワードを使ってログインします。

②新着メールの一覧を取り出します。

③必要に応じて、メールを一通ずつ取り出します。

なお、AlimaLinux 9/Rocky Linux 9では暗号化を行わないプロトコルであるPOP3、IMAP4の使用は推奨していません。

Linuxユーザとメールアドレス

メールアドレスは、実際には図13-2のような形式をしています。

図13-2 メールアドレスの形式

user001@example.com
　　└─────┘　└───────┘
　　ユーザ名　ドメイン名またはホスト名

　この表記は、example.comというドメインを持つサーバに存在する user001
というユーザを表しています。@以降にはドメインを指定することが多いですが、
メールサーバのホスト名を指定することもできます。

メールの保管方法

　メールサーバ上では、メールはLinuxユーザごとのメールスプールに管理されま
す。メールスプールには次の2つの実現方法があります。

Mailbox形式

　古くから使われているメール保存形式で、すべてのメールを1つのファイルで管理
します。ユーザuser001のメールは、/var/spool/mail/user001というファイルに
保管されます。1つのファイルなので管理はしやすいのですが、メールの量が多くな
るとファイルの更新が頻繁に行われてサーバの処理負荷が高くなる欠点があります。

Maildir形式

　1つのメールを1つのファイルで管理するメール保存形式です。ユーザuser001の
メールは、ユーザのホームディレクトリにMaildirというディレクトリを作って管理し
ます。つまり、ユーザuser001のメールは、/home/user001/Maildir/に保管さ
れます。Mailbox形式に比べて、メールサーバの負荷が少なく、安全な保存形式
だと言われています。

メールサーバの構築を準備する

MTAやPOP/IMAPサーバを設定する前に、メールサーバとして動作するために必要な環境の準備を、このセクションで行っておきましょう。

このセクションのポイント

■1 メールを受け取るサーバの設定は、DNSマスタサーバに行う。
■2 事前に、メールサーバに必要な情報を決めておく。
■3 メールを受信するユーザに合わせて、Linuxアカウントを設定する。
■4 利用するプロトコルに合わせてパケットフィルタリングを設定する。

メールサーバに必要な情報の準備

メールサーバを実際に作成する前に、次のような情報をあらかじめ調べて、決めておきましょう。

メールサーバの名前とIPアドレス

DNSに登録するメールサーバの名前と、IPアドレスを決めます。サーバ名は、メールアドレスとは無関係な名前でも構いません。

メールサーバを利用するPCのネットワークアドレス

メールサーバを誰でも利用できるようにしておくと、SPAMメールなどの不正なメールを中継するサーバとして使われてしまいます。そのため、メールを送信することができるPCを、ネットワークアドレスを使って限定します。

メールサーバで扱うドメイン名

メールサーバで、どのドメイン名のメールを受け取るかを決めておきます。

メールの保存形式

Mailbox形式、Maildir形式のどちらの形式でメールを保存するのかを決めます。

PCへメールを読み込むために利用するプロトコル

POP3、IMAP4、POP3 over SSL/TLS、IMAP4 over SSL/TLSのどれを使うのかを決めます。もちろん、ユーザや状況に応じて、複数のプロトコルを使うこともできます。

サーバ証明書、秘密鍵

POP3 over SSL/TLSやIMAP4 over SSL/TLSを使う場合には、サーバ証明書と証明書を発行する時に使用した鍵ファイルが必要です。Chapter 19を参考に用意しておきます。

ここでは、表13-1のような場合を例として説明していきます。

表13-1 メールサーバ構築例

項目	設定内容
メールを受け付けるIPアドレス	192.168.2.2, 2001:DB8::2
メールサーバの名前	mail1.example.com
利用するPCのネットワーク	192.168.2.0/24, 2001:DB8::/64
ドメイン名	example.com
保存形式	Maildir形式
メール読み込みのプロトコル	POP3 over SSL/TLS、IMAP4 over SSL/TLS
メールを使うユーザ	user001

DNSの設定

図13-1の例では、最初にメールを受け取った「メールサーバA」は、example.comというドメインのメールを管理しているサーバの名前をDNSで調べました。このように、インターネット上でサーバを公開するためには、メールサーバだけでなくDNSマスタサーバの設定も必要になります。

*1 Mail Exchanger

DNSマスタサーバでは、そのドメインのメールサーバを示す**MX**[1]というレコードを設定します。

■ example.comのゾーンファイル

```
@          IN      MX      10        mail1.example.com.
                           20        mail2.example.com.
mail1      IN      A                 192.168.2.2
           IN      AAAA              2001:DB8::2
mail2      IN      A                 192.168.2.3
           IN      AAAA              2001:DB8::3
```

この例のように、MXレコードでは、「MX」というリソースタイプの後ろに数字を記載します。これは、メールサーバとしての優先順位です。数値の小さいサーバほど、優先順位が高くなります。また、MXレコードに設定した「mail1.example.com.」に対しては、Aレコードも設定しておく必要があります。

メールユーザの作成

まず、メールを受信するユーザを設定しておきましょう。Section 06-02で解説したように、ユーザはCockpitやコマンドラインから作成できます。もちろん、ユーザは後から追加することも可能です。

次は、user001というユーザをコマンドラインで作成する場合の例です。sudoを使って、管理者モードで実行する必要があります。

■ メールユーザの作成

```
$ sudo useradd user001 [Enter]
```

ユーザが、システムにSSHなどでログインする必要がなければ、次のようにログインシェルに /sbin/nologinを指定すると、SSHなどでログインすることができなくなり、メール専用のユーザになります。

■ メール専用ユーザの作成

```
$ sudo useradd /sbin/nologin user001 [Enter]
```

POP3やIMAP4は通信時にユーザ認証を行いますので、passwdコマンドを使用してユーザのパスワードを設定しておきます。

■ パスワードの設定

```
$ sudo passwd user001 [Enter]
ユーザー user001のパスワードを変更。
新しいパスワード:******** [Enter] ── パスワードを入力
新しいパスワードを再入力してください:******** [Enter] ── パスワードを再入力
passwd: 全ての認証トークンが正しく更新できました。
```

パケットフィルタリングの設定

MTAでは、smtpサービスを使用します。また、POP3 over SSL/TLSとIMAP4 over SSL/TLSではそれぞれpop3s、imapsのサービスを使用します。メールサービスを公開するためには、これらのポートが利用できるようにパケットフィルタリングの設定を行う必要があります。

■ Cockpitでの設定

パケットフィルタリングの設定は、Cockpitで行うことができます。Cockpit

から設定する場合には、[ネットワーキング] 画面のファイアウォールの欄にある
[ルールとゾーン] をクリックし、[public ゾーンにサービスを追加] 画面で実際に
使うプロトコルに合わせて、[smtp]、[pop3s]、[imaps] などにチェックを入れます。
POP3,IMAP4を利用する場合には、[pop3]、[imap4] にもチェックをいれます。

■ コマンドラインでの設定

smtp、pop3s、imap4のサービスを公開するには、次のような設定を行います。

■ メールサービスの公開

```
$ sudo firewall-cmd --add-service=smtp Enter ——— smtpサービスの許可
success
$ sudo firewall-cmd --add-service=pop3s Enter ——— pop3sサービスの許可
success
$ sudo firewall-cmd --add-service=imaps Enter ——— imapsサービスの許可
success
```

POP3、IMAP4を使う場合には、次のような設定を行います。

■ POP3、IMAP4の許可

```
$ sudo firewall-cmd --add-service=pop3 Enter
success
$ sudo firewall-cmd --add-service=imap Enter
success
```

設定が終了したら、設定を保存します。

■ パケットフィルタリング設定の保存

```
$ sudo firewall-cmd --runtime-to-permanent Enter
success
```

■ メールクライアントのインストール

メールサーバの動作確認をするため、テスト用クライアントにメールクライアント
ソフトウェアをインストールしておきましょう。

Windows 11では、メールクライアントソフトウェアが標準でインストールされて
いません。そのため、メールクライアントソフトウェアを入手して、インストールする
必要があります。ここでは、**Mozilla Thunderbird**のインストール方法について説明
します。

　Mozillaは、オープンソースのWebブラウザとして知られているFirefoxの提供元でもあります。Mozillaは、Firefoxと同じGeckoエンジンを使って、メールクライアントソフトウェアも提供しています。それが、Mozilla Thunderbirdです。正式名称は、Mozilla Thunderbirdですが、省略してThunderbirdと呼ばれます。Thunderbirdは、次のURLから入手することができます。

https://www.thunderbird.net/ja/

　このURLにアクセスすると、図13-3のような画面が表示されます。

図13-3　Mozilla Thunderbirdのサイト

　[無料ダウンロード]をクリックすると、Thunderbird Setup 102.3.3.exeがダウンロードされます。[ファイルを開く]をクリックします。すると、図13-4のようなユーザアカウント制御画面が表示されますので、[はい]をクリックします。

図13-4　ユーザアカウント制御画面

図13-5のような画面が表示されますので、[**次へ**] をクリックして、インストールウィザードを開始します。

図13-5 Mozilla Thunderbirdのセットアップ画面

[**次へ**] をクリックして、インストールを開始する

次に図13-6のようなセットアップの種類の選択画面が表示されます。[**標準インストール**] を選択して、[**次へ**] をクリックします。

図13-6 Mozilla Thunderbirdのセットアップ オプション画面

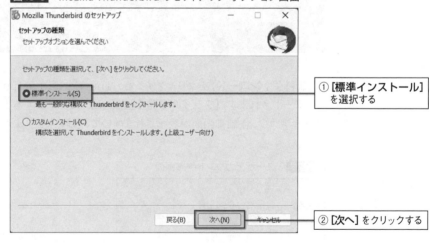

① [**標準インストール**] を選択する

② [**次へ**] をクリックする

図13-7のようなセットアップ設定の確認画面が表示されます。

図13-7　Mozilla Thunderbirdのセットアップ確認画面

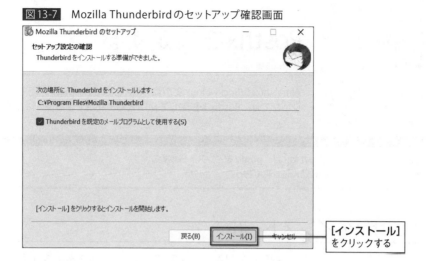

[インストール]
をクリックする

[**インストール**] を選択します。すると、インストールが始まります。

図13-8　Mozilla Thunderbirdのセットアップ完了画面

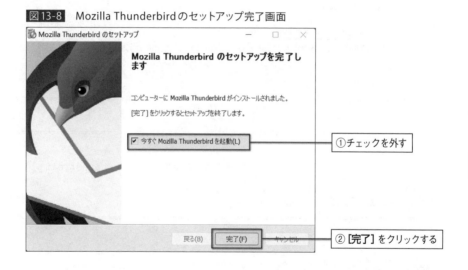

①チェックを外す

②[完了]をクリックする

　インストールが終わると、図13-8のような画面が表示されます。Thunderbird
の起動は、メールサーバの設定が完了してから行うため、[**今すぐMozilla
Thunderbirdを起動**] のチェックは外しておきます。[**完了**] をクリックすると、インス
トール完了です。

Section 13-03

Postfixを設定する

AlmaLinux 9/Rocky Linux 9では、MTAとしてPostfixが利用できます。このセクションでは、Postfixを設定してMTAとして利用できるようにします。

このセクションのポイント

■メールサーバの機能を使うためには、postfixをインストールする。
■基本的な設定は/etc/postfix/main.cfにて行う。

Postfixのインストール

MTAを構築するには、postfixをインストールする必要があります。次のように
yumでインストールを行います。

■ postfixのインストール

```
$ sudo yum install postfix Enter
メタデータの期限切れの最終確認: 2:40:51 時間前の 2022年09月21日 14時41分33秒 に
実施しました。
依存関係が解決しました。
================================================================================
 パッケージ       Arch            バージョン            リポジトリー        サイズ
================================================================================
インストール:
 postfix         x86_64          2:3.5.9-18.el9        appstream           1.4 M

トランザクションの概要
================================================================================
インストール   1 パッケージ

ダウンロードサイズの合計: 1.4 M
インストール後のサイズ: 4.4 M
これでよろしいですか? [y/N]: y Enter ── 確認してyを入力
パッケージのダウンロード:
postfix-3.5.9-18.el9.x86_64.rpm                   1.6 MB/s | 1.4 MB     00:00
--------------------------------------------------------------------------------
合計                                              785 kB/s | 1.4 MB     00:01
トランザクションの確認を実行中
トランザクションの確認に成功しました。
トランザクションのテストを実行中
トランザクションのテストに成功しました。
```

```
トランザクションを実行中
  準備                    :                                        1/1
  scriptletの実行中: postfix-2:3.5.9-18.el9.x86_64                 1/1
  インストール中     : postfix-2:3.5.9-18.el9.x86_64               1/1
  scriptletの実行中: postfix-2:3.5.9-18.el9.x86_64                 1/1
  検証                   : postfix-2:3.5.9-18.el9.x86_64           1/1

インストール済み:
  postfix-2:3.5.9-18.el9.x86_64

完了しました!
```

Postfixのディレクトリ構造

Postfixの主なファイルは図13-9のとおりです。保存場所を確認しておきましょう。

図13-9　Postfixの主なファイルと保存場所

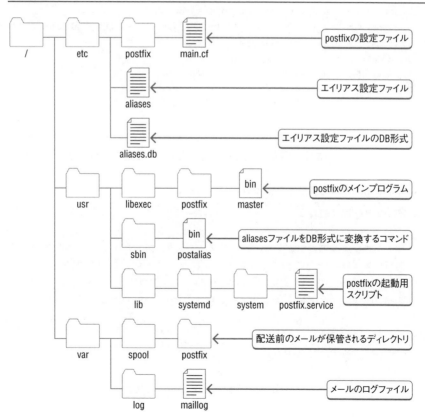

メール配送のための設定

Postfixの基本的な設定は/etc/postfix/main.cfにて行います。ほとんどの項目は設定済みですので、特に変更は必要ありません。ここでは、表13-1で決めた内容に従って設定を行います。sudoを使って、管理者モードでviを起動して設定を行います。

■ /etc/postfix/main.cf

```
compatibility_level = 2
queue_directory = /var/spool/postfix
command_directory = /usr/sbin
daemon_directory = /usr/libexec/postfix
data_directory = /var/lib/postfix
mail_owner = postfix
myhostname = mail1.example.com ─── メールサーバの名前
mydomain = example.com ─── ドメイン名
inet_interfaces = 192.168.2.2, 2001:db8::2 ─── メールを受け付けるIPアドレス
inet_protocols = all
mydestination = $myhostname, localhost.$mydomain, localhost, $mydomain ─── 受信アドレスの指定
unknown_local_recipient_reject_code = 550
mynetworks = 192.168.0.0/24, [2001:db8::]/64 ─── 利用するPCのネットワーク
alias_maps = hash:/etc/aliases
alias_database = hash:/etc/aliases
home_mailbox = Maildir/ ─── メールの保存形式
.........
```

それぞれの設定項目は、あらかじめmain.cfの中にコメントとして用意されています。例えば、home_mailboxの設定の場合には、次のようになっています。

■ home_mailboxの設定内容 (/etc/postfix/main.cf)

```
# DELIVERY TO MAILBOX
#
# The home_mailbox parameter specifies the optional pathname of a
# mailbox file relative to a user's home directory. The default
# mailbox file is /var/spool/mail/user or /var/mail/user.  Specify
# "Maildir/" for qmail-style delivery (the / is required).
#
#home_mailbox = Mailbox
#home_mailbox = Maildir/
```

この設定箇所を見つけて、項目を変更していくと便利です。

TLS/SSL証明書の設定

近年、メールサーバでは、TLS/SSL証明書を使った暗号通信をサポートすることが推奨されています。そのため、Postfixにも証明書の設定が必要です。インターネット上でメールを送受信するメールサーバでは、公式な証明書を使う必要があります。Chapter 19を参考にCSRを作成し、証明書発行機関から証明書を取得してください。テスト的にメールサーバを作成するだけであれば、自己署名証明書でも構いません。その場合には、Chapter 19を参考に自己署名証明書を用意します。いずれの場合にも、CNがmyhostnameに設定したサーバ名になるように注意する必要があります。

証明書の用意ができたら、main.cfに次のような設定を追加します。

■ TLS/SSLの設定（/etc/postfix/main.cf）

```
smtpd_tls_cert_file = /etc/pki/tls/certs/mail1.example.com.crt ―― 証明書ファイル
smtpd_tls_key_file = /etc/pki/tls/certs/mail1.example.com.key ―― 鍵ファイル
smtpd_tls_security_level = may ―― SSL/TLS通信のセキュリティレベルの設定
```

smtpd_tls_security_levelには、他に「encrypt」を設定することができます。この設定をすると、TLS/SSL通信が必須となります。インターネット上のメールサーバの中には、TLS/SSL対応していないサーバもありますので、通常はこの例のように「may」を設定しておきます。

サービスの起動と動作確認

main.cfを変更したら設定を確認します。

■ postfixの設定チェック

```
$ sudo postfix check Enter
```

設定に問題があるとエラーメッセージが表示されます。
設定に問題がなければ、postfixを起動します。

■ postfixサービスの起動

```
$ sudo systemctl start postfix.service Enter ―― postfixサービスの起動
$ systemctl is-active postfix.service Enter ―― 起動を確認
active
```

システムの起動時に、自動でpostfixサービスを開始する設定も行っておきましょう。

```
$ sudo systemctl enable postfix.service Enter
Created symlink /etc/systemd/system/multi-user.target.wants/postfix.service →
/usr/lib/systemd/system/postfix.service.
```

■ メール送信

まずは、sendmailコマンドを使用して配信テストを行ってみましょう。

■ メール送信のテスト

sendmailコマンドの引数にメールアドレスを指定して実行すると対話型の処理が始まります。件名・本文の入力後、Ctrl + D を入力するとメール配信が行われます。件名と本文の間には、空白行が必要です。

メールの確認

メールを送ったら、そのメールがきちんと届いているかを確認します。はじめてユーザにメールが届いたときには、PostfixはユーザのホームディレクトリにMaildirというディレクトリを作成します。まずは、そのディレクトリを確認します。

■ Maildirの確認

```
$ sudo ls -F /home/user001/Maildir Enter
cur/  new/  tmp/
```

受信した直後のメールは、newディレクトリの配下に保存されます。ディレクトリの一覧を取得してファイルができていることを確認します。

■ 作成されたファイルの確認

```
$ sudo ls -F /home/user001/Maildir/new Enter
1665712916.Vfd00I11d031M802612.almalinux9
```

Maildirディレクトリとメールのファイルが作成されていれば、メールは正しく配送されています。念のため、メールの中身も確認しておきましょう。catコマンドで、ファイルの内容をそのまま見ることができます。

■ メールの内容の確認

```
$ sudo cat /home/user001/Maildir/new/1665712916.Vfd00I11d031M802612.almalinux9 Enter
Return-Path: <admin@mail1.example.com>
X-Original-To: user001@example.com
Delivered-To: user001@example.com
Received: by mail1.example.com (Postfix, from userid 1000)
        id BA79B11D030; Fri, 14 Oct 2022 11:01:56 +0900 (JST)
Subject: test mail
Message-Id: <20221014020156.BA79B11D030@mail1.example.com>
Date: Fri, 14 Oct 2022 11:01:44 +0900 (JST)
From: admin <admin@mail1.example.com>

This is test mail.
```

Section 13-04

POP/IMAP サーバを設定する

Postfixはメール配信するSMTPサーバとしての機能しか持たないため、Postfixを
インストールしただけでは、メールの読み出しを行うことができません。この
セクションではPOP/IMAPサーバであるDovecotのインストールと設定を行い、
メールサーバとしての動作確認を行います。

このセクションのポイント

■1 Dovecotには利用するプロトコルの種類とメール保管方法を設定する。
■2 Dovecotの設定までが完了したら、クライアントから動作確認を行う。

dovecotのインストール

POP/IMAPサーバを利用するためには、dovecotパッケージのインストールを
行います。
次のようにyumコマンドを使ってインストールを行います。

■ dovecotのインストール

```
$ sudo yum install dovecot Enter
メタデータの期限切れの最終確認: 1:56:09 時間前の 2022年10月14日 10時07分45秒 に実施しました。
依存関係が解決しました。
================================================================================
 パッケージ        Arch      バージョン                             Repo        サイズ
================================================================================
インストール:
 dovecot           x86_64    1:2.3.16-3.el9                         appstream   4.7 M
依存関係のインストール:
 clucene-core      x86_64    2.3.3.4-42.20130812.e8e3d20git.el9     appstream   585 k
 libexttextcat     x86_64    3.4.5-11.el9                           appstream   209 k

トランザクションの概要
================================================================================
インストール   3 パッケージ

ダウンロードサイズの合計: 5.5 M
インストール後のサイズ: 20 M
これでよろしいですか? [y/N]: y Enter ─── 確認してyを入力
パッケージのダウンロード:
(1/3): clucene-core-2.3.3.4-42.20130812.e8e3d20 2.2 MB/s | 585 kB      00:00
(2/3): libexttextcat-3.4.5-11.el9.x86_64.rpm     677 kB/s | 209 kB      00:00
```

```
(3/3): dovecot-2.3.16-3.el9.x86_64.rpm              5.6 MB/s | 4.7 MB     00:00
------------------------------------------------------------------------------
合計                                                 3.2 MB/s | 5.5 MB     00:01
トランザクションの確認を実行中
トランザクションの確認に成功しました。
トランザクションのテストを実行中
トランザクションのテストに成功しました。
トランザクションを実行中
  準備           :                                                         1/1
  インストール中  : liboxttextcat 3.4.5-11.el9.x86_64                        1/3
  インストール中  : clucene-core-2.3.3.4-42.20130812.e8e3d20git.el9.x86_     2/3
  scriptletの実行中 : dovecot-1:2.3.16-3.el9.x86_64                          3/3
useradd warning  : dovecot's uid 97 outside of the SYS_UID_MIN 201 and SYS_UID_MAX
999 range.

  インストール中  : dovecot-1:2.3.16-3.el9.x86_64                           3/3
  scriptletの実行中 : dovecot-1:2.3.16-3.el9.x86_64                          3/3
  検証           : clucene-core-2.3.3.4-42.20130812.e8e3d20git.el9.x86_     1/3
  検証           : dovecot-1:2.3.16-3.el9.x86_64                           2/3
  検証           : libexttextcat-3.4.5-11.el9.x86_64                       3/3

インストール済み:
  clucene-core-2.3.3.4-42.20130812.e8e3d20git.el9.x86_64
  dovecot-1:2.3.16-3.el9.x86_64
  libexttextcat-3.4.5-11.el9.x86_64

完了しました!
```

Dovecotのディレクトリ構造

Dovecotの主なファイルは次のとおりです。保存場所を確認しておきましょう。

図13-10　Dovecotの主なファイルと保存場所

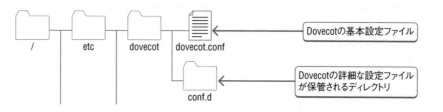

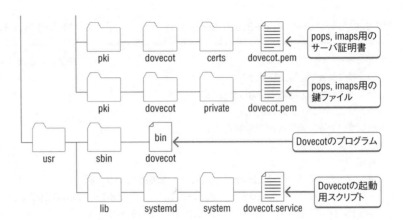

サービスの起動と動作確認

　　　Dovecotはインストールした時点で、ほとんどの設定が行われています。ただし、POP3、IMAP4のいずれを使うのかと、メールの保存形式を設定する必要があります。

　　　設定ファイルは、/etc/dovecot/dovecot.confです。sudoを使って、管理者モードでviを起動して編集します。次の例のように、「protocols」の設定を行います。

■ protocolsの設定（/etc/dovecot/dovecot.conf）

```
#protocols = imap pop3 lmtp submission
protocols = imap pop3
```

　　　メールの保存形式の設定は、/etc/dovecot/conf.d/10-mail.confで行います。「mail_location」にMaildirを指定します。直前のコメントに設定例が記載されていますので、それを参考に設定しましょう。

■ メールの保存形式の設定（/etc/dovecot/conf.d/10-mail.conf）

```
#    mail_location = maildir:~/Maildir
#    mail_location = mbox:~/mail:INBOX=/var/mail/%u
#    mail_location = mbox:/var/mail/%d/%1n/%n:INDEX=/var/indexes/%d/%1n/%n
#
# <doc/wiki/MailLocation.txt>
#
#mail_location =
mail_location = maildir:~/Maildir
```

次にサーバのTLS/SSL証明書の設定を行います。TLS/SSL証明書の設定は、/etc/dovecot/conf.d/10-ssl.confで行います。なお、dovecotでは、パッケージをインストールをするとダミーの証明書と鍵ファイルが登録されています。しかし、そのまま使うことはできません。ただし、dovecot専用の証明書を作る必要もありません。SMTPサーバで使用した証明書と鍵ファイルと同じものを利用するのが良いでしょう。次の例のように、「ssl_cert」、「ssl_key」の項目に、それらのファイルを設定します。

■ サーバ証明書の設定（/etc/dovecot/conf.d/10-ssl.conf）

```
##
## SSL settings
##


# PEM encoded X.509 SSL/TLS certificate and private key. They're opened before
# dropping root privileges, so keep the key file unreadable by anyone but
# root. Included doc/mkcert.sh can be used to easily generate self-signed
# certificate, just make sure to update the domains in dovecot-openssl.cnf
ssl_cert = </etc/pki/tls/certs/mail1.example.com.crt ─── サーバ証明書のファイル名に変更
ssl_key = </etc/pki/tls/certs/mail1.example.com.key ─── 鍵ファイルの名前に変更
```

> メモ
> 「ssl_cert」や「ssl_key」の設定では、「=」の後に「<」が必要です。

なお、メール通信の暗号化を行わない場合には、証明書の設定をする代わりに、暗号通信を無効にしておきます。

■ ユーザと平文パスワードによる認証解除（/etc/dovecot/conf.d/10-ssl.conf）

```
##
## SSL settings
##


# SSL/TLS support: yes, no, required. <doc/wiki/SSL.txt>
# disable plain pop3 and imap, allowed are only pop3+TLS, pop3s, imap+TLS and im
aps
# plain imap and pop3 are still allowed for local connections
ssl = no ─── noへ変更
```

設定したらdovecotサービスの起動を行います。

■ dovecotサービスの起動

```
$ sudo systemctl start dovecot.service [Enter] ── dovecotサービスを起動
$ systemctl is-active dovecot.service [Enter] ── 状態を確認
active
```

また、システムの起動時に自動でdovecotサービスを開始する設定が必要な場合には、そちらの設定もしておきましょう。

■ 自動起動の設定

```
$ sudo systemctl enable dovecot.service [Enter]
Created symlink /etc/systemd/system/multi-user.target.wants/dovecot.service →
/usr/lib/systemd/system/dovecot.service.
```

メール送受信の確認

設定ができたら、PCから実際にメールを送受信できることを確認します。

■ Thunderbirdの起動とアカウントの設定

スタートメニューから、Thunderbirdを選択して起動します。最初の起動時には、図13-11のように**アカウントのセットアップ**画面が自動的に表示されます。

図13-11　Mozilla Thunderbirdの起動画面

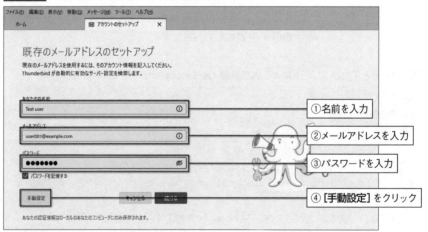

この画面が表示されていない場合には、[**別アカウントをセットアップ**] の項目の [**メール**] をクリックすると、同じ画面が表示されます。Section 13-2で用意したユーザの名前、メールアドレス、パスワードを入力して、[**手動設定**] をクリックしま

す。すると、図13-12のようなメールアカウントのセットアップ画面が表示されます。さきほど設定したメールサーバの状況に合わせて、サーバの情報を更新します。表13-2は、設定の例です。

図13-12 Mozilla Thunderbirdのメールアカウントのセットアップ画面

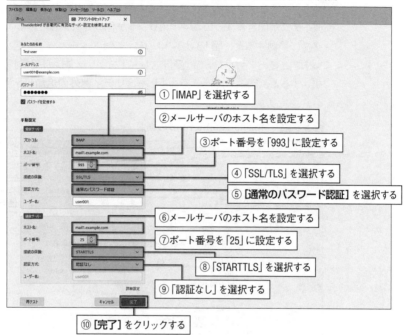

① 「IMAP」を選択する
② メールサーバのホスト名を設定する
③ ポート番号を「993」に設定する
④ 「SSL/TLS」を選択する
⑤ [通常のパスワード認証] を選択する
⑥ メールサーバのホスト名を設定する
⑦ ポート番号を「25」に設定する
⑧ 「STARTTLS」を選択する
⑨ 「認証なし」を選択する
⑩ [完了] をクリックする

表13-2 Thunderbirdの設定例

	サーバのホスト名	ポート番号	SSL	認証方式
受信サーバー	IMAP	993	SSL/TLS	通常のパスワード認証
送信サーバー	SMTP	25	STARTTLS	認証なし

　サーバの設定を入力したら、[**再テスト**] ボタンをクリックします。正しく設定が行えていれば、画面の中央に [**次のアカウント設定が指定されたサーバーを調べることにより見つかりました。**] と表示されます。もし、[**Thunderbirdは、あなたのアカウント設定を見つけられませんでした**] のように表示される場合には、入力内容を再確認します。また、これまでのサーバの設定に問題があるかもしれません。パケットフィルタリングの設定、Postfixの設定、Dovecotの設定等を見直してください。

　うまく設定ができたら、もう一度入力項目が正しいことを確認します。まれに、テストによって設定が変わっている場合がありますが、その場合にはもとに戻しま

す。最後に、[**完了**] ボタンをクリックします。すると、改めてユーザ名とパスワードの確認が行われ、問題がなければアカウント設定が完了します。

なお、自己署名証明書を利用している場合には、再テストを行っても、テストは成功しません。[**詳細設定**] をクリックすると「このダイアログを閉じると、設定内容が正しくなくても現在の設定でアカウントが作成されます。本当に続けますか?」というダイアログが表示されます。この画面で[**OK**]をクリックすると、「アカウント作成」タブが開きます。これでアカウントが作成されました。「ローカルフォルダー」のタブに移動すると、図13-13のように、フォルダーペインにアカウントが作成されています。このアカウントの [**受信トレイ**] をクリックし、[**受信**] ボタンをクリックします。すると、図13-13のような [**セキュリティ例外の追加**] 画面が表示されます。

図13-13 Mozilla Thunderbirdの画面

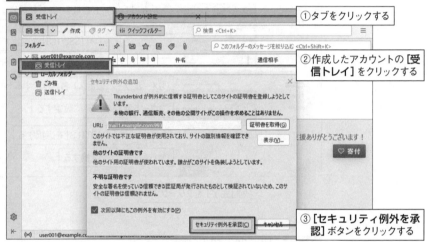

これは、証明書の発行機関が確認できないためです。[**セキュリティ例外を承認**] ボタンをクリックすると、アカウント設定が完了します。

アカウントの作成が終了すると、メールの画面が表示されます。先ほど、Postfixのテスト用に送信したメールが届いているはずです。

図13-14　Mozilla Thunderbirdのメール画面

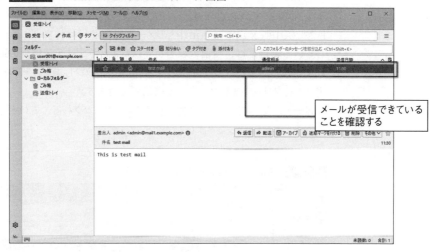

■ メールの送受信確認

アカウント設定ができたら、PCから実際にメールを送って、受信できることを確認します。[作成] ボタンをクリックすると、図13-15のようにメール作成ウィンドウが開きます。

図13-15　Mozilla Thunderbirdのメール作成画面

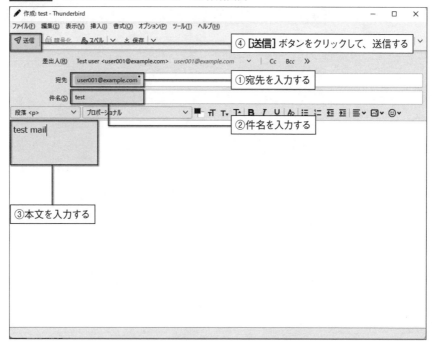

宛先に作成したアドレス「user001@example.com」を指定します。件名や本文は任意で入力します。入力が終わったら[**送信**]ボタンをクリックすると、「user001@example.com」へのメール送信が行われます。自己署名証明書を利用している場合には、受信の場合と同様に[**セキュリティ例外の追加**]画面が表示されますので、[**セキュリティ例外を承認**]をクリックします。その後、もう一度[**送信**]ボタンをクリックすると、メール送信ができます。

メールが送信できたら、[**受信**]ボタンをクリックして、先ほど送ったメールを受信できることを確認してみましょう。

図13-16 Mozilla Thunderbirdのメール画面

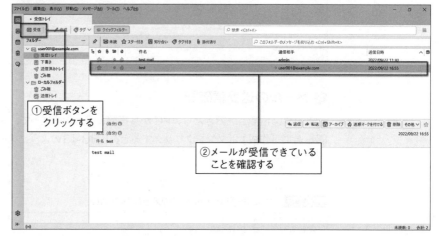

Section 13-05

便利なメールの使い方を知る

Postfixには、これまで解説した基本的な機能だけでなく、いろいろな便利な機能が用意されています。このセクションでは、そのうちのいくつかを紹介します。

このセクションのポイント

■ /etc/aliasesを使用してメールの転送設定を行うことができる。
■ モバイルユーザには、SASLを使ってユーザ認証を行う。

■ メールの転送

Postfixには、**エイリアス**という機能があります。エイリアス機能を使うと、特定のアドレスに届いたメールを別ユーザのアドレスへ転送することができます。メールの転送設定は、標準で有効になっています。設定は、/etc/aliasesで行います。sudoコマンドを使って、管理者権限でviを実行して編集する必要があります。

■ メールの転送設定 (/etc/aliases)

```
:
# Basic system aliases -- these MUST be present.
mailer-daemon:  postmaster
postmaster:     root

# General redirections for pseudo accounts.
bin:            root
daemon:         root
adm:            root
lp:             root
sync:           root
.........
```

「mailer-daemon」や「postmaster」など左側に書かれているものが転送前のアドレスで、右側に書かれている「root」が転送先のメールアドレスになります。このようにサーバのローカルユーザへの転送の場合は@以降を省略できます。

例えば、root宛のメールをuser001ユーザへ転送するようにするには、次のように設定を行います。

■ root宛のメールをuser001ユーザへ転送する場合の設定例（/etc/aliases）

```
root:      user001
```

外部へメールを転送したい場合には、次のようにメールアドレスを記載します。

■ 外部へメールを転送する場合の設定例（/etc/aliases）

```
root:      admin@designet.jp
```

設定をしたら、次のように **postalias** コマンドを実行して設定を反映します。

■ エイリアス設定の反映

```
$ sudo postalias /etc/aliases [Enter]
```

メーリングリスト

エイリアス機能を利用して、メーリングリストを作成することができます。メーリングリストを作成すると、1つのメールアドレスにメールを送るだけで複数のメンバーに同一のメールを届けることができます。

図13-17　エイリアス機能を利用したメーリングリスト

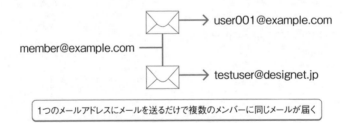

member@example.com → user001@example.com

→ testuser@designet.jp

1つのメールアドレスにメールを送るだけで複数のメンバーに同じメールが届く

例えば、member@example.comに送ったメールがuser001@example.com、testuser@designet.jpに送られるようにするためには、次の例のように設定します。

■ メーリングリストの設定例（/etc/aliases）

```
member:    user001, testuser@designet.jp
```

転送先は、「,」で区切っていくつでも指定することができます。設定をしたら、

次のようにpostaliasコマンドを実行して設定を反映します。

■ エイリアス設定の反映

```
$ sudo postalias/etc/aliases Enter
```

モバイルユーザのための設定

Postfixの設定では、/etc/postfix/main.cfにメールを送信できるクライアントのIPアドレスを設定しました。LAN上のPCからのメール送信ではこの設定で十分ですが、この設定ではインターネットの別の場所からこのメールサーバを使ってメールを送信することはできません。例えば、スマートフォンで自分のメールを見て、返信をしたいような場合には、この設定ではとても不便です。

図13-18 スマートフォンからメールを送信する場合

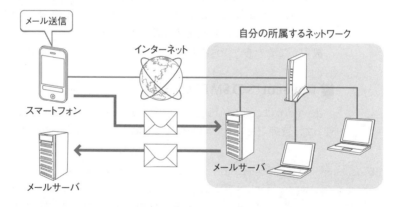

そこで、メールの送信時にユーザ名やパスワードでユーザ認証を行うようにするのが、SMTP認証です。

■ PostfixへのSMTP認証設定

*1 Simple Authentication and Security Layer

AlmaLinux 9/Rocky Linux 9には、SMTP認証を行うための**SASL** *1と呼ばれる仕組みが用意されています。SASLを利用するには、Postfixとdovecotに、SASLの設定を追加する必要があります。

Postfixへの設定は、/etc/postfix/main.cfに次のような設定を追加します。

■ SMTP認証設定（/etc/postfix/main.cf）

```
smtpd_sasl_auth_enable = yes ――― SASLを有効にする
smtpd_sasl_type = dovecot ――― dovecotと連携した形でSASLを使う
smtpd_sasl_path = private/auth ――― dovecotとの連携用のソケットを設定する

broken_sasl_auth_clients = yes ――― 古いバージョンの認証でも使えるようにする
smtpd_recipient_restrictions = permit_mynetworks, ――― LANからのメールはOK
                               permit_sasl_authenticated, ――― SASL認証してたらOK
                               reject_unauth_destination ――― 知らない宛先はNG
```

　「smtpd_recipient_restrictions」は、宛先によってはメールの受信を制限するための設定項目です。「permit_mynetworks」は、「mynetworks」に設定したLANからのメール送信は、どんな宛先のものでも受けとるという設定です。「permit_sasl_authenticated」は、同様にSASLで認証したクライアントからのメールは、どんな宛先のものでも受け取るという設定です。また、「reject_unauth_destination」は、自ドメイン宛のメールしか受け取らないという設定です。この3つを正しく設定していないと、SPAMの中継などに悪用されてしまう可能性があるため、正確に設定する必要があります。
　設定ができたら、postfixの設定の再読み込みを行います。

■ DovecotへのSMTP認証設定

　dovecotは、/etc/dovecot/conf.d/10-master.confで設定します。sudoを使って、管理者モードでviを起動して編集する必要があります。

```
# userdb lookups will succeed only if the userdb returns an "uid" field that
# matches the caller process's UID. Also if caller's uid or gid matches the
# socket's uid or gid the lookup succeeds. Anything else causes a failure.
#
# To give the caller full permissions to lookup all users, set the mode to
# something else than 0666 and Dovecot lets the kernel enforce the
# permissions (e.g. 0777 allows everyone full permissions).
unix_listener auth-userdb {
  #mode = 0666
  #user =
  #group =
}

# Postfix smtp-auth
unix_listener /var/spool/postfix/private/auth { ――― コメントを外す
  mode = 0666 ――― コメントを外す
```

```
  user = postfix ——— 設定を追加
  group = postfix ——— 設定を追加
} ——— コメントを外す

# Auth process is run as this user.
#user = $default_internal_user
}
```

例のような、「service auth」のブロックを探します。「unix_listener /var/spool/postfix/private/auth」のブロックがコメントアウトされていますので、コメントを解除し、userとgroupの設定を追加します。

設定したら、dovecotサービスを再起動します。

■ メールクライアントの設定

メールサーバでSMTP認証を有効にした場合は、メールクライアントでもSMTP認証を利用するように設定変更を行う必要があります。

図13-19 Moziila Thunderbirdのメール画面

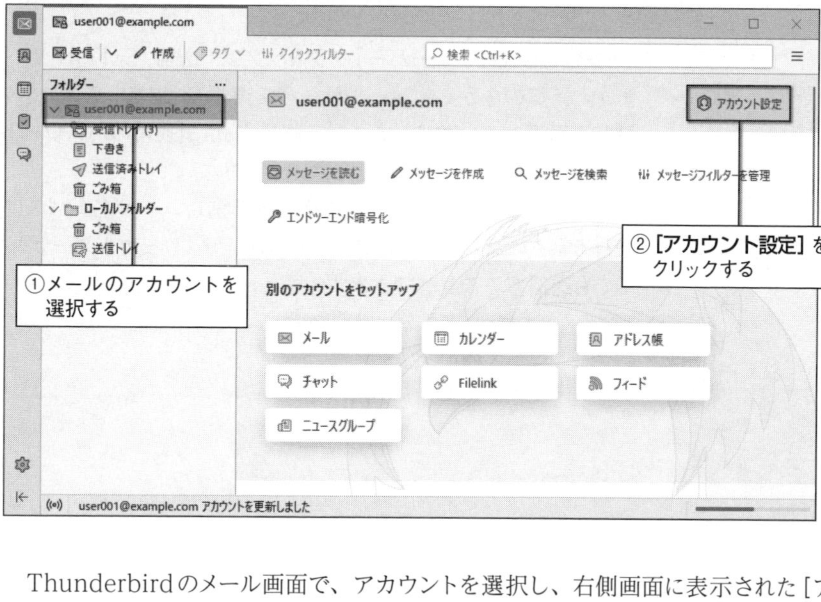

Thunderbirdのメール画面で、アカウントを選択し、右側画面に表示された[アカウント設定]ボタンをクリックして、アカウント作成画面を表示します。すると、図13-20のような画面が表示されます。

図13-20　Mozilla Thunderbirdのアカウント設定画面

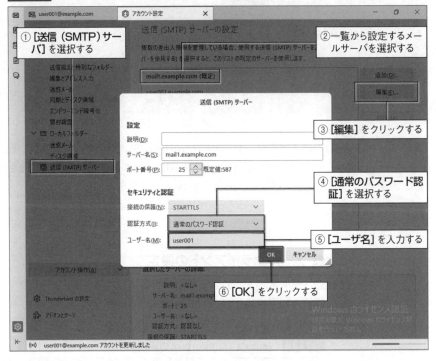

① [送信 (SMTP) サーバ] を選択する

② 一覧から設定するメールサーバを選択する

③ [編集] をクリックする

④ [通常のパスワード認証] を選択する

⑤ [ユーザ名] を入力する

⑥ [OK] をクリックする

[送信 (SMTP) サーバー] をクリックし、送信 (SMTP) サーバーの設定を表示します。一覧の中から、メールサーバを選択し [編集] ボタンをクリックすると、詳細設定の画面が現れます。ここで、認証方式に [通常のパスワード認証] を選択します。[OK] をクリックすれば、設定は完了です。

この設定をすると、メールを送信する前にユーザ名・パスワードを使用して認証を行うようになります。自ドメインのユーザ (ローカルユーザ) への配送は承認しなくても送信することができます。

Web サーバ

インターネットにホームページを公開する場合には、Web サーバが必要です。この Chapter では、Web サーバの作り方について解説します。

Contents

はじめての AlmaLinux 9 & Rocky Linux 9 Linux サーバエンジニア入門編

Section 14-01

Apacheの基本的な設定を行う

AlmaLinux 9/Rocky Linux 9に付属するApacheを使って、Webサーバを構築することができます。このセクションでは、Apacheの基本的な設定を行って、ホームページが見えるようにしましょう。

このセクションのポイント

■Webサーバとクライアント間はHTTPというプロトコルを使用して通信を行う。
■日本語のホームページを公開するために、キャラクタセットを無効化しておく。
■ホームページのデータを管理するユーザを作成すると便利である。

Webサーバの仕組み

Web サーバはホームページを公開するためのサーバです。Webサーバに対応するクライアントは、Webブラウザになります。

図14-1 Webサーバとクライアント

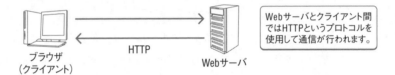

ブラウザ
（クライアント）

HTTP

Webサーバ

Webサーバとクライアント間ではHTTPというプロトコルを使用して通信が行われます。

ブラウザのアドレス欄にURLを入力することで、自動的にホームページが表示されます。URLは、インターネットのどこにアクセスしたい情報があるかを記述する形式です。URLの各部分は、図14-2のように3つの部分から成り立っています。

図14-2 URLの構成

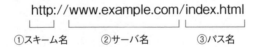

http://www.example.com/index.html

①スキーム名　　②サーバ名　　③パス名

各部分には、次のような意味があります。

①スキーム名

アクセスしようとするリソースの種類を**スキーム**と呼びます。ホームページを見る場合には、httpと指定します。また、暗号化されたページでは、httpsを使います。

②サーバ名

Webサービスを提供しているサーバのアドレスで、アクセスしようとするアドレスを指定します。アドレスの指定は例のようなホスト名のほかに、IPアドレスでの指定もできます。

③パス名

アクセスしたサーバで、どの位置にあるファイルにアクセスするかを指定します。

http://example.com/index.htmlをURLに指定すると、Webブラウザがexample.comで動作しているWebサーバにアクセスし、index.htmlというファイルを取得します。この間のやり取りは、**HTTP**[*1]というプロトコルで行われています。

> *1 HyperText Transfer Protocol

設定前の準備

Webサーバの設定を行う前に、DNSでサーバを参照できるようにDNSマスタサーバを設定しておきましょう。

■ example.comのゾーンファイル (/var/named/example.com.zone)

```
www      IN      A            192.168.2.4
         IN      AAAA         2001:DB8::4
```

ここでは、www.example.comで動作するWebサーバを設定するという前提で説明していきます。

Apacheのインストール

AlmaLinux 9/Rocky Linux 9では、**Apache**というWebサーバを使うことができます。インストールするパッケージはhttpdです。
次のようにyumコマンドを使ってインストールを行います。

■ httpdのインストール

```
$ sudo yum install httpd Enter
メタデータの期限切れの最終確認: 2:03:16 時間前の 2022年10月18日 15時16分42秒 に実施しました。
依存関係が解決しました。
===================================================================================
 パッケージ              Arch        バージョン           リポジトリー  サイズ
===================================================================================
```

```
インストール:
  httpd                      x86_64     2.4.51-7.el9_0     appstream     1.4 M
依存関係のインストール:
  almalinux-logos-httpd      noarch     90.5.1-1.1.el9     appstream      18 k
  apr                        x86_64     1.7.0-11.el9       appstream     123 k
  apr-util                   x86_64     1.6.1-20.el9       appstream      95 k
  apr-util-bdb               x86_64     1.6.1-20.el9       appstream      13 k
  httpd-filesystem           noarch     2.4.51-7.el9_0     appstream      14 k
  httpd-tools                x86_64     2.4.51-7.el9_0     appstream      81 k
弱い依存関係のインストール:
  apr-util-openssl           x86_64     1.6.1-20.el9       appstream      15 k
  mod_http2                  x86_64     1.15.19-2.el9      appstream     149 k
  mod_lua                    x86_64     2.4.51-7.el9_0     appstream      61 k


トランザクションの概要
================================================================================
インストール   10 パッケージ

ダウンロードサイズの合計: 1.9 M
インストール後のサイズ: 5.9 M
これでよろしいですか？ [y/N]: y [Enter] ── 確認して[y]を入力
パッケージのダウンロード:
(1/10): almalinux-logos-httpd-90.5.1-1.1.el9.no 214 kB/s |  18 kB     00:00
(2/10): apr-util-bdb-1.6.1-20.el9.x86_64.rpm    329 kB/s |  13 kB     00:00
(3/10): apr-1.7.0-11.el9.x86_64.rpm             864 kB/s | 123 kB     00:00
(4/10): apr-util-1.6.1-20.el9.x86_64.rpm        589 kB/s |  95 kB     00:00
(5/10): apr-util-openssl-1.6.1-20.el9.x86_64.rp 279 kB/s |  15 kB     00:00
(6/10): httpd-filesystem-2.4.51-7.el9_0.noarch. 391 kB/s |  14 kB     00:00
(7/10): httpd-tools-2.4.51-7.el9_0.x86_64.rpm   2.1 MB/s |  81 kB     00:00
(8/10): mod_http2-1.15.19-2.el9.x86_64.rpm      2.6 MB/s | 149 kB     00:00
(9/10): mod_lua-2.4.51-7.el9_0.x86_64.rpm       1.1 MB/s |  61 kB     00:00
(10/10): httpd-2.4.51-7.el9_0.x86_64.rpm        2.3 MB/s | 1.4 MB     00:00
--------------------------------------------------------------------------------
合計                                            1.2 MB/s | 1.9 MB     00:01
トランザクションの確認を実行中
トランザクションの確認に成功しました。
トランザクションのテストを実行中
トランザクションのテストに成功しました。
トランザクションを実行中
  準備              :                                                  1/1
  インストール中    : apr-1.7.0-11.el9.x86_64                          1/10
  インストール中    : apr-util-bdb-1.6.1-20.el9.x86_64                 2/10
  インストール中    : apr-util-openssl-1.6.1-20.el9.x86_64             3/10
  インストール中    : apr-util-1.6.1-20.el9.x86_64                     4/10
```

```
    インストール中        : httpd-tools-2.4.51-7.el9_0.x86_64                    5/10
    scriptletの実行中 : httpd-filesystem-2.4.51-7.el9_0.noarch                   6/10
useradd warning: apache's uid 48 outside of the SYS_UID_MIN 201 and SYS_UID_MAX 999
range.

    インストール中        : httpd-filesystem-2.4.51-7.el9_0.noarch               6/10
    インストール中        : almalinux-logos-httpd-90.5.1-1.1.el9.noarch          7/10
    インストール中        : mod_http2-1.15.19-2.el9.x86_64                       8/10
    インストール中        : mod_lua-2.4.51-7.el9_0.x86_64                        9/10
    インストール中        : httpd-2.4.51-7.el9_0.x86_64                          10/10
    scriptletの実行中 : httpd-2.4.51-7.el9_0.x86_64                             10/10
    検証                 : almalinux-logos-httpd-90.5.1-1.1.el9.noarch          1/10
    検証                 : apr-1.7.0-11.el9.x86_64                              2/10
    検証                 : apr-util-1.6.1-20.el9.x86_64                         3/10
    検証                 : apr-util-bdb-1.6.1-20.el9.x86_64                     4/10
    検証                 : apr-util-openssl-1.6.1-20.el9.x86_64                 5/10
    検証                 : httpd-2.4.51-7.el9_0.x86_64                          6/10
    検証                 : httpd-filesystem-2.4.51-7.el9_0.noarch               7/10
    検証                 : httpd-tools-2.4.51-7.el9_0.x86_64                    8/10
    検証                 : mod_http2-1.15.19-2.el9.x86_64                       9/10
    検証                 : mod_lua-2.4.51-7.el9_0.x86_64                        10/10

インストール済み:
    almalinux-logos-httpd-90.5.1-1.1.el9.noarch apr-1.7.0-11.el9.x86_64
    apr-util-1.6.1-20.el9.x86_64               apr-util-bdb-1.6.1-20.el9.x86_64
    apr-util-openssl-1.6.1-20.el9.x86_64       httpd-2.4.51-7.el9_0.x86_64
    httpd-filesystem-2.4.51-7.el9_0.noarch     httpd-tools-2.4.51-7.el9_0.x86_64
    mod_http2-1.15.19-2.el9.x86_64             mod_lua-2.4.51-7.el9_0.x86_64

完了しました!
```

Apacheのディレクトリ構造

Apacheの主なファイルは図14-3のとおりです。保存場所を確認しておきましょう。

図14-3　Apacheの主なファイル

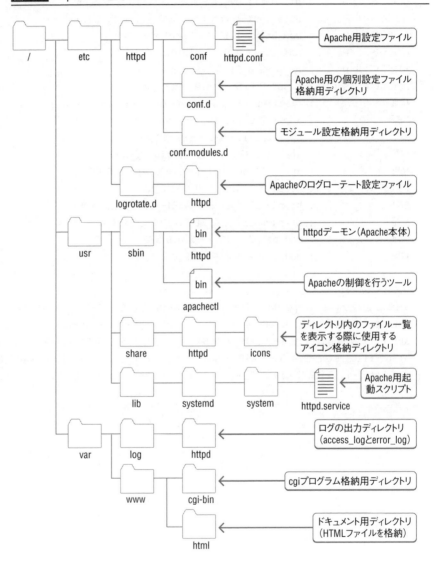

パケットフィルタリングの設定

Webサービスを公開するためには、パケットフィルタリングの設定を行う必要があります。

■ Cockpitで設定する

パケットフィルタリングの設定は、Cockpitで行うことができます。Cockpitから設定する場合には、[**ネットワーキング**]画面のファイアウォールの欄にある[**ルールとゾーン**]をクリックし、[**public ゾーンにサービスを追加**]画面のサービスの一覧で[http]をチェックします。Section 14-03で解説するhttpsの許可設定を行う場合には、[https]もチェックしておきます。

図14-4 パケットフィルタリングの設定

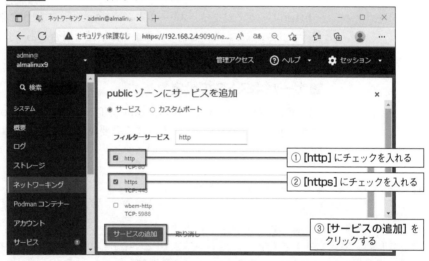

■ コマンドラインで設定する

パケットフィルタリングの設定をコマンドラインで行う場合には、firewall-cmdコマンドを使います。

■ パケットフィルタリングの設定

```
$ sudo firewall-cmd --add-service=http [Enter]
success
```

Section 14-03で解説されているhttpsの許可設定を行う場合には、httpsサービスの通信許可設定も行っておきます。

■ パケットフィルタリングの設定

```
$ sudo firewall-cmd --add-service=https [Enter]
success
```

設定が終了したら、パケットフィルタリングルールを保存します。

■ パケットフィルタリングルールの保存

```
$ sudo firewall-cmd --runtime-to-permanent [Enter]
success
```

Apacheの基本的な設定

httpdパッケージをインストールすると、Apacheの動作に必要な設定はほとんど行われています。しかし、そのままでは不便な場合がありますので、サービスの起動前にいくつかの設定を行っておきましょう。

■ サーバホスト名の設定

設定は、/etc/httpd/conf/httpd.confに行います。sudoコマンドを使って、管理者モードでviを起動して変更する必要があります。次のような箇所を探して、「ServerName」に自分のサーバの名前とポートを「:」で区切って設定します。

■ サーバホスト名の設定（/etc/httpd/conf/httpd.conf）

```
#
# ServerName gives the name and port that the server uses to identify itself.
# This can often be determined automatically, but we recommend you specify
# it explicitly to prevent problems during startup.
#
# If your host doesn't have a registered DNS name, enter its IP address here.
#
ServerName www.example.com:80 ―― サーバ名とポート
```

■ 文字コード設定の無効化

Apacheの標準設定では、Linuxの標準的な文字コードであるUTF-8でホームページを公開することが前提となっています。しかし、ホームページのデータを古いWindowsで作成した場合には、文字コードはCP932となっています。そのため、そのままデータをアップロードしても、ブラウザで見ると文字化けしてしまいます。

古いWindowsでデータを作成する場合には、この状態を解消するため、標準で設定されている文字コードの指定を無効にしておきましょう。/etc/httpd/

conf/httpd.conf内の「AddDefaultCharset」の設定を見つけてコメントアウトしましょう。sudoコマンドを使って、管理者モードでviを起動して編集します。

■ 文字コード設定の無効化（/etc/httpd/conf/httpd.conf）

```
#
# Specify a default charset for all content served; this enables
# interpretation of all content as UTF-8 by default.  To use the
# default browser choice (ISO-8859-1), or to allow the META tags
# in HTML content to override this choice, comment out this
# directive:
#
#AddDefaultCharset UTF-8 ——— コメントアウト
```

サービスの起動

設定ができたら、httpdサービスを起動することができます。

■ httpdサービスの起動

```
$ sudo systemctl start httpd.service Enter ——— httpdサービスを起動
$ systemctl is-active httpd.service Enter ——— 状態を確認
active
```

また、システムの起動時に自動でhttpdサービスを開始する設定が必要な場合には、そちらも設定しておきましょう。

■ 自動起動の設定

```
$ sudo systemctl enable httpd.service Enter
Created symlink /etc/systemd/system/multi-user.target.wants/httpd.service →
/usr/lib/systemd/system/httpd.service.
```

ホームページのデータの配置

AlimaLinux 9/Rocky Linux 9のApacheは、ホームページのデータを/var/www/html/に置くようになっています。最初の状態では、何もファイルが置かれていませんので、PCなどで作ったデータに置き換えましょう。

■ ファイルを配置するための設定

/var/www/html/の標準的なアクセスモードを見ると、次のようになっています。

■ パーミッションの確認

```
$ ls -ld /var/www/html Enter
drwxr-xr-x. 2 root root 6  4月 12  2022 /var/www/html
```

　このままでは、rootユーザからしか読み書きができず不便ですので、ホームページのデータを管理するユーザを作りましょう。

■ データ管理ユーザの作成

```
$ sudo useradd -o -d /var/www/html -u 400 -M webadm Enter ——— webadmユーザを作成
useradd warning: webadm's uid 400 outside of the UID_MIN 1000 and UID_MAX 60000
range.
$ sudo passwd webadm Enter ——— パスワードを設定
ユーザー  webadm のパスワードを変更。
新しい パスワード:******** Enter ——— パスワードを入力
新しい パスワードを再入力してください:******** Enter ——— パスワードを再入力
passwd: すべての認証トークンが正しく更新できました。
$ sudo chown webadm:webadm /var/www/html Enter ——— 所有者を変更
```

　この例では、webadmというユーザを作成しています。useraddのオプションの「-d /var/www/html」は、/var/www/html/をホームディレクトリにするという意味です。「-u 400」はuidに400を指定するという意味です。ホームディレクトリを/home/配下以外にすると、SELinuxの調整時にエラーが発生することがあります。そのため、システムユーザを意味する500以下のuidを指定しています。システムユーザの領域をしているため警告が表示されますが、特に問題はありません。また、このディレクトリはすでに存在するので「-M」を指定して、新たにディレクトリを作成しないように指定しています。そして、最後に/var/www/html/の所有者を変更して、webadmユーザが書き込みできるようにしています。

■ クライアントからのテストデータのアップロード

　クライアントでテストページを作成し、それが閲覧できることを確認してみましょう。まず、クライアントで [スタートメニュー] → [メモ帳] を選択し、メモ帳を起動します。

図14-5 メモ帳でテストページを作成する

　図のように簡単なテスト用の文字を入力します。日本語を使うには、HTMLの記法にしたがって日本語文字コードの定義などを含める必要があるので、ここでは例のように簡単な英語で作成して保存します。ここでは、「ドキュメント」フォルダに、「index.html」という名称で保管しています。

　次に、[スタートメニュー]→[ターミナル]をクリックし、Windows Terminalを表示します。次のように、scpコマンドで作成したindex.htmlをWWWサーバにコピーします。

■　WindowsからWWWサーバへのテストファイルのコピー

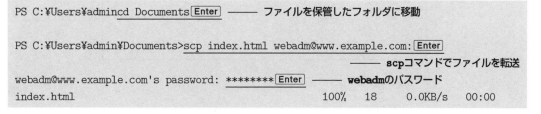

```
PS C:¥Users¥admincd Documents Enter ——— ファイルを保管したフォルダに移動

PS C:¥Users¥admin¥Documents>scp index.html webadm@www.example.com: Enter
                                    ——— scpコマンドでファイルを転送
webadm@www.example.com's password: ******* Enter ——— webadmのパスワード
index.html                          100%   18    0.0KB/s   00:00
```

　ファイルがコピーできたら、サーバ側でファイルを確認しておきましょう。

■　パーミッションの確認

```
$ ls -l /var/www/html Enter
合計 4
-rw-r--r--. 1 webadm webadm 9 10月 19 10:46 index.html
```

　Apacheは、apacheというユーザ権限で動作しています。apacheユーザからもファイルが見えるように、設定しておきます。

```
$ sudo chmod -R o+r /var/www/html/ [Enter]
```

　クライアントで作成したホームページのデータがある場合には、同様の方法でファイルを配置することができます。

■ クライアントからの動作確認

　テストファイルが配置できたら、クライアントのWebブラウザからApacheにアクセスしてみましょう。すでに、DNSが設定されている場合には、次のようにホスト名でURLを指定します。

http://www.example.com/

　DNSが設定できていない場合には、IPアドレスで指定することもできます。

http://192.168.2.4/

　Webブラウザに、先ほど配置したテストページが表示されれば正常です。

図14-6 テストページの表示

Section 14-02

Apacheの応用設定

Apacheの便利な設定を行う

ApacheはインストールInstall直後の標準設定でもWebサーバとして使うことができます。ただし、そのままでは不便な場合もあります。このセクションでは、より便利に利用するための設定について説明します。

このセクションのポイント

■ Apacheへ設定を追加する場合には、新たな設定ファイルを作る。
② 一般公開したくないホームページは、Apacheの設定でアクセス制限を行うことができる。

Apacheへの設定追加の手順

ここまでの設定で、サーバ名や文字コードの設定等の標準的な設定を変更する場合には、/etc/httpd/conf/httpd.conf を編集してきました。

AlmaLinux 9/Rocky Linux 9のApacheは、/etc/httpd/conf.d/に「xxx.conf」のように「.conf」で終わるファイル名で新しいファイルを作成すれば、それを自動的に読み込むようになっています。そのため、自分で追加の設定を行う場合には、このディレクトリにファイルを作成していくと便利です。

このセクションでは、/etc/httpd/conf.d/private.confというファイルを作成して、設定を行っていきます。設定を追加したら、次のようにして設定が正しいかどうかを検査します。問題がなければ、httpdに設定を再読み込みさせます。

■ 設定ファイルの確認、再読み込み

```
$ apachectl configtest Enter ── 設定の検査
Syntax OK ── これが表示されることを確認
$ sudo systemctl reload httpd.service Enter ── 設定の再読み込み
```

この後の説明では、設定ファイルの書き方だけを取り上げますが、設定を変更したら必ずこの手順で確認して、設定の再読み込みを行います。また、設定ファイルはsudoを使って、管理者モードでviを起動して編集を行います。

クライアントによるアクセス制限

学校や社内など、信頼できるネットワークからのみアクセスできるようなホームページを作成したい場合、ディレクトリ単位でアクセスを許可・禁止することが可能です。

例えば、http://www.example.com/private/ のデータを192.168.2.0/24と2001:DB8::10/64のコンピュータからしかアクセスできないようにする場合には、次のように設定します。

■ アクセス制御（/etc/httpd/conf.d/private.conf）

```
<Directory "/var/www/html/private/">
    Require ip 192.168.2.0/255.255.255.0 ──── ipv4の場合
    Require ip 2001:DB8::/64 ──── ipv6の場合
    Require all denied
</Directory>
```

実際にhttp://www.example.com/private/ にアクセスしたときに、使われるデータは /var/www/html/private/ に配置されています。そのため、アクセス制限の設定は、このディレクトリに対して行います。

■ アクセス制御の書式

ディレクトリへのアクセス制御は複数の設定を組み合わせることで、より高度な制限を行うことができます。

■ アクセス制御ルールの記述場所

```
<Directory ディレクトリのパス>

──── ここにアクセス制御ルールを記述します。

</Directory>
```

アクセスの許可は「Require」で設定します。表14-1のような項目が設定できます。

■ アクセスの許可、拒否の書式

```
Require 種別　アドレス許可リスト
Require not 種別　アドレス拒否リスト
```

表14-1　アクセス拒否リスト・許可リストへ設定できる項目

項目	種別	設定例	説明
すべて許可	all	Require all granted	すべてのアクセスを許可
すべて拒否	all	Require all denied	すべてのアクセスを拒否
ホスト名	host	Require host pc1.example.com	ホスト名をFQDNで指定
ホスト名の一部	host	Require host .co.jp	この文字列で終わるホスト名すべて
IPv4アドレス	ip	Require ip 192.168.2.4	完全なIPアドレス

IPv4 アドレスの一部	ip	Require ip 192.168 Require ip 192.168.2	この文字列で始まる IP アドレス
IPv4 ネットワーク	ip	Require ip 192.168.2.0/255.255.255.0 Require ip 192.168.2.0/24	IP アドレスとネットマスクを指定 IP アドレスとプレフィックスを指定
IPv6 アドレス	ip	Require ip 2001:DB8::10	完全な IPv6 アドレス
IPv6 ネットワーク	ip	Require ip 2001:DB8::/64	IPv6 アドレスとプレフィックスを指定

　　複数のアクセス許可リスト、アクセス拒否リストがある場合には、アクセス許可設定のいずれかにマッチするアクセスが許可されます（記載の順番は関係ありません）。一部のアクセスのみを許可する場合には、以下のように設定を行います。

■ アクセス許可の設定例1 (/etc/httpd/conf.d/private.conf)

```
Require ip 192.168.1.0/255.255.255.0
Require all denied
```

　　この例では、192.168.1.0/255.255.255.0 のコンピュータのみアクセスが許可され、そのほかのすべてのアクセスが拒否されます。

　　一部のアクセスのみを拒否する場合には、注意が必要です。例えば、下記のような設定の場合には、一見 192.168.1.0/255.255.255.0 のコンピュータが拒否されているように見えます。しかし、許可設定がすべてのアクセスを許可しているため 192.168.1.0/255.255.255.0 のコンピュータもアクセス許可設定にマッチしてしまいます。このような場合は設定の検査の段階でエラーと判定されます。

■ アクセス許可の設定失敗例 (/etc/httpd/conf.d/private.conf)

```
Require all granted
Require not ip 192.168.1.0/255.255.255.0
```

　　192.168.1.0/255.255.255.0 のコンピュータのみのアクセスを拒否するためには、以下のように設定をする必要があります。

■ アクセス許可の設定例2 (/etc/httpd/conf.d/private.conf)

```
<RequireAll>
    Require not ip 192.168.1.0/255.255.255.0
    Require all granted
</RequireAll>
```

　　<RequireAll> ～ </RequireAll> の間の設定は、すべての条件にマッチしたアクセスのみが許可されます。上記の例では、192.168.1.0/255.255.255.0 のコ

ンピュータを除くすべてのアクセスが許可という設定になります。このように、not を用いたアクセス拒否設定は、<RequireAll> ～ </RequireAll> の中でしか使用することができません。

　広域のネットワークからのアクセスを許可し、その一部のネットワークからのアクセスを拒否したい場合には以下のように設定を行います。

■ アクセス許可の設定例3（/etc/httpd/conf.d/private.conf）

```
<RequireAll>
    Require ip 192.168.0.0/255.255.0.0
    Require not ip 192.168.1.0/255.255.255.0
</RequireAll>
```

　上記の例では、192.168.1.0/255.255.255.0のコンピュータを除く192.168.0.0/255.255.0.0ネットワークからのアクセスのみを許可という設定になります。

ユーザによるアクセス制限

　Apacheには、ユーザによるアクセス制限を行うための機能が提供されています。この機能は、**ベーシック認証**と呼ばれています。ベーシック認証では、ユーザ名とパスワードを確認し、正しい場合のみ特定のディレクトリにアクセスできるようになります。

■ パスワードファイルの作成

　ベーシック認証は、Linuxのユーザとはまったく関係ありません。そのため、この機能を使うためには、まずは認証に使うパスワードファイルを作成する必要があります。パスワードはhttpdサービスを通してアクセスできない場所に作成しましょう。ここでは、/etc/httpd/conf/htpasswdというパスワードファイルを作成する場合を例として説明します。まずは、ファイルの雛形（空ファイル）を作成します。

■ パスワードファイルの作成

```
$ sudo touch /etc/httpd/conf/htpasswd Enter
```

　このファイルは、Webサーバからの読み込みだけを許可する必要がありますので、所有者をapacheにして、apacheユーザしか読めないようにしておきます。

■ apacheユーザのみ読み書きできるよう設定

```
$ sudo chown apache /etc/httpd/conf/htpasswd  Enter  ── 所有者をapacheにする
$ sudo chmod 600 /etc/httpd/conf/htpasswd  Enter  ── 所有者しか読めないようにする
$ ls -l /etc/httpd/conf/htpasswd  Enter  ── 確認
-rw-------. 1 apache root 0 10月 19 10:59 /etc/httpd/conf/htpasswd
```

所有者のみ読み書きできる　　所有者がapacheになっている

■ ベーシック認証ユーザの追加と削除

　ユーザ名とパスワードの設定はhtpasswdコマンドで行います。引数に、先ほど作成したパスワードファイルの名前と追加するユーザ名を指定します。次は、adminというユーザを作成する例です。

■ ベーシック認証ユーザの作成

```
$ sudo htpasswd /etc/httpd/conf/htpasswd admin  Enter  ── adminを追加
New password: *******  Enter  ── パスワードを入力
Re-type new password: *******  Enter  ── パスワードを再入力
Adding password for user admin
```

　ユーザを削除する場合には、次のようにhtpasswdに「-D」オプションを指定して実行します。

■ ベーシック認証ユーザの削除

```
$ sudo htpasswd -D /etc/httpd/conf/htpasswd admin  Enter  ── adminを削除
Deleting password for user admin
```

■ ベーシック認証の設定

　パスワードファイルができたら、それをApacheの設定に反映します。例えば、http://www.example.com/private/ のデータをアクセスしたときに、ユーザ名とパスワードで認証するためには、次のように設定します。

■ ベーシック認証の設定（/etc/httpd/conf.d/private.conf）

```
<Directory "/var/www/html/private/">
    <RequireAll>
        Require valid-user ──── 認証済みユーザのアクセスを許可する
        Require all granted
    </RequireAll>

    AuthType Basic ──── ベーシック認証を行うためにBasicを指定
    AuthUserFile "/etc/httpd/conf/htpasswd" ──── 認証用パスワードファイル
    AuthName "admin user only" ──── 認証の名前
</Directory>
```

　認証の名前には、好きな名前を設定することができます。アクセス許可設定は、認証済みのユーザのアクセスをすべて許可するように設定されています。設定ができたら、httpdに設定を読み込ませます。

■ **動作確認**

　実際に、Webブラウザからhttp://www.example.com/private/へアクセスすると、図14-7のような認証画面が表示されます。

図14-7　ベーシック認証の動作確認

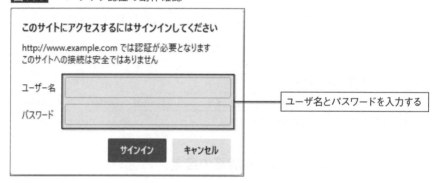

　ユーザ名とパスワードを入力して認証を行います。正しいユーザ名とパスワードを入力し、ホームページが閲覧できるようになっていれば、設定は成功です。

ドキュメントの追加

標準設定では通常ホームページ用のデータは/var/www/html/に設置しますが、他の場所にあるファイルをホームページに使用することが可能です。例えば、次のような使い方ができます。

データの置き場所：/usr/local/html/
参照URL：http://www.example.com/local/

図14-8 他のディレクトリにあるファイルの参照例

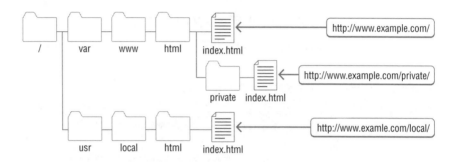

ホームページデータの配置

まずは、/usr/local/html/へホームページのデータを配置します。最初に、/usr/local/html/を作成し、所有者の設定を行いましょう。

■ ディレクトリの作成、所有者の変更

```
$ sudo mkdir /usr/local/html Enter
$ sudo chown webadm:webadm /usr/local/html Enter
```

このような設定を行っておけば、scpなどを使ってクライアントからwebadmでログインし、/usr/local/html/にファイルをアップロードできるようになります。さらに、アップロードしたファイルがhttpdから参照できるように、アクセス権を設定します。

■ 読み込み権の付与

```
$ sudo chmod -R o+r /usr/local/html Enter
```

ここまでは、/var/www/html/でホームページを公開する場合とほとんど同じ手順です。ただし、/usr/local/html/は勝手に作成したディレクトリですので、このままではSELinuxのファイルコンテキストの設定が邪魔になり、httpdからアク

セスができません。そこで、次のようにして、ファイルコンテキストを、httpdから読み込みができる「httpd_sys_content_t」に設定しておきます。

■ SELinuxのファイルコンテキストの設定

```
$ sudo semanage fcontext -a -t httpd_sys_content_t "/usr/local/html(/.*)?" Enter
                                                        └──── ファイルコンテキストの設定
$ sudo restorecon -R /usr/local/html Enter ── ファイルコンテキストの反映
$ ls -ldZ /usr/local/html Enter ── 確認
drwxr-xr-x. 2 webadm webadm unconfined_u:object_r:httpd_sys_content_t:s0 6 10月 19
11:29 /usr/local/html
```

■ ドキュメントディレクトリの設定

次に、Apacheの設定ファイルに、このディレクトリへのアクセス権を追加します。

■ ドキュメントディレクトリの設定（/etc/httpd/conf.d/private.conf）

```
# Alias for /usr/local/data
Alias /local/ "/usr/local/html/" ── URLとの関連付け

<Location "/local"> ── /localへアクセスしたときのアクセス権の設定
Require all granted
</Location>
```

最後のAliasの設定は、http://www.example.com/local/というURLでアクセスされたときに、/usr/local/html/のデータを読むようにする関連付けの設定です。また、このURLでアクセスされたときには、すべてクライアントから見えるように設定しています。

設定ができたら、httpdに設定を再読み込みさせ、Webブラウザから動作を確認しておきましょう。

■ アクセスの転送

自サーバへ来たアクセスを他のサイトへ転送することができます。例えば図14-9は、http://www.example.com/redirect_test.htmlへアクセスがあった場合にhttp://www.designet.jp/に転送を行う場合の動作例です。

図14-9 アクセスの転送の例

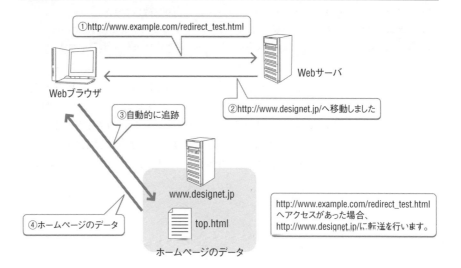

Webブラウザが、Webサーバから http://www.example.com/redirect_test.html のページを取得しようとすると、Webサーバはそのドキュメントが移動されたことを示すメッセージをWebブラウザに返却します。Webブラウザは、その情報を元に移動先のサーバから情報を自動的に取得します。このような処理を**リダイレクト**と呼びます。

このような設定を行う場合には、次の例のようにします。

■ アクセスの転送設定（/etc/httpd/conf.d/private.conf）

```
# Redirect to designet
Redirect /redirect_test.html http://www.designet.jp/top.html
```

設定ができたら、httpdに設定を再読み込みさせ、Webブラウザから動作を確認しておきましょう。

エラー時のリダイレクト設定

Apacheでは、Webブラウザからリクエストされたページが存在しない場合などのエラーのときに表示するページを設定することができます。設定は、エラーの種類毎に行うことができます。

次は、その設定例です。

■ エラードキュメントの設定（/etc/httpd/conf.d/private.conf）

```
ErrorDocument  401  /notauth.html  ——— 認証が失敗したとき
ErrorDocument  403  /forbidden.html ——— アクセス制限で拒否したとき
ErrorDocument  404  /notfound.html ——— ファイルが見つからないとき
```

　「ErrorDocument」の後の「401」「403」「404」はHTTPステータスコードと呼ばれる番号です。401はベーシック認証によるアクセス制限で閲覧を許可されない場合、403はIPアドレスによるアクセス制限で閲覧を許可されない場合、404はファイルがみつからない場合です。このような設定を行っておくと、エラーが発生した場合に、指定したドキュメントへ自動的にリダイレクトします。

Section 14-03 仮想ホストの設定を行う

これまでの設定では、1つのWebサーバには1つのドメインしか設定できませんでした。仮想ホストは、1つのWebサーバで、複数のドメインを扱うための技術です。ここでは、仮想ホストの設定方法について解説します。

このセクションのポイント

■1 台のサーバで複数のドメインを扱うときは、仮想ホストを作る。
■2 仮想ホストには、IPベースと名前ベースの2種類がある。
■3 仮想小ストの名称をDNSレコードに登録する。

仮想ホストの仕組み

仮想ホストには、IPベースの仮想ホストと名前ベースの仮想ホストの2種類があります。それぞれの特徴は以下のとおりです。

IPベースの仮想ホスト

1台のサーバに複数のIPアドレスを割り当て、IPアドレス毎に処理するドメインを切り替えます。

名前ベースの仮想ホスト

1つのIPアドレスに、複数のドメイン名を割り当てます。どのドメインにアクセスしてきたかは、クライアントからのリクエストを解析して判断します。

設定前の準備

仮想ホストの設定を行う前に、仮想ホストの名称がDNSから参照できるように、DNSマスタサーバにレコードを設定しておきましょう。次の例は、IPベースの仮想ドメインとしてipvirtual-1.example.com、ipvirtual-2.example.com、名前ベースの仮想ホストとしてnamevirtual-1.example.com、namevirtual-2.example.comを登録する場合です。

■ example.comのゾーンファイル（/var/named/example.com.zone）

```
ipvirtual-1      IN A                192.168.2.5
ipvirtual-2      IN A                192.168.2.6
namevirtual-1    IN A                192.168.2.4
namevirtual-2    IN A                192.168.2.4
```

IPベースの仮想ホストの設定

192.168.2.4の他に192.168.2.5と192.168.2.6というIPアドレスを持った
サーバを例にして、IPベースの仮想ホストの設定を解説します。

192.168.2.5ではipvirtual-1.example.com、192.168.2.6ではipvirtual-2.
example.comという仮想ホストを作成します。次の例のように仮想ホスト毎に設定
ファイルを作ると管理が便利です。

■ IPベースの仮想ホストの設定（/etc/httpd/conf.d/192.168.2.5.conf）

```
<VirtualHost 192.168.2.5:80> ——— IPアドレスとポートを指定
    ServerName ipvirtual-1.example.com
    DocumentRoot /var/www/ipvirtual-1.example.com/
    ServerAdmin webmaster@example.com
    ErrorLog /var/log/httpd/ipvirtual-1-error_log
    CustomLog /var/log/httpd/ipvirtual-1-access_log combined
</VirtualHost>

<Directory /var/www/ipvirtual-1.example.com> ——— ドキュメントに対するアクセス許可
    Require all granted
</Directory>
```

■ IPベースの仮想ホストの設定（/etc/httpd/conf.d/192.168.2.6.conf）

```
<VirtualHost 192.168.2.6:80> ——— IPアドレスとポートを指定
    ServerName ipvirtual-2.example.com
    DocumentRoot /var/www/ipvirtual-2.example.com/
    ServerAdmin webmaster@example.com
    ErrorLog /var/log/httpd/ipvirtual-2-error_log
    CustomLog /var/log/httpd/ipvirtual-2-access_log combined
</VirtualHost>

<Directory /var/www/ipvirtual-2.example.com> ——— ドキュメントに対するアクセス許可
    Require all granted
</Directory>
```

<VirtualHost IPアドレス:ポート> ～ </VirtualHost>の間が仮想ホストの
設定ブロックです。それぞれ、設定内容の意味は、以下のとおりです。

表14-2 <VirtualHost>の設定内容

項目	説明
DocumentRoot	Web上で表示されるドキュメントルートを指定します。「http://ホスト名/」へアクセスしたときにここで指定したディレクトリ配下のデータが使用されます。このディレクトリに対するアクセス許可設定を行う必要があります。
ServerName	仮想ホストのホスト名を指定します。
ServerAdmin	サーバの管理者のメールアドレスを指定します。システム管理者、サイトの管理者のアドレスを指定します。
ErrorLog	エラーログの出力先を指定します。
CustomLog	アクセスログの出力先を指定します。ログフォーマットには、combined、common、refererといったフォーマットがあります。標準ではcombinedを指定します。

これ以外にも、ここまでで解説してきたアクセスの転送の設定（Redirct）やエラードキュメントの設定（ErrorDocument）も、この設定ブロックの中に設定することで、仮想ドメイン毎に設定することができます。

仮想ホスト毎にDocumentRootを指定して、別々のドキュメントを設定することができます。この例では、/var/www/にホスト名でディレクトリを作成しています。アクセス許可の設定やディレクトリの所有者の変更方法なども必要ですので、Section 14-02で解説したドキュメントの追加の手順を参照して行ってください。

設定ができたら、httpdサービスを再起動します。/var/www/ipvirtual-1.exampel.com/と/var/www/ipvirtual-2.example.com/に別々のデータを配置し、実際にhttp://ipvirtual-1.example.com/とhttp://ipvirtual-2.example.com/にアクセスし、違いを確認しましょう。

名前ベースの仮想ホストの設定

IPベースの仮想ホストは、1つのドメインに対して1つのIPアドレスが必要になります。そのため、たくさんのグローバルアドレスを使ってしまいます。最近は、IPv4のアドレスが不足していますので、たくさんのIPアドレスを使うことができなくなっています。そのため、1つのIPアドレスで複数のドメインを扱うことができる名前ベースの仮想ホストが使われます。

次は、192.168.2.4:80の1つのIPアドレスのポートに、namevirtual-1.example.com、namevirtual-2.example.comという2つの仮想ホストを作成する場合の設定例です。

■ 名前ベースの仮想ホストの設定（/etc/httpd/conf.d/192.168.2.4.conf）

```
<VirtualHost 192.168.2.4:80> ——— namevirtual-1.example.comの設定
    ServerName namevirtual-1.example.com
    DocumentRoot /var/www/namevirtual-1.example.com
    ServerAdmin webmaster@example.com
    ErrorLog /var/log/httpd/namevirtual-1-error_log
    CustomLog /var/log/httpd/namevirtual-1-access_log combined
</VirtualHost>

<Directory /var/www/namevirtual-1.example.com> ——— ドキュメントに対するアクセス許可
    Require all granted
</Directory>

<VirtualHost 192.168.2.4:80> ——— namevirtual-2.example.comの設定
    ServerName namevirtual-2.example.com
    DocumentRoot /var/www/namevirtual-2.example.com
    ServerAdmin webmaster@example.com
    ErrorLog /var/log/httpd/namevirtual-2-error_log
    CustomLog /var/log/httpd/namevirtual-2-access_log combined
</VirtualHost>

<Directory /var/www/namevirtual-2.example.com> ——— ドキュメントに対するアクセス許可
    Require all granted
</Directory>
```

　　　　　　　　各仮想ホストの設定は、IPベースの仮想ホストとほぼ同じです。
　　　　　　　設定ができたら、httpdに設定を再読み込みさせます。/var/www/
namevirtual-1.exmaple.com/と/var/www/namevirtual-2.example.
com/に別々のデータを配置し、実際にhttp://namevirtual-1.example.com/
とhttp://namevirtual-2.example.com/にアクセスし、違いを確認しましょう。

Section 14-04

SSL 対応のWebサーバを作成する

クレジットカードや個人情報を扱う重要なページをWeb上で扱う場合には、HTTPをSSL/TLSで暗号化したプロトコルHTTPSを使います。このセクションでは、ApacheでHTTPSを扱う場合の設定方法について解説します。

このセクションのポイント

■ SSL対応のWebサーバを作るためには、mod_sslというパッケージが必要である。
■ SSL対応のWebサーバは、仮想ドメインとして設定する。
■ SSLの設定では、証明書や鍵ファイルの場所を設定する。

HTTPSの設定

HTTPSはHTTPをSSL/TLSで暗号化したプロトコルです。HTTPSはTCPの443ポートを使用します。AlmaLinux 9/Rocky Linux 9でHTTPSを扱う場合には、httpsサービスへのアクセスを許可する必要があります。

なお、パケットフィルタリングの設定は、Section 14-01のパケットフィルタリングの説明を参照してください。

■ mod_sslのインストール

Apacheでは、HTTPSを使用した仮想ホストを作成することができます。そのためには、mod_sslというパッケージが必要になります。次のようにyumコマンドを使ってインストールを行います。

■ mod-sslのインストール

```
$ sudo yum install mod_ssl Enter
メタデータの期限切れの最終確認: 1:47:58 時間前の 2022年10月19日 11時22分53秒 に実施しました。
依存関係が解決しました。
================================================================================
 パッケージ        Arch          バージョン              リポジトリー       サイズ
================================================================================
インストール:
 mod_ssl          x86_64        1:2.4.51-7.el9_0        appstream         110 k

トランザクションの概要
================================================================================
インストール   1 パッケージ

ダウンロードサイズの合計: 110 k
インストール後のサイズ: 261 k
```

```
これでよろしいですか？ [y/N]: y Enter ── 確認してyを入力
パッケージのダウンロード:
mod_ssl-2.4.51-7.el9_0.x86_64.rpm              673 kB/s | 110 kB     00:00
--------------------------------------------------------------------------------
合計                                           111 kB/s | 110 kB     00:00
トランザクションの確認を実行中
トランザクションの確認に成功しました。
トランザクションのテストを実行中
トランザクションのテストに成功しました。
トランザクションを実行中
  準備            :                                                     1/1
  インストール中  : mod_ssl-1:2.4.51-7.el9_0.x86_64                      1/1
  scriptletの実行中: mod_ssl-1:2.4.51-7.el9_0.x86_64                     1/1
  検証            : mod_ssl-1:2.4.51-7.el9_0.x86_64                      1/1

インストール済み:
  mod_ssl-1:2.4.51-7.el9_0.x86_64

完了しました！
```

■ Apacheの設定

　　mod_sslをインストールすると、/etc/httpd/conf.d/ssl.confという設定ファイルが作成されます。このファイルに、仮想ホストに対してSSL/TLSを使う設定を行います。HTTPS サービスのポート番号は443ですので、443 番ポートを扱う仮想ホストを作成し、そこにSSL/TLS の設定を行うようになっています。次は、https://www.example.com/ でアクセスできる仮想ホストの設定例です。

■ 仮想ホストの設定（/etc/httpd/conf.d/ssl.conf）

```
Listen 443 https
SSLPassPhraseDialog exec:/usr/libexec/httpd-ssl-pass-dialog
SSLSessionCache         shmcb:/run/httpd/sslcache(512000)
SSLSessionCacheTimeout  300
SSLCryptoDevice builtin

<VirtualHost _default_:443> ── 443番ポートに対する仮想ホスト
    DocumentRoot "/var/www/ssl" ── 適切なディレクトリに変更
    ServerName www.example.com:443 ── 適切なサーバ名に変更
    ErrorLog logs/ssl_error_log
    TransferLog logs/ssl_access_log
    LogLevel warn
    SSLEngine on
    SSLHonorCipherOrder on
```

```
SSLCipherSuite PROFILE=SYSTEM
SSLProxyCipherSuite PROFILE=SYSTEM
SSLCertificateFile /etc/pki/tls/certs/www.example.com.crt ─── 用意したSSL/TLS証
                                                                明書のパスに変更
SSLCertificateKeyFile /etc/pki/tls/certs/www.example.com.key ─── 用意した鍵ファイ
                                                                 ルのパスに変更
<FilesMatch "¥.(cgi|shtml|phtml|php)$">
    SSLOptions +StdEnvVars
</FilesMatch>

<Directory "/var/www/cgi-bin">
    SSLOptions +StdEnvVars
</Directory>

BrowserMatch "MSIE [2-5]" ¥
        nokeepalive ssl-unclean-shutdown ¥
        downgrade-1.0 force-response-1.0

CustomLog logs/ssl_request_log ¥
        "%t %h %{SSL_PROTOCOL}x %{SSL_CIPHER}x ¥"%r¥" %b"
</VirtualHost>
```

　この例のように、SSL/TLSを有効にし、証明書と対応する鍵ファイルを設定します（証明書の作成方法については、Chapter 19を参照してください）。

表14-3　SSL/TLSに関係する主な設定

項目	説明
SSLEngine	SSLを使用の有無を指定します。使用する場合は、「On」を使用しない場合は、「Off」を指定します。
SSLCertificateFile	証明書ファイルをフルパスで指定します。
SSLCertificateKeyFile	サーバの秘密鍵ファイルをフルパスで指定します。
SSLCACertificateFile	認証局の関する証明書ファイルが必要な場合に、証明書ファイルをフルパスで指定します。プライベート証明書を使う場合には、認証局の設定として必要です。自己署名証明書の場合には、設定は必要ありません。

> **メモ**
>
> グローバル証明書を使う場合には、通常はSSLCACertificateFileは必要ありません。ただし、証明書発行機関が「中間証明書」という特別な証明書を発行することがあります。そのような場合には、SSLCACertificateFileを使って設定を行います。

　設定が完了したら、設定を反映する前に証明書と秘密鍵を指定した場所に配置します。証明書の配置が完了したら、設定ファイルの確認を行い、Apacheの再起動を行います。

■ Apacheの再起動

```
$ sudo apachectl configtest Enter
Syntax OK
$ sudo systemctl restart httpd.service Enter
```

　鍵ファイルにパスフレーズが掛かっている場合には、サービスの起動時に入力待ちになりますので、パスフレーズを入力します。Apacheの再起動が完了したら、https://www.example.com/ にアクセスを行い、動作を確認しておきましょう。

Chapter
15 →

サーバ仮想化

AlmaLinux 9/Rocky Linux 9 では、KVM と呼ばれる仮想化技術が採用されています。KVM を利用すると、1 つの AlmaLinux 9/Rocky Linux 9 サーバ上に、仮想的なコンピュータを作成し、それぞれに個別の OS 環境を作成することができます。この Chapter では、AlmaLinux 9/Rocky Linux 9 に仮想サーバ環境を作成する方法について解説します。

Section 15-01 仮想サーバを理解する

実際に仮想サーバを作成する前に、仮想サーバの概要とAlmaLinux 9/Rocky Linux 9が採用しているKVMの特徴について理解しておきましょう。

このセクションのポイント

■ 仮想サーバを使うことで、コンピュータの性能をフル活用できる。
■ KVMは、仮想サーバを動作させるハイパーバイザーの一種である。
■ KVMを利用するには、Intel VT-Xなどのハードウェアサポートが必要である。
■ KVMは、Linuxカーネルに統合されていて、高速に動作する。

サーバを仮想化するメリット

仮想化は、1台の物理的なコンピュータの上に、何台かの仮想的なコンピュータを作成する技術です。仮想化を行うことには様々なメリットがあります。

■ スクラップ&ビルドが簡単である

ソフトウェアの開発や試用、Linuxの勉強のために、何台ものコンピュータが必要になる場合があります。仮想サーバであれば、ハードディスクの容量が許す限り、何台でも作成することができます。また、不要になったら、すぐに削除することもできます。このような一時的な用途には、仮想サーバは最適なソリューションです。

■ コンピュータの性能をフル活用できる

コンピュータの性能は年々よくなり、一台のコンピュータにたくさんのCPUやメモリを搭載できます。そのため、あまり利用度の高くないサービスの場合には、コンピュータの性能を十分に利用することができません。例えば、数十人しか利用しないようなWWWサーバでは、コンピュータの性能のほとんどが使われません。

仮想化をすると、1台のコンピュータ上に、いくつものサービスをインストールすることができ、コンピュータの性能を十分に引き出すことができます。

■ システムを単純化する

本書で紹介している様々なサービスは、1つのLinux上に混在することもできます。例えば、Webサーバ、メールサーバ、DNSサーバを1つのLinux上にインストールすることは可能です。しかし、サーバ上の設定は、どんどん複雑になってわかりにくくなってしまいます。

1つのサービスに1つの仮想サーバを利用するようにすると、設定が単純でわかりやすくなります。さらに、各サーバを別々の担当者が管理するという分担もしやすくなります。

■ 古いOSやアプリケーションを利用できる

サーバの故障やサポート終了で、利用中のアプリケーションを新しいハードウェアで使いたい場合があります。しかし、なかなか簡単にはできません。新しいハードウェアは古いOSに対応できなかったり、アプリケーションが最新のOSで動作しなかったりするためです。

仮想サーバでは古いOSも動作します。そのため、仮想サーバを最新のハードウェア上で動かせば、このようなアプリケーションも利用できるようになるのです。

仮想化の仕組み

図15-1は、仮想化の仕組みを表しています。図のように、各仮想サーバでは、キーボードやマウスなどの入力装置、CPU、メモリ、ハードディスクなどの各種ハードウェアをエミュレートし、独立したサーバ環境を作り出します。

図15-1 仮想化のしくみ

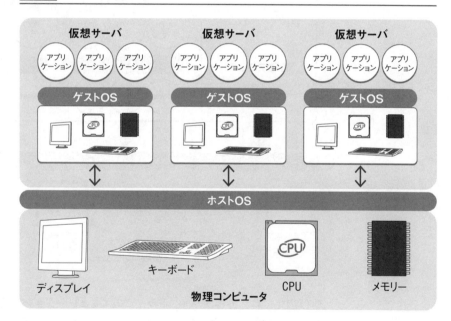

1つのサーバの中には、複数の仮想サーバを動作させることができます。LinuxとWindowsといった別々のOSを動かすこともできます。この仮想サーバのことを**ゲストOS**と呼び、ハードウェアを直接制御しているOSのことを**ホストOS**と呼びます。また、このような仮想化を実現するためのソフトウェアを**ハイパーバイザー**と呼びます。

ハイパーバイザーには、仮想マシンを動かすための機能をエミュレートするため、

OSに必要な様々な機能が必要になります。このChapterで扱う**KVM**は、ハイパーバイザーの一種です。他に、Xen、VmWare、VirtualBox、Hyper-Vなどが知られています。

■ 準仮想化

Xen、Hyper-V、VMWareなどのハイパーバイザーは、**準仮想化**という方法を使っています。各ゲストOSには特別なデバイスドライバをインストールします。ゲストOSが、このデバイスドライバを通してホストOSにハードウェアの処理を依頼します。ホストOSは、その要求にしたがって処理を行い結果を返します。

準仮想化では、仮想化のオーバーヘッドを最小に抑えることができます。しかし、特別なデバイスドライバが必要なため、デバイスドライバが用意されているOSしか、稼働させることができません。

図15-2　準仮想化

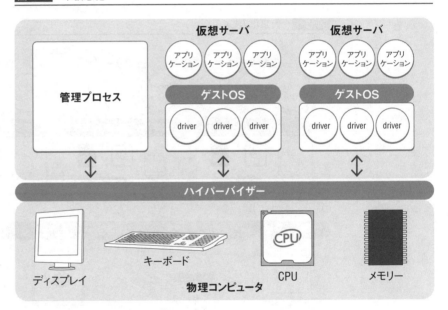

準仮想化では、各種デバイスドライバのエミュレーションや仮想サーバの管理のために、専用のプロセスを割り当てて処理を行います。そのため、ハイパーバイザーに様々な処理を実装しなければなりません。

■ 完全仮想化

完全仮想化では、ホストOSがハードウェアの機能をエミュレーションします。そのため、ゲストOSからは、物理コンピュータ上で動作しているのと同じ条件のように見えます。エミュレーションのオーバーヘッドは比較的大きいので、性能が劣

化するという欠点があります。そのため、この欠点をハードウェア的にサポートする機能を持ったコンピュータでしか動作することができません。この機能は、Intel VT-X、AMD Pacifica hardware virtualizationなどです。最近ではノート型PCを含む、ほとんどのコンピュータで利用することができます。

KVMの特徴

KVMは、完全仮想化のハイパーバイザーです。KVMは、Linuxカーネルに統合されていて、デバイスドライバなどのカーネルの提供する機能を利用することができます。そのため、準仮想化のハイパーバイザーに比べて、新しい技術の取り入れが早く、安定性も優れています。KVMには、他にも次のような特徴があります。

■ 高速なハイパーバイザー

KVMは、Linuxのリアルタイム処理の技術を利用して作られていて、ゲストOSの性能を最大限に引き出すことができます。

■ リソース管理

KVMでは、ゲストOSはLinuxプロセスとして動作します。そのため、Linuxの機能を利用して細かなリソース制限を掛けることができます。割り当てられるCPUの数や、利用比率なども制御できます。

■ 様々なネットワーク技術を利用可能

Linuxがサポートしているすべての種類のNICに対応できます。高速LANカードや無線LANなども、そのまま利用できます。また、ハイパーバイザーのネットワークインタフェースをブリッジで共有したり、NAT型の通信を行うこともできます。

■ 様々なストレージに対応

LinuxでサポートされているLVMやiSCSIなどのストレージの技術をそのまま使え、高速さも引き継ぐことができます。

■ オンデマンドストレージ

仮想マシンに割り当てるディスク領域を、事前に割り当てる方式とオンデマンドでの割り当て方式から選択することができます。事前割り当ては、ディスクを連続的に利用し高速に動作します。オンデマンド割り当ては、ディスクを有効に活用できます。

■ ライブマイグレーション

　実行中の仮想マシンを他のホストに移動する機能を**ライブマイグレーション**と呼びます (図15-3)。この機能を利用すると、負荷の高いホストから余裕のあるホストへゲストOSを無停止で移動させ、再配置できます。

図15-3　ライブマイグレーション

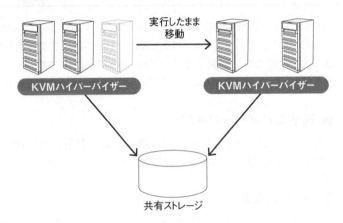

KVMをインストールする

仮想化の機能を利用するために、このセクションでは仮想マシンマネージャを
インストールします。

仮想環境の準備

図15-1のような仮想化の環境を作っていくには、ホストOSを準備し、次に仮想
ホストを作成する必要があります。そのため、まずはホストOSを準備します。

物理マシンのBIOS設定

ホストOSは、いわゆる物理サーバにインストールします。このとき、CPUの仮
想化の機能を利用するため、次のようなことを確認しておきましょう。

- Intel VTxまたはAMD Pacifica hardware virtualizaionをサポートしている
  ハードウェアであること
- BIOSで、Virtualizationが有効であること

> **メモ**
>
> ホストOSをSection 02-05で解説したVirtualBoxのような仮想ソフトウェアの上に作成
> することも可能です。これを、Nested Virtualization(入れ子になった仮想化) と呼びます。
> Nested Virtualizationは、性能的に問題があるため、あまり推奨されていませんが、機能確
> 認のためには便利なことがあります。VirtualBoxのNested Virtualizationを利用する場合に
> は、Virtualboxの設定画面で、[システム] → [プロセッサ] の設定を表示し、[ネステッドVT-x/
> AMD-Vを有効化] を設定しておきます。

KVMのインストール

仮想化の機能を利用するには、まずKVMに関連するパッケージをインストール
します。管理を行うCockpitの仮想マシン管理機能 (Cockpit Machines)、仮
想マシンエミュレータのQEMU、仮想マシンを制御したりインストールするための
libvirtなどをインストールします。

次のようにyumコマンドを使ってcockpit-machines、qemu-kvm、qemu-img、libvirt、virt-installをインストールします。sudoを使って、管理者モードで実行する必要があります。

■ KVMのインストール

```
$ sudo yum install cockpit-machines qemu-kvm qemu-img libvirt virt-install Enter
AlmaLinux 9 - AppStream                         4.0 MB/s | 8.8 MB      00:02
AlmaLinux 9 - BaseOS                            3.0 MB/s | 4.3 MB      00:01
AlmaLinux 9 - Extras                            13 kB/s |  13 kB      00:00
依存関係が解決しました。

========================================================================
 パッケージ                   Arch   バージョン            Repo        サイズ
========================================================================

インストール:
 cockpit-machines             noarch 263-1.el9             appstream 754 k
 libvirt                      x86_64 8.0.0-8.1.el9_0        appstream  14 k
 qemu-img                     x86_64 17:6.2.0-11.el9_0.5    appstream 2.2 M
 qemu-kvm                     x86_64 17:6.2.0-11.el9_0.5    appstream  56 k
 virt-install                 noarch 3.2.0-14.el9.alma      appstream  41 k
依存関係のインストール:
 boost-iostreams              x86_64 1.75.0-6.el9           appstream  39 k
 boost-system                 x86_64 1.75.0-6.el9           appstream  14 k
......
 xkeyboard-config             noarch 2.33-2.el9             appstream 783 k
 xorriso                      x86_64 1.5.4-4.el9            appstream 315 k


トランザクションの概要
========================================================================
インストール   123 パッケージ

ダウンロードサイズの合計: 78 M
インストール後のサイズ: 310 M
これでよろしいですか? [y/N]: y Enter ── 確認してyを入力
パッケージのダウンロード:
(1/123): boost-thread-1.75.0-6.el9.x86_64.rpm     300 kB/s |  56 kB      00:00
(2/123): boost-system-1.75.0-6.el9.x86_64.rpm      69 kB/s |  14 kB      00:00
(3/123): boost-iostreams-1.75.0-6.el9.x86_64.rp   170 kB/s |  39 kB      00:00
......
(121/123): rpcbind-1.2.6-2.el9.x86_64.rpm          584 kB/s |  56 kB      00:00
(122/123): sssd-nfs-idmap-2.6.2-2.el9.x86_64.rp    665 kB/s |  37 kB      00:00
(123/123): systemd-container-250-6.el9_0.x86_64    1.7 MB/s | 538 kB      00:00
------------------------------------------------------------------------
合計                                               6.5 MB/s |  78 MB      00:12
AlmaLinux 9 - AppStream                            3.0 MB/s | 3.1 kB      00:00
```

トランザクションの確認を実行中
トランザクションの確認に成功しました。
トランザクションのテストを実行中
トランザクションのテストに成功しました。
トランザクションを実行中

```
  準備             :                                              1/1
  インストール中   : libxshmfence-1.3-10.el9.x86_64              1/123
  インストール中   : libX11-xcb-1.7.0-7.el9.x86_64               2/123
  インストール中   : qemu-img-17:6.2.0-11.el9_0.5.x86_64         3/123
  インストール中   : mesa-libglapi-21.3.4-2.el9.x86_64           4/123
......
  検証             : rpcbind-1.2.6-2.el9.x86_64                  121/123
  検証             : sssd-nfs-idmap-2.6.2-2.el9.x86_64           122/123
  検証             : systemd-container-250-6.el9_0.x86_64        123/123
```

インストール済み:

```
  boost-iostreams-1.75.0-6.el9.x86_64
  boost-system-1.75.0-6.el9.x86_64
  boost-thread-1.75.0-6.el9.x86_64
......
  vulkan-loader-1.3.216.0-1.el9_0.x86_64
  xkeyboard-config-2.33-2.el9.noarch
  xorriso-1.5.4-4.el9.x86_64
```

完了しました!

15-03 仮想サーバをインストールする

Cockpit Machinesをインストールしたら、さっそく仮想サーバをインストールしてみましょう。

■1 ISOイメージからOSをインストールすることができる。
■2 仮想マシンに割り当てる、CPU、メモリ、ディスク容量を作成時に指定する。
■3 インストール元は、ローカルメディアやクラウドからの自動ダウンロードなどが選べる。
■4 仮想マシンの作成時には、「仮想マシンをすぐに起動」のチェックを外しておく。

libvirtdサービスの起動

KVMを使用するには、libvirtdサービスを起動する必要があります。次のようにサービスを起動します。

```
$ sudo systemctl start libvirtd.service Enter
```

さらに、システムの起動時に、自動的にサービスが起動されるように設定しておきましょう。

```
$ sudo systemctl enable libvirtd.service  Enter
Created symlink /etc/systemd/system/multi-user.target.wants/libvirtd.service → /
usr/lib/systemd/system/libvirtd.service.
Created symlink /etc/systemd/system/sockets.target.wants/libvirtd.socket → /usr/
lib/systemd/system/libvirtd.socket.
Created symlink /etc/systemd/system/sockets.target.wants/libvirtd-ro.socket → /usr/
lib/systemd/system/libvirtd-ro.socket.
```

仮想マシンの作成

KVMを利用するために、Cockpitの仮想マシン管理画面にアクセスします。Cockpitにログインし、左のメニューから[仮想マシン]を選択します。

図15-4 Cockpitの仮想マシン管理画面

[仮想マシン] の作成をクリックすると、図15-5の仮想マシンの新規作成画面が表示されます。

図15-5 Cockpitの仮想マシンの新規作成

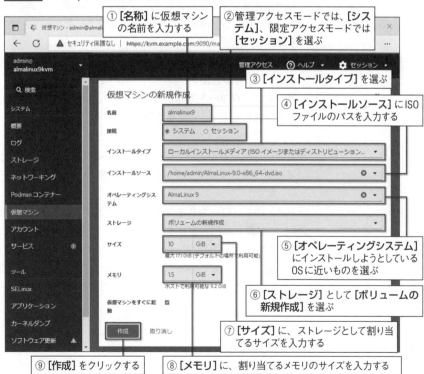

[名前]欄には、これから作成する仮想マシンの名前を入力します。[接続]欄では、[システム]と[セッション]を選択します。

管理アクセスモードで、システム管理者が管理すべき仮想マシンを作成する場合には、[システム]を選択します。制限アクセスモードでは、[システム]は選択できません。その場合には[セッション]を選択します。なお、制限アクセスモードで作成した仮想マシンは、ログインしたユーザが管理する仮想マシンとなり、他のユーザからは管理できません。また、管理アクセスモードで作成した仮想マシンは、制限アクセスモードで利用しているユーザからは管理できません。ただし、管理アクセスモードでは、すべての仮想マシンを管理することができます。

次に、[インストールタイプ]を選択します。また、[インストールタイプ]に合わせて、[インストールソース]を設定します。[インストールタイプ]には、次の4つを選ぶことができます。

- **OSをダウンロードします**：[オペレーティングシステム]に指定したOSを自動的にダウンロードしてインストールを行います。[インストールソース]には何も設定する必要がありません。
- **クラウドベースイメージ**：クラウドからダウンロードしたインストールイメージを使います。[インストールソース]には、イメージのファイルパスを設定します。
- **ローカルインストールメディア**：ISOファイルまたはディストリビューションのインストールツリー（ISOファイルをマウントしたもの）を使って、インストールします。
- **URL**：指定したURLにあるISOイメージかディストリビューションツリーを使ってインストールします。
- **ネットワークブート（PXE）**：PXEブートという手法を使って、ネットワーク上からインストールイメージを取得します。

最も簡単な方法は[OSをダウンロードします]を選択することです。その場合には、[オペレーティングシステム]に指定したOSを自動的にダウンロードしてインストールします。

図15-5では、[ローカルインストールメディア]を選択し、adminのホームディレクトリに配置したISOファイルを[インストールソース]に指定しています。指定したファイルは、仮想マシンを実行するユーザ（qemu）からアクセスできなければなりません。一般的に、ユーザのホームディレクトリはユーザ以外のアクセスができないように設定されていますので、次の例のようにアクセス権を設定しておく必要があります。

■ ホームディレクトリのアクセス権を設定する（adminユーザの場合）

```
$ chmod 755 /home/admin Enter
```

[オペレーティングシステム]の項目は、インストールしようとしているOSと同じものがあれば、それを選択します。もし、同じものがない場合には、できるだけ近いものを選択します。

[ストレージ]のメニューからは、通常は[ボリュームの作成]を選びます。既存のディスクイメージを使う場合には、[ストレージプール]を選択します。ディスクイメージは、あらかじめストレージプール内に配置しておく必要があります。[サイズ]の項目が、ディスクイメージのパスを入力する欄に変わりますので、そこにディスクイメージのパスを入力します。

[メモリ]には、作成する仮想マシンに割り当てるメモリ量を入力します。

[オペレーティングシステム]で選択したOSの最低要件が表示されますので、それを参考にディスクサイズやメモリを設定して下さい。

[仮想マシンをすぐに起動する]にチェックを入れておくと、作成された仮想マシンがすぐに起動されます。この例のように、ISOイメージからインストールする場合には、インストーラからメニュー　を選ぶ必要がありますので、チェックを外しておくことをお勧めします。

最後に[作成]をクリックすると、設定値がチェックされ、問題がなければ仮想マシンが作成され、図15-6のような仮想マシンの管理画面に戻ります。

図15-6　Cockpitの仮想マシンの一覧

作成した仮想マシンをクリックする

仮想マシンの起動とインストールの開始

図15-6の画面から、作成された仮想マシンを選択すると、図15-7のような画面になります。仮想マシンの作成時に[仮想マシンをすぐに起動する]にチェックを入れていなかった場合には、[インストール]をクリックします。

図15-7　Cockpitの仮想マシンのインストール

仮想マシンが起動され、図15-8のように右側にコンソール画面が表示されます。
このコンソール画面にキーボードやマウスを使って入力することで、仮想マシンをイ
ンストールできます。

図15-8　Cockpitの仮想マシンのコンソール表示

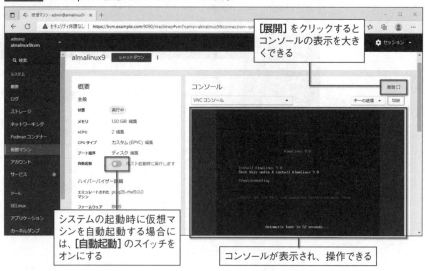

　なお、画面は縮小されて表示されています。[展開]をクリックすると、画面を横
に広げることができます。

■ ネットワークの設定

　仮想マシンには、ホストOSから自動的にIPアドレスが割り振られます。そのた

め、インストール時のネットワーク設定では、DHCPを使ってIPアドレスを自動割り当てするように設定します。

なお、仮想マシンから外部への通信は、ホストOSのIPアドレスにアドレス変換（NAT）して実行されます。

■ 仮想マシンの自動起動

図15-8の画面で、[**自動起動**]をオンにしておくと、ホストOSが再起動した場合に、自動的に仮想マシンを起動するように設定することができます。

仮想マシンへのログイン

インストールが完了したら、仮想マシンへは、図15-8のコンソール画面からログインすることができます。また、SSHでのログインもできます。ここでは、SSHでログインする方法について解説します。

図15-8の画面を下にスクロールすると、図15-9のように仮想マシンに割り当てられたネットワークの情報を見ることができます。

図15-9　Cockpitの仮想マシンのネットワーク情報

ホストOSから、このIPアドレスにsshコマンドを使って接続することで、仮想マシンにログインすることができます。

Section 15-04 仮想マシンを操作する

Cockpitの仮想マシンの画面から、仮想マシンの操作をすることができます。このセクションでは、仮想マシンの操作方法について解説します。

このセクションのポイント

■①Cockpitから仮想マシンの停止やシャットダウンができる。
■②Cockpitから仮想マシンのメモリ、CPUなどを動的に変更できる。

仮想マシンの操作

図15-10 Cockpitの仮想マシンの操作メニュー

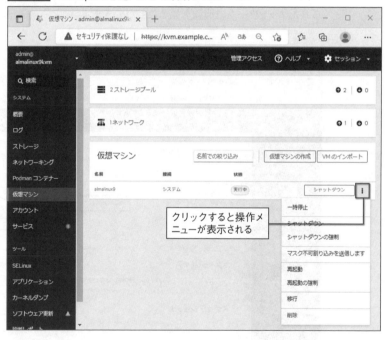

図15-10は、仮想マシンの一覧画面です。この画面には、仮想マシンの一覧が表示されています。各仮想マシンの状態の右側には、仮想マシンに合わせて、操作ボタンが表示されています。実行中の仮想マシンの場合には[シャットダウン]が表示されていて、それをクリックすると仮想マシンをシャットダウンすることができます。また、停止中の仮想マシンの場合には[実行]が表示されていますので、クリックすることで仮想マシンを起動することができます。

　また、ボタンの右側の [：] をクリックすると詳細な操作メニューが表示され、次のような操作ができます。

- [**一時停止**]：仮想マシンを停止（サスペンド）します。停止中はメニューに [再開] が表示されます。
- [**再開**]：停止状態の仮想マシンを実行状態にすること（レジューム）ができます。
- [**シャットダウン**]：仮想マシンにシャットダウン信号を送ります。
- [**シャットダウンの強制**]：仮想マシンがシャットダウンできない場合、強制的にOFFにします。
- [**マスク不可割り込みを送信します**]：仮想マシンにシャットダウン信号を送ります（マスク不可）。
- [**再起動**]：仮想マシンに再起動を促す信号を送ります。
- [**再起動の強制**]：仮想マシンを強制的に再起動します。
- [**移行**]：仮想マシンをライブマイグレーションします。
- [**削除**]：仮想マシンを削除します。

　仮想マシンの名前をクリックすると、図15-11のような仮想マシンの操作画面が表示されます。

図15-11　Cockpitの仮想マシンの操作画面

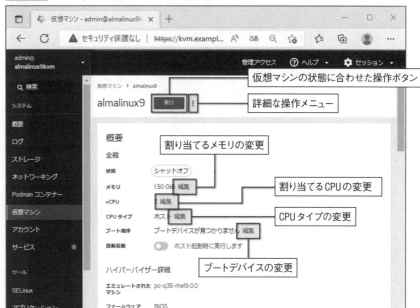

　仮想マシンの名前右側のボタンと [：] をクリックして表示されるメニューでも、

同様の操作が可能です。

■ 仮想マシンの設定変更

図15-11の［メモリ］［vCPU］［CPUタイプ］［ブート順序］などの右側には［編集］のリンクが設定されています。このリンクをクリックすると、割り当てられるメモリの量、CPU数、CPUタイプなどを変更することができます。仮想マシンの起動中でも設定を変更でき、設定はただちに変更されます。

［ブート順序］の設定は、シャットオフ状態の場合のみ設定が可能です。

Chapter

16→

システムバックアップ

重要なサーバを構築したら、万一ハードウェアが壊れるなどの障害が発生しても復旧ができるように、システムバックアップを作成しておきましょう。この Chapter では、システムバックアップのやり方について解説します。

Contents

はじめての AlmaLinux 9 & Rocky Linux 9 Linux サーバエンジニア入門編

Section 16-01 システムバックアップを知る

システムバックアップとは、ハードウェア故障などの障害が発生したときに速やかに回復できるようにするために、システムの重要なファイルをバックアップしておくことです。このセクションでは、システムバックアップの考え方について理解しておきましょう。

このセクションのポイント

❶障害からの速やかな復旧のためにバックアップを取得する。
❷バックアップには、システムバックアップとデータバックアップがある。
❸システムバックアップには、フルバックアップが適している。

バックアップの概要

これまでのChapterで、さまざまな用途に合わせてネットワークサーバを構築してきました。苦労して作成したサーバですが、何らかの故障が発生しないとは限りません。次のような故障の可能性があります。

■ ディスクの寿命

デスクトップPCやノートPCのハードディスクは、1日8時間くらいの利用で3～5年程度の寿命だと言われています。サーバ用のコンピュータの場合には、もう少し品質の高いディスクが使われていて、24時間のフル稼働でも5年程度は持つように設計されています。しかし、万一ディスクが故障すると、記録していたデータが失われてしまいます。

■ 電源の故障

コンピュータは電気で動いていますので、電源が故障すると起動することができなくなります。単純な劣化での故障もありますが、落雷や地震などが原因で故障する可能性もあります。

■ 物理的な故障

地震などで物理的にコンピュータが壊れてしまう可能性もあります。

■ ディスク以外のハードウェアの故障

CPU、メモリ、バス、LANなどの故障もまれに発生します。特にCPU、メモリ、バスなどの障害が発生すると、正しくデータ処理できない状況になってしまい、データが壊れてしまうことがあります。

■ ソフトウェアの故障

ソフトウェアのバグなどで、システムが停止したり、データが破壊されてしまったり、サーバが起動できなくなることがあります。

■ 外部からの攻撃

ネットワークサーバの場合には、外部から攻撃を受ける可能性もあります。データが改ざんされたり、削除されてしまうこともあります。

特にハードウェアが故障すると、データがなくなってしまうこともあります。最悪の場合、すべての設定をやり直す必要が出てきます。また、サーバに蓄積されていたデータも失われてしまいます。そのようなことにならないように、障害が発生することを想定して、事前に準備をしておくことが推奨されています。

こうした障害時に、元の状態に戻すために必要なデータをあらかじめ取得しておくことを、**バックアップ**と呼びます。

■ システムバックアップとデータバックアップ

バックアップには、次の2つの方法があります。

・システムバックアップ
・データバックアップ

このChapterではシステムバックアップを扱い、データバックアップについてはSection 18-04で扱います。まずは、2つのバックアップの違いについて確認しておきましょう。

■ システムバックアップ—サーバの機能を復旧するためのバックアップ

システムバックアップは、サーバの機能を速やかに復旧するためのバックアップです。サーバの環境をまるごとバックアップしておくことから、**イメージバックアップ**とも呼ばれます。

例えばメールサーバの場合には、ネットワーク設定や起動するソフトウェアなどのOSの基本的な設定だけでなく、メールサーバのソフトウェアの設定などを保管しておくことで、すぐに復旧できるようになります。速やかな復旧のためには、こうした設定を個別に保管するのではなく、まるごと保管しておきます。

■ データバックアップ—サーバのデータを復旧するためのバックアップ

データバックアップは、サーバに蓄積されたデータをバックアップする方法です。

例えばメールサーバの場合には、ユーザのメールがデータとして蓄積されていま

す。こうしたデータは日々変わってしまうため、システムバックアップとは別に収集しておいた方が、効率よく復旧できます。

バックアップの種類

また、バックアップには、次の3つの種類があります。

■ フルバックアップ

フルバックアップは、最も基本的なバックアップ方法です。必要なデータを単純にすべて保管します。システムバックアップは、フルバックアップの手法で取得するのが一般的です。

■ 差分バックアップ

差分バックアップは、フルバックアップと組み合わせて使われます。前回のフルバックアップからの違いだけを保存しておきます。フルバックアップと差分バックアップの2つのデータで、元の状態に戻すことができます。

ほとんど更新されないデータと頻繁に更新されるデータが混在しているデータのバックアップには、差分バックアップが適しています。

■ 増分バックアップ

増分バックアップは、常に前回からの違いを記録していきます。すべてのバックアップデータが揃わないと完全にデータを復元することができません。そのため、たくさんのバックアップデータを保管しておく必要があります。

変更量が少なく、一部のデータだけが更新されるようなデータのバックアップには、増分バックアップが適しています。

Section
16-02
ソフトウェアをインストールする

AlmaLinux 9/Rocky Linux 9には、フルバックアップを取得するための仕組みとして、Relax-and-Recoverというソフトウェアが用意されています。このセクションでは、Relax-and-Recoverのインストールについて解説します。

このセクションのポイント

■ Relax-and-Recoverは、システムバックアップのツールである。
② Relax-and-Recoverでは、レスキューイメージを作り、そこから復旧作業を実行できる。

■ Relax-and-Recoverとは

Relax-and-Recoverは、AlmaLinux 9/Rocky Linux 9に採用されているシステムバックアップ用のソフトウェアです。ソフトウェア名が長いため、ReaRと省略して呼ばれることもあります。次のような特徴があります。

■ レスキューイメージを作成できる

復旧用の起動イメージをUSBやDVDに保存することができます。これを**レスキューイメージ**と呼びます。また、レスキューイメージから直接サーバを起動してデータの復旧をすることができます。そのため、AlmaLinux 9/Rocky Linux 9のインストール用のメディアがなくても、保管してあるメディアだけで復旧できます。

■ ファイルシステムのサポートが充実している

AlmaLinux 9/Rocky Linux 9で使われているxfsだけでなく、ext4などのファイルシステムにも対応しています。また、LVMにも対応しています。

■ 簡単に復旧できる

作成したリカバリイメージからシステムを起動してメニューを選択するだけで、簡単に復旧できます。

■ Relax-and-Recoverのインストール

Relax-and-Recoverでシステムバックアップを取得するためには、まずrearパッケージをインストールする必要があります。また、レスキューイメージを作成するために、syslinux-extlinuxやgrub2-efi-x64-modulesなどのパッケージも一緒にインストールします。

```
$ sudo yum install rear syslinux-extlinux grub2-efi-x64-modules Enter
```
メタデータの期限切れの最終確認: 17:04:23 時間前の 2022年10月31日 17時23分41秒 に実施しました。
依存関係が解決しました。

```
==============================================================================
 パッケージ            Arch    バージョン                Repo       サイズ
==============================================================================
インストール:
 grub2-efi-x64-modules  noarch  1:2.06-27.el9_0.7.alma   baseos     1.0 M
 rear                   x86_64  2.6-11.el9               appstream  711 k
 syslinux-extlinux      x86_64  6.04-0.19.el9            baseos     130 k
アップグレード:
 grub2-common           noarch  1:2.06-27.el9_0.7.alma   baseos     904 k
 grub2-pc               x86_64  1:2.06-27.el9_0.7.alma   baseos      15 k
 grub2-pc-modules       noarch  1:2.06-27.el9_0.7.alma   baseos     907 k
 grub2-tools            x86_64  1:2.06-27.el9_0.7.alma   baseos     1.8 M
 grub2-tools-minimal    x86_64  1:2.06-27.el9_0.7.alma   baseos     602 k
依存関係のインストール:
 dhcp-client            x86_64  12:4.4.2-15.b1.el9       baseos     788 k
 ......
 geolite2-city          noarch  20191217-6.el9           appstream   23 M
 geolite2-country       noarch  20191217-6.el9           appstream  1.6 M

トランザクションの概要

==============================================================================
インストール    18 パッケージ
アップグレード    5 パッケージ

ダウンロードサイズの合計: 35 M
```
これでよろしいですか? ［y/N］: y Enter ── 確認して y を入力
```
パッケージのダウンロード:
(1/23): libburn-1.5.4-4.el9.x86_64.rpm           759 kB/s | 171 kB    00:00
(2/23): libisoburn-1.5.4-4.el9.x86_64.rpm        1.3 MB/s | 414 kB    00:00
(3/23): libisofs-1.5.4-4.el9.x86_64.rpm          1.3 MB/s | 221 kB    00:00
......
(21/23): grub2-tools-2.06-27.el9_0.7.alma.x86_6  4.0 MB/s | 1.8 MB    00:00
(22/23): grub2-tools-minimal-2.06-27.el9_0.7.al  2.1 MB/s | 602 kB    00:00
(23/23): geolite2-city-20191217-6.el9.noarch.rp  3.5 MB/s |  23 MB    00:06
------------------------------------------------------------------------------
合計                                             4.3 MB/s |  35 MB    00:08
```
トランザクションの確認を実行中
トランザクションの確認に成功しました。
トランザクションのテストを実行中
トランザクションのテストに成功しました。
トランザクションを実行中

```
準備              :                                                      1/1
アップグレード中   : grub2-common-1:2.06-27.el9_0.7.alma.noarch            1/28
アップグレード中   : grub2-tools-minimal-1:2.06-27.el9_0.7.alma.x86_64      2/28
アップグレード中   : grub2-pc-modules-1:2.06-27.el9_0.7.alma.noarch         3/28
......
検証             : grub2-tools-1:2.06-27.el9_0.x86_64                    26/28
検証             : grub2-tools-minimal-1:2.06-27.el9_0.7.alma.x86_64     27/28
検証             : grub2-tools-minimal-1:2.06-27.el9_0.x86_64            28/28

アップグレード済み:
  grub2-common-1:2.06-27.el9_0.7.alma.noarch
  grub2-pc-1:2.06-27.el9_0.7.alma.x86_64
  grub2-pc-modules-1:2.06-27.el9_0.7.alma.noarch
  grub2-tools-1:2.06-27.el9_0.7.alma.x86_64
  grub2-tools-minimal-1:2.06-27.el9_0.7.alma.x86_64
インストール済み:
  dhcp-client-12:4.4.2-15.b1.el9.x86_64
  dhcp-common-12:4.4.2-15.b1.el9.noarch
......
  syslinux-nonlinux-6.04-0.19.el9.noarch
  xorriso-1.5.4-4.el9.x86_64

完了しました!
```

Relax-and-Recoverのディレクトリ構造

パッケージをインストールすると、Relax-and-Recoverの動作に必要なファイルがインストールされます。主なファイルは図16-1のとおりです。

図16-1 Relax-and-Recoverの動作に必要なファイル

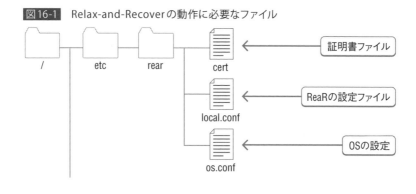

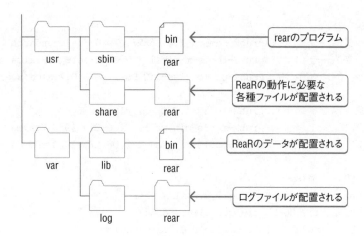

Section

16-03

バックアップの取得

バックアップを取得する

Relax-and-Recoverのインストールができたら、バックアップを行いましょう。このセクションでは、外付けのUSBメモリ、ディスク、NFSサーバなどにバックアップを取得する方法を解説します。

このセクションのポイント

■1 バックアップは、外付けUSBメモリ、外付けハードディスク、NFSサーバなどに取得する。
■2 バックアップ後、リカバリメディアを作成しておく。

バックアップ用のUSBやNFSサーバを用意する

Relax-and-Recoverで作成するバックアップファイルは、/ファイルシステムではない場所に配置する必要があります。一般的には、外付けのUSBメモリ、外付けハードディスク、NFSサーバ上などを使います。このセクションでは、これらの場所にバックアップを取得することを前提に設定方法を解説しています。

バックアップに、外付けのUSBメモリやHDDを使う場合には、Section 06-03を参考に、Windowsで付けられたラベルを確認して、バックアップを取得するサーバにマウントしておきます。また、NFSサーバにバックアップを取得する場合には、Section 08-02を参考にマウントしておきます。

ここでは、いずれの場合にも/backupにマウントしたものとして設定していきます。

バックアップを設定する

Relax-and-Recoverのバックアップは、/etc/rear/local.confに設定します。次の例は、/backupにバックアップする場合の設定例です。sudoを使って、管理者モードでviを起動して設定します。

■ バックアップの設定（/etc/rear/local.conf）

```
BACKUP=NETFS ——— ①
OUTPUT=ISO ——— ②
BACKUP_URL=file:///backup ——— ③
OUTPUT_URL=file:///backup ——— ④
```

①と②は、指定した場所にリカバリ用ISOファイルを作成するという指定です。④のOUTPUT_URLは、バックアップファイルを出力する場所の指定です。「file://」に続いて、外付けUSBメモリ、ハードディスク、NFSサーバなどをマウン

トしたディレクトリを指定します。③のBACKUP_URLは、バックアップから復旧するときの、バックアップファイルが置かれている場所です。復旧時に変更することもできます。ここでは、同じ/backupを指定しています。

バックアップを取得する

バックアップ先と設定ファイルの準備ができたら、バックアップできます。次のように、sudoを使って管理者モードでrearコマンドを実行します。

```
$ sudo rear -v mkbackup Enter
Relax-and-Recover 2.6 / 2020-06-17
Running rear mkbackup (PID 62160)
Using log file: /var/log/rear/rear-almalinux9c.log
Running workflow mkbackup on the normal/original system
Using backup archive '/backup/almalinux9c/backup.tar.gz'
Using autodetected kernel '/boot/vmlinuz-5.14.0-70.13.1.el9_0.x86_64' as kernel in
the recovery system
Creating disk layout
Overwriting existing disk layout file /var/lib/rear/layout/disklayout.conf
Excluding component fs:/backup
Using guessed bootloader 'GRUB' (found in first bytes on /dev/sda)
Verifying that the entries in /var/lib/rear/layout/disklayout.conf are correct ...
Creating recovery system root filesystem skeleton layout
Cannot include default keyboard mapping (no 'defkeymap.*' found in /lib/kbd/keymaps)
To log into the recovery system via ssh set up /root/.ssh/authorized_keys or specify
SSH_ROOT_PASSWORD
Copying logfile /var/log/rear/rear-almalinux9c.log into initramfs as '/tmp/rear-
almalinux9c-partial-2022-11-04T13:11:48+09:00.log'
Copying files and directories
Copying binaries and libraries
Copying all kernel modules in /lib/modules/5.14.0-70.13.1.el9_0.x86_64 (MODULES
contains 'all_modules')
Copying all files in /lib*/firmware/
Broken symlink '/usr/lib/modules/5.14.0-70.13.1.el9_0.x86_64/build' in recovery
system because 'readlink' cannot determine its link target
Broken symlink '/usr/lib/modules/5.14.0-70.13.1.el9_0.x86_64/source' in recovery
system because 'readlink' cannot determine its link target
Testing that the recovery system in /var/tmp/rear.mAx0IWQCEjr91bu/rootfs contains a
usable system
Creating recovery/rescue system initramfs/initrd initrd.cgz with gzip default
compression
Created initrd.cgz with gzip default compression (422188236 bytes) in 18 seconds
```

```
Making ISO image
Wrote ISO image: /var/lib/rear/output/rear-almalinux9c.iso (416M)
Copying resulting files to file location
Saving /var/log/rear/rear-almalinux9c.log as rear-almalinux9c.log to file location
Copying result files '/var/lib/rear/output/rear-almalinux9c.iso /var/tmp/rear.
mAxOIWQCEjr91bu/tmp/VERSION /var/tmp/rear.mAxOIWQCEjr91bu/tmp/README /var/tmp/rear.
mAxOIWQCEjr91bu/tmp/rear-almalinux9c.log' to /backup/almalinux9c at file location
Making backup (using backup method NETFS)
Creating tar archive '/backup/almalinux9c/backup.tar.gz'
Archived 1157 MiB [avg 5459 KiB/sec] OK
Archived 1157 MiB in 218 seconds [avg 5434 KiB/sec]
Exiting rear mkbackup (PID 62160) and its descendant processes ...
Running exit tasks
```

この例では、-vオプションを指定します。そのため、バックアップ作成の進捗状況が細かく表示されます。

リカバリメディアを作成する

/backupを確認してみましょう。

```
$ ls /backup Enter
almalinux9c ──── ホスト名のディレクトリ
$ ls /backup/almalinux9c/ Enter
README    backup.log    rear-almalinuxc.iso  selinux.autorelabel
VERSION   backup.tar.gz rear-almalinuxc.log
```

このように、/backup/にホスト名でディレクトリが作成され、その下にいくつかファイルが作成されています。backup.tar.gzがバックアップファイルです。また、「rear-<ホスト名>.iso」が、起動用のリカバリメディアを作成するためのISOファイルです。このISOファイルをUSBメモリやCD/DVDなどに記録しておけば、バックアップ用の起動ディスクを作成できます。本書ではSection 02-05で、Fedora Media WriterでUSBメモリにISOファイルを書き込む方法を紹介していますので、参考にして下さい。

次のようにして、外付けメモリやNFSサーバを/backupから取り外してから、別のWindows PCなどで起動ディスクを作成しておきます。

```
$ sudo umount /backup Enter
```

バックアップからシステムを復旧する

故障などでバックアップからの復旧が必要になった場合には、ここまでに解説したバックアップファイルから復旧できます。このセクションでは、バックアップからの復旧方法について解説します。実際に故障が発生してからではなく、一度は復旧方法を確認しておくことをお勧めします。

このセクションのポイント

■ リカバリメディアからシステムを起動する。
■ バックアップメディアをマウントして、rear recover を実行する。

リカバリメディアからの起動

Relax-and-Recoverで取得したバックアップからシステムを復旧するときには、リカバリメディアからシステムを起動します。もし、まだリカバリメディアを作成していない場合には、Section 16-03を参考にメディアを作成し、そのメディアを使って起動します。

図16-2 リカバリメディアからのブート

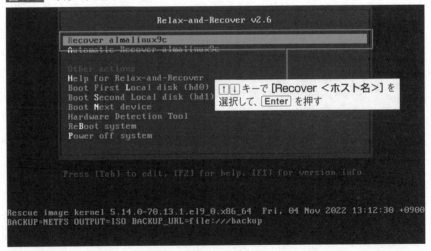

図16-2は、リカバリメディアからブートしたときの画面です。↑↓キーを使ってメニューを移動し、一番上の「Recover almalinux9c」を選択します。実際の表示では、「almalinux9c」の部分がバックアップしたホストの名前になっています。

図16-3　Relax-and-Recoverのログイン

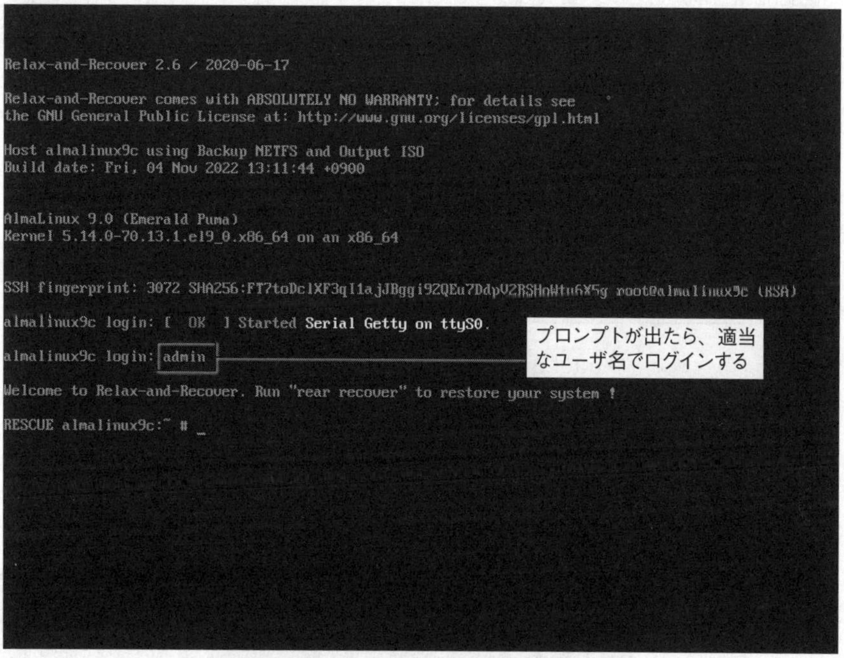

```
Relax-and-Recover 2.6 / 2020-06-17

Relax-and-Recover comes with ABSOLUTELY NO WARRANTY; for details see
the GNU General Public License at: http://www.gnu.org/licenses/gpl.html

Host almalinux9c using Backup NETFS and Output ISO
Build date: Fri, 04 Nov 2022 13:11:44 +0900

AlmaLinux 9.0 (Emerald Puma)
Kernel 5.14.0-70.13.1.el9_0.x86_64 on an x86_64

SSH fingerprint: 3072 SHA256:FT7toDclXF3qI1ajJBggi92QEu7DdpVZRSHnWtu6X5g root@almalinux9c (RSA)

almalinux9c login: [  OK  ] Started Serial Getty on ttyS0.

almalinux9c login: admin

Welcome to Relax-and-Recover. Run "rear recover" to restore your system !

RESCUE almalinux9c:~ # _
```

プロンプトが出たら、適当
なユーザ名でログインする

　起動が完了すると、図16-3のようにログインプロンプトが表示されます。この例
では、adminでログインしていますが、これはダミーです。何らかの文字列を入れ
て、[Enter] を押せばログインできます。

バックアップファイルの用意

　ログインしたら、最初にバックアップメディアをマウントします。バックアップを取
得したときに指定したディレクトリにマウントします。指定したディレクトリがわから
なくなった場合には、次のようにして確認することができます。

```
RESCUE almalinux9c:~ # cat /etc/rear/local.conf [Enter]
BACKUP=NETFS
OUTPUT=ISO
BACKUP_URL=file:///backup ── このディレクトリを確認する
OUTPUT_URL=file:///backup
```

　このディレクトリに、バックアップメディアをマウントします。次の例は、USBディ
スクをマウントする場合の例です。

```
RESCUE almalinux9c:~ # mkdir /backup  Enter
RESCUE almalinux9c:~ # mount /dev/disk/by-label/BACKUP00 /backup  Enter
```

　リカバリメディアから起動した段階で、DHCPを使ってIPアドレスも設定されています。そのため、NFSサーバをマウントすることも可能です。また、scpコマンドを使って、ネットワーク経由でバックアップファイルをコピーしてくることも可能です。

バックアップからの復旧

　/backupにバックアップファイルが用意できたら、復旧できます。次は、その実行例です。

図16-4　復旧の開始

　途中、復旧作業を継続するかどうか確認されます。Enterを入力すると、復旧処理が始まります。

図16-5 復旧の完了

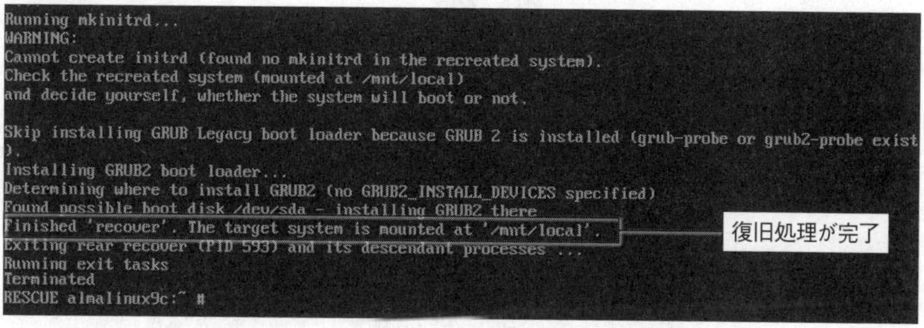

```
Running mkinitrd...
WARNING:
Cannot create initrd (found no mkinitrd in the recreated system).
Check the recreated system (mounted at /mnt/local)
and decide yourself, whether the system will boot or not.

Skip installing GRUB Legacy boot loader because GRUB 2 is installed (grub-probe or grub2-probe exist
).
Installing GRUB2 boot loader...
Determining where to install GRUB2 (no GRUB2_INSTALL_DEVICES specified)
Found possible boot disk /dev/sda - installing GRUB2 there
Finished 'recover'. The target system is mounted at '/mnt/local'.    ——— 復旧処理が完了
Exiting rear recover (PID 593) and its descendant processes ...
Running exit tasks
Terminated
RESCUE almalinux9c:~ #
```

　図16-5は、復旧が完了したときの画面例です。この図のように、「Finished 'revover'.」というメッセージが表示されていれば、復旧処理は完了しています。その後の処理でエラーが表示される場合がありますが、復旧処理が完了していれば問題はありません。

　shutdownコマンドを使って、再起動します。

```
RESCUE almalinux9c:~ # shutdown -r now Enter
```

　システムが再起動すると、最初にSELinuxのラベル付けの処理が実行され、自動的にもう一度再起動します。その後、起動し、ログインプロンプトが表示されれば復旧完了です。

注意

　本書では、あくまで故障を修理して、同じハードウェアに復旧することを前提として解説しています。というのは、バックアップからの復旧時に、元のシステム構成と大きく違うハードウェアに復旧しようとすると、さまざまな調整が必要になるからです。ハードディスクの容量、種類、ネットワークカードの数などが異なると、正常に復旧できない可能性があります。できるだけ同じハードウェアを用意することをお勧めします。

> ### コラム
>
> ### リモートとのファイル同期を使ったバックアップ
>
> 一部のディレクトリの配下のデータだけを別のサーバなどに保管しておきたい場合もあります。例えば、Webサーバのコンテンツをバックアップして、別のWebサーバを作成したい場合などです。単純にディレクトリ配下をリモートにコピーする場合であれば、次の例のようにscpコマンドを使って行うことができます。
>
> ```
> $ scp -rp /var/www/html  remote:/var/www/  Enter
> ```
>
> この例では、/var/www/html/配下のコンテンツをremoteというホストの/var/www/にコピーしています。scpのオプションのrは、ディレクトリ配下をすべてコピーするという指定です。また、pはファイルのタイムスタンプなどの情報を保持したコピーするという指定です。この方法の場合、コマンドを実行するたびに、すべてのファイルがコピーされます。しかし、データが大きい場合には、変更のあったファイルだけをコピーしたい場合があります。このようなときに便利なのがrsyncコマンドです。
>
> rsyncコマンドは、2つのホストのファイルを比較し、変更のあったファイルだけを同期します。
>
> ```
> $ rsync -a /var/www/html remote:/var/www/  Enter
> ```
>
> rsyncは、内部的にはscpと同様のsshプロトコルを使ってファイルの同期を行います。引数の-aは、ディレクトリ配下をすべて同期し、シンボリックリンク、スペシャルファイル、デバイスファイル、更新時刻、グループ、所有者、パーミッションなどの情報をすべて保持するという指定です。ローカルのファイルが削除された場合に、リモート側のファイルも削除したい場合には、次のように--deleteオプションを付けます。また、-vオプションを付けると、バックアップ時に実施したコピーや削除の状況を報告してくれます。
>
> ```
> $ rsync -av --delete /var/www/html remote:/var/www/  Enter
> ```
>
> rsyncには、これ以外にも様々なオプションがあります。詳しくは、manコマンドを使って調べて利用してみてください。

Chapter
17→

トラブル時の対応

サーバを運用していると、ハードウェアの故障や設定の誤りなどによってサーバが起動しないトラブルが発生することがあります。この Chapter では、サーバが起動しなくなったときの復旧の仕方や、ネットワークに関するトラブルの調査手順、原因を見つけるときの重要な手がかりになるシステムログについて説明します。

はじめての AlmaLinux 9 & Rocky Linux 9 Linux サーバエンジニア入門編

緊急時の起動手段を知る

サーバが起動しなくなった場合、その原因を見つけてすぐ修正・復旧する必要が
あります。このセクションでは、起動しなくなったサーバを制限付きで起動する
ための、レスキューターゲットと、インストールディアを使用して起動するトラ
ブルシューティングモードについて説明します。

このセクションのポイント

■■ レスキューターゲットでは最小限の状態で起動する。

■■ トラブルシューティングモードでは、インストールメディアを使ってサーバを起動するため、ディスクなどに
大きな障害があっても起動できる。

レスキューターゲット

特別な設定をしていなければ、AlmaLinux 9/Rocky Linux 9は**マルチユー
ザーターゲット**で起動します。マルチユーザーターゲットとは、複数のユーザがロ
グインでき、さまざまなサービスが利用できる状態です。

それに対して、**レスキューターゲット**があります。レスキューターゲットでは、
サービスはほとんど起動されません。そのため、設定などに問題があってサーバが
起動しない場合に、レスキューターゲットで起動が可能であれば、問題の確認や修
正を行うことができます。例えば、/homeなどのパーティションに何らかの問題が
ある場合に、レスキューターゲットで起動します。

GRUBの起動

レスキューターゲットモードで起動するには、以下の操作を行います。まず、マ
シンに電源を入れると、BIOSによる初期化の後、GRUBが起動され、図17-1の
ような画面が表示されます。

図17-1 GRUBの起動画面

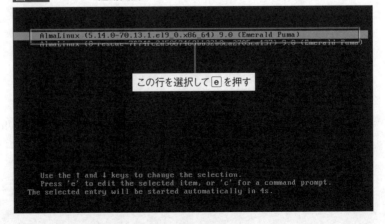

画面の最下部に「The selected entry will be started automatically in 4s」のように表示されていますが、最後の「4s」の部分がカウントダウンされます。数秒しかありませんが、その間に任意のキーを押します。

するとカウントダウンが停止します。1行目は、「AlmaLinux (5.14.0-70.13.1.el9_0.x86_64)」または「Rocky Linux (5.14.0-70.17.1.el9_0.x86_64)」のように表記され、2行目は「AlmaLinux (0-rescure-...」「Rocky Linux (0-rescue)」のように表記されているはずです。⬆もしくは⬇でカーソルを移動し、1行目に移動します。カーソルを移動したら、キーボードの e を押します。

すると、起動設定を編集するための画面が表示されます。⬇でカーソルを下に移動すると、図17-2のような画面の箇所があります。

図17-2 GRUBのメニュー画面

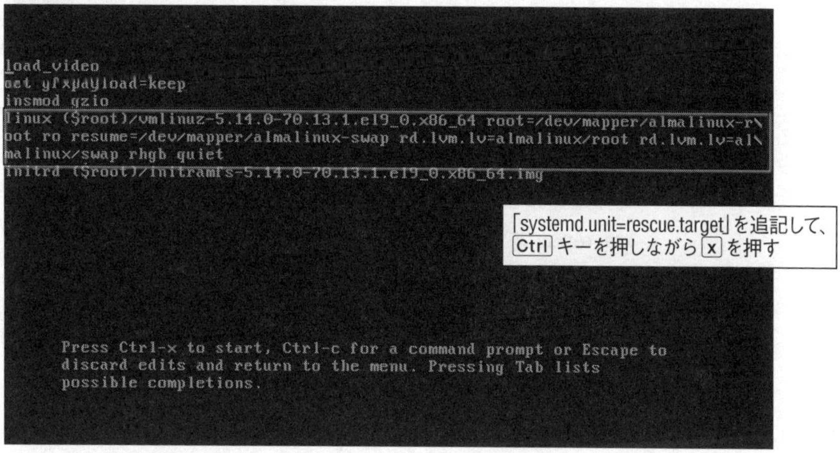

```
load_video
set gfxpayload=keep
insmod gzio
linux ($root)/vmlinuz-5.14.0-70.13.1.el9_0.x86_64 root=/dev/mapper/almalinux-r\
oot ro resume=/dev/mapper/almalinux-swap rd.lvm.lv=almalinux/root rd.lvm.lv=al\
malinux/swap rhgb quiet
initrd ($root)/initramfs-5.14.0-70.13.1.el9_0.x86_64.img
```

> 「systemd.unit=rescue.target」を追記して、Ctrl キーを押しながら x を押す

```
Press Ctrl-x to start, Ctrl-c for a command prompt or Escape to
discard edits and return to the menu. Pressing Tab lists
possible completions.
```

図17-2のように、カーネルのオプションを指定している行がありますので、それを探し移動します。→や Ctrl + E で行末に移動し、「systemd.unit=rescue.target」を追加します。

■ カーネルオプションの指定行（変更後）

```
linux ($root)/vmlinuz-5.14.0-70.13.1.el9_0.x86_64 root=/dev/mapper/almalinux-r\
oot ro resume=/dev/mapper/almalinux-swap rd.lvm.lv=almalinux/root rd.lvm.lv=al\
malinux/swap rhgb quiet systemd.unit=rescue.target
```

編集が終わったら、Ctrl + X を入力します。すると、システムの起動プロセスが始まります。最後に、入力待ちになるので、Enter キーを押します。

図17-3 入力待ちになったら、Enter キーを押す

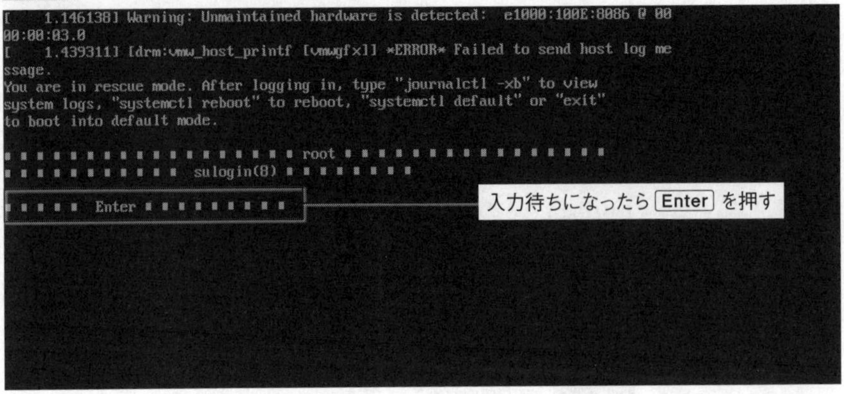

```
[    1.146138] Warning: Unmaintained hardware is detected: e1000:100E:8086 @ 00
00:00:03.0
[    1.439311] [drm:vmw_host_printf [vmwgfx]] *ERROR* Failed to send host log me
ssage
You are in rescue mode. After logging in, type "journalctl -xb" to view
system logs, "systemctl reboot" to reboot, "systemctl default" or "exit"
to boot into default mode.

■ ■ ■ ■ ■ ■ ■ ■ ■ ■ ■ root ■ ■ ■ ■ ■ ■ ■ ■ ■ ■
                    sulogin(8) ■ ■ ■ ■ ■ ■ ■ ■
■ ■ ■ ■ Enter ■ ■ ■ ■ ■ ■ ■ ■        ──── 入力待ちになったら Enter を押す
```

ログインプロンプトが表示されますので、管理ユーザでログインします。

■ ファイルシステムの修復

ここで、問題の確認や修正などを行います。例えば、/homeパーティションのファイルシステムの確認や修復を行いたい場合、/homeをアンマウントして**xfs_repair**コマンドを実行します。ただし、管理ユーザでログインしているため、ログイン時に使ったシェルが/homeを使っている状態になり、/homeをアンマウントできません。そのため、次の手順のように、いったん/へ移動し、exeコマンドで新しいbashに切り替えることでumountができるようになります。

■ /homeパーティションのファイルシステムの確認と修復

```
$ df Enter ──── マウント状態を確認
ファイルシス              1K-ブロック    使用    使用可  使用% マウント位置
devtmpfs                      471424        0   471424   0% /dev
tmpfs                         491820        0   491820   0% /dev/shm
tmpfs                         196732     4900   191832   3% /run
/dev/mapper/almalinux-root   7329792  1858920  5470872  26% /
/dev/sda1                    1038336   193956   844380  19% /boot
tmpfs                          98364        0    98364   0% /run/user/1000
/dev/mapper/almalinux-home   1038216    40308   997908   4% /home ──── /homeを確認
$ cd / Enter ──── /へ移動
$ exec bash Enter ──── 新しいシェルを起動し、/homeに存在するプロセスをなくす
$ sudo umount /home Enter ──── /homeをアンマウント
[sudo] admin のパスワード: ******* Enter ──── adminのパスワードを入力
$ sudo xfs_repair -d /dev/mapper/almalinux-home Enter ──── /homeの修復
Phase 1 - find and verify superblock...
Phase 2 - using internal log
        - zero log...
```

```
          - scan filesystem freespace and inode maps...
          - found root inode chunk
Phase 3 - for each AG...
          - scan and clear agi unlinked lists...
          - process known inodes and perform inode discovery...
          - agno = 0
          - agno = 1
          - agno = 2
          - agno = 3
          - process newly discovered inodes...
Phase 4 - check for duplicate blocks...
          - setting up duplicate extent list...
          - check for inodes claiming duplicate blocks...
          - agno = 0
          - agno = 1
          - agno = 2
          - agno = 3
Phase 5 - rebuild AG headers and trees...
          - reset superblock...
Phase 6 - check inode connectivity...
          - resetting contents of realtime bitmap and summary inodes
          - traversing filesystem ...
          - traversal finished ...
          - moving disconnected inodes to lost+found ...
Phase 7 - verify and correct link counts...
done
Repair of readonly mount complete.  Immediate reboot encouraged.
```

一連の作業が終わったら、「shutdown -r now」を実行してサーバを再起動します。

▌トラブルシューティングモード

ディスクなどに大きな障害があり、レスキューターゲットでも解決できないときは、**トラブルシューティングモード**で起動します。例えば、/ ファイルシステムに問題があってマウントできない場合や、Linux に対応していないブートローダを誤って上書きしてしまった場合、管理ユーザのパスワードがわからなくなった場合などに、トラブルシューティングモードで起動して、復旧を行います。

トラブルシューティングモードで起動するには、インストール用のUSBメモリかISOファイルを利用します。USBメモリ（またはISOファイル）から起動すると、図17-4の選択画面が表示されます。[**Troubleshooting**]を選ぶと、トラブルシューティングモードで起動します。

図17-4　トラブルシューティングモード

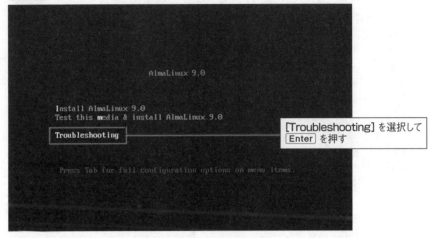

その後、図17-5の選択画面が表示されますので [**Resque a AlmaLinux system**] または [**Resque a Rocky Linux system**] を選択します。

図17-5　Resque a AlmaLinux systemまたはResque a Rocky Linux system の選択

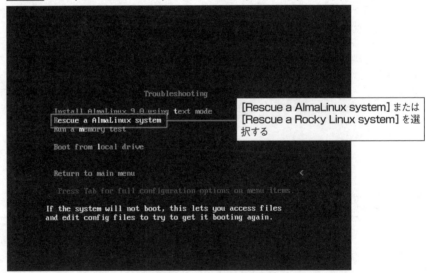

　画面が切り替わり、図17-6のような画面が表示され、1～4の数字の入力を求められます。読み書きできる状態でマウントする場合は1、読み込み専用でマウントする場合は2、マウントしない場合は3を選びます。

図17-6 ファイルシステムのマウント画面

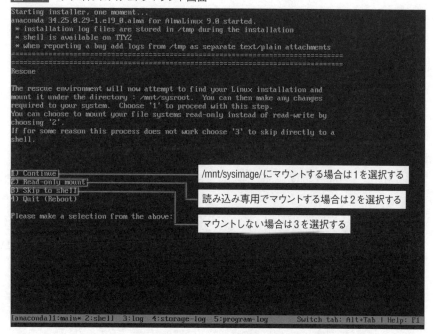

```
Starting installer, one moment...
anaconda 34.25.0.29-1.el19_0.alma for AlmaLinux 9.0 started.
* installation log files are stored in /tmp during the installation
* shell is available on TTY2
* when reporting a bug add logs from /tmp as separate text/plain attachments
================================================================================
================================================================================
Rescue

The rescue environment will now attempt to find your Linux installation and
mount it under the directory : /mnt/sysroot.  You can then make any changes
required to your system.  Choose '1' to proceed with this step.
You can choose to mount your file systems read-only instead of read-write by
choosing '2'.
If for some reason this process does not work choose '3' to skip directly to a
shell.


1) Continue
2) Read-only mount
3) Skip to shell
4) Quit (Reboot)

Please make a selection from the above:




[anaconda]1:main* 2:shell  3:log  4:storage-log  5:program-log    Switch tab: Alt+Tab | Help: F1
```

/mnt/sysimage/にマウントする場合は1を選択する

読み込み専用でマウントする場合は2を選択する

マウントしない場合は3を選択する

その後、図17-7が表示されますので、Enterキーを押します。

図17-7 ファイルシステムをマウントする際の確認画面

```
* when reporting a bug add logs from /tmp as separate text/plain attachments
================================================================================
================================================================================
Rescue

The rescue environment will now attempt to find your Linux installation and
mount it under the directory : /mnt/sysroot.  You can then make any changes
required to your system.  Choose '1' to proceed with this step.
You can choose to mount your file systems read-only instead of read-write by
choosing '2'.
If for some reason this process does not work choose '3' to skip directly to a
shell.


1) Continue
2) Read-only mount
3) Skip to shell
4) Quit (Reboot)

Please make a selection from the above 1

================================================================================
Rescue Shell

Your system has been mounted under /mnt/sysroot.

If you would like to make the root of your system the root of the active system,
run the command:

     chroot /mnt/sysroot

When finished, please exit from the shell and your system will reboot.

Please press ENTER to get a shell:
bash-5.18
[anaconda]1:main* 2:shell  3:log  4:storage-log  5:program-log    Switch tab: Alt+Tab | Help: F1
```

「1」を入力しEnter
キーを押す

Enter を押す

シェルのプロンプトが表示され、管理プログラムを実行したり、再起動したりすることができるようになります。

■ /ファイルシステムの修復

/ファイルシステムに問題があり、マウントできない場合は、シェルを起動して、ファイルシステムを復旧します。まず、以下の手順で、/ファイルシステムにアクセスできるようにします。

■ ファイルシステムの復旧

```
bash-5.1# ls /dev/sda* Enter ──── パーティションの確認（PCのハードディスクの場合）
/dev/sda  /dev/sda1  /dev/sda2
bash-5.1# lvm pvscan Enter ──── LVM物理ボリュームの有無を確認
  PV /dev/sda2   VG almalinux        lvm2 [<9.00 GiB / 0      free]
      └── /dev/sda2にalmalinuxという論理ボリュームがある。また、/dev/sda1はLVM構成されていない
  Total: 1 [<9.00 GiB] / in use: 1 [<9.00 GiB] / in no VG: 0 [0    ]
bash-5.1# lvm lvscan Enter ──── 論理ボリュームの状態を確認
  inactive          /dev/almalinux/root [7.00 GiB] inherit ──── アクティブでない
  inactive          /dev/almalinux/swap [1.00 GiB] inherit
bash-5.1# lvm vgchange -ay almalinux Enter ──── アクティブにする
  2 logical volume(s) in volume group "almalinux" now active
bash-5.1# ls /dev/mapper Enter ──── デバイスファイルが作成されたことを確認
almalinux-root  almalinux-swap  control  live-base  live-rw
      └────────────── /ファイルシステムとswapのデバイスファイルが作成されている
```

上記の場合、論理ボリュームのサイズから、/ファイルシステムが/dev/mapper/almalinux-rootであることがわかります。また、/dev/sda1はLVMで構成されていないパーティションであることもわかります。ですので、問題のあるこれらのパーティションを、xfs_repairコマンドを実行することで復旧します。

■ 問題のあるパーティションの復旧

```
bash-5.1# xfs_repair -d /dev/mapper/almalinux-root Enter
Phase 1 - find and verify superblock...
Phase 2 - using internal log
        - zero log...
        - scan filesystem freespace and inode maps...
        - found root inode chunk
Phase 3 - for each AG...
        - scan and clear agi unlinked lists...
        - process known inodes and perform inode discovery...
        - agno = 0
```

```
               - agno = 1
               - agno = 2
               - agno = 3
               - process newly discovered inodes...
Phase 4 - check for duplicate blocks...
               - setting up duplicate extent list...
               - check for inodes claiming duplicate blocks...
               - agno = 0
               - agno = 1
               - agno = 2
               - agno = 3
Phase 5 - rebuild AG headers and trees...
               - reset superblock...
Phase 6 - check inode connectivity...
               - resetting contents of realtime bitmap and summary inodes
               - traversing filesystem ...
               - traversal finished ...
               - moving disconnected inodes to lost+found ...
Phase 7 - verify and correct link counts...
done
Repair of readonly mount complete.  Immediate reboot encouraged.
```

最後に「reboot」を実行して、サーバを再起動します。

chrootしてのシステム修復

トラブルシューティングモードで使えるコマンドは、システムにインストールされているものとは違い限られています。しかし、システムを修復するために、より多くのコマンドを使いたい場合があります。このような場合には、次のようにchrootコマンドを実行して、実際の/ファイルシステムがマウントされている/mnt/sysimage/を/に設定し直して作業を行います。

/mnt/sysimage/を/に設定する

```
bash-5.1# chroot /mnt/sysimage Enter
```

この状態で作業を行うことで、システムにインストールされているコマンドを使って、システムのデータを変更することができます。例えば、adminのパスワードを修正する場合には、次のようにパスワードの再設定を行います。

■ adminパスワードの再設定

```
bash-5.1# passwd admin Enter
Changing password for user admin.
New password: ******** Enter ── パスワードを入力
Retype new password: ******** Enter ── パスワードを再入力
passwd: all authentication tokens updated successfully.
```

　　　　　　また、ブートローダが壊れて起動できないような場合には、次のようにgrub2-installコマンドを使うことで、ブートローダを再設定することもできます。

■ ブートローダの再インストール

```
# grub2-install /dev/sda Enter
Installing for i386-pc platform.
Installation finished. No error reported.
```

　　　　　　システムの修正が終わったら、必ずexitコマンドを実行してchrootしていた状態を終了させてから、システムを再起動します。

■ choot後の処理

```
# exit Enter ── chrootを終了させる
# reboot Enter ── サーバを再起動する
```

ネットワークの診断を行う

サーバが提供するサービスの多くが、ネットワークを利用します。ですので、ネットワーク通信が正しく動作しないと、多くのサービスが利用できなくなってしまいます。このセクションでは、サーバのサービスにアクセスできなくなったとき、どこに問題があるのかを診断するための手順について説明します。

このセクションのポイント

■ ethtool コマンドを使うと、リンクのチェックを行うことができる。
■ ping コマンドを使うと、IP レベルでの接続を確認できる。
■ tracepath コマンドを使うと、経路を確認することができる。
■ kill コマンドや killall コマンドを使用することで、プロセスを終了させることができる。

リンクのチェック

まず、サーバとネットワークが物理的に正しく接続されているかどうか確認しましょう。その確認には、**ethtool**[*1]コマンドを使用します。引数にインターフェース名を指定してethtoolコマンドを実行すると、以下のように、ネットワークインターフェースのさまざまな状態を確認することができます。

*1 ETHernet driver setting TOOL

ネットワークインタフェースの状態確認

```
$ ethtool enp0s3 Enter
Settings for enp0s3:
        Supported ports: [ TP ]
        Supported link modes:   10baseT/Half 10baseT/Full
                                100baseT/Half 100baseT/Full
                                1000baseT/Full
        Supported pause frame use: No
        Supports auto-negotiation: Yes
        Supported FEC modes: Not reported
        Advertised link modes:  10baseT/Half 10baseT/Full
                                100baseT/Half 100baseT/Full
                                1000baseT/Full
        Advertised pause frame use: No
        Advertised auto-negotiation: Yes
        Advertised FEC modes: Not reported
        Speed: 1000Mb/s
        Duplex: Full
        Port: Twisted Pair
        PHYAD: 0
        Transceiver: internal
```

```
        Auto-negotiation: on
        MDI-X: off (auto)
        Supports Wake-on: umbg
        Wake-on: d
        Current message level: 0x00000007 (7)
                            drv probe link
        Link detected: yes
```

上記のように、最後に「Link detected: yes」と出力される場合は、サーバのネットワークインターフェースとハブとの間の接続が正しく行われています。そうでない場合は、ネットワークケーブルやハブのポートに問題がないか、確認しましょう。

疎通確認

物理的な接続が正しいことを確認したら、次はサーバと他のホストとの間のネットワークの疎通を確認します。その確認には、**ping**[2]コマンドを使用します。以下のように、疎通を確認したいホストを引数に指定してpingコマンドを実行します。

[2] PING-pong

■ ネットワークの疎通確認

```
$ ping 192.168.2.1 [Enter]
PING 192.168.2.1 (192.168.2.1) 56(84) bytes of data.
64 バイト応答 送信元 192.168.2.1: icmp_seq=1 ttl=255 時間=1.65ミリ秒
64 バイト応答 送信元 192.168.2.1: icmp_seq=2 ttl=255 時間=1.81ミリ秒
64 バイト応答 送信元 192.168.2.1: icmp_seq=3 ttl=255 時間=2.31ミリ秒
64 バイト応答 送信元 192.168.2.1: icmp_seq=4 ttl=255 時間=1.75ミリ秒
64 バイト応答 送信元 192.168.2.1: icmp_seq=5 ttl=255 時間=2.44ミリ秒
^C ——— Ctrl-Cを入力して終了させる
--- 192.168.2.1 ping 統計 ---
送信パケット数 5, 受信パケット数 5, 0% packet loss, time 4090ms
rtt min/avg/max/mdev = 1.646/1.988/2.436/0.319 ms ——— 処理時間の最小/平均/最大/標準偏差
```

送信パケット数   受信パケット数   ロストしたパケット数の割合

[3] Internet Control Message Protocol

pingコマンドは、**ICMP**[3]という、誤りや情報を通知するためのプロトコルを利用します。pingコマンドを実行すると、「Echo Request」というパケットを、引数に指定したホストに送信します。Echo Requestパケットを受信したホストは、「Echo Reply」というパケットを送信元に送り返します。これにより、pingコマンドを実行したサーバは、指定したホストとの間のネットワークの疎通を確認することができます。
サーバと、指定したホストとの間のネットワーク接続が正しければ、送信パケット

数と受信パケット数が一致するため、ロスしたパケット数の割合は0%になるはずです。0%にならなければ、途中の経路に何か問題がある可能性が高いと言えます。また、0%の場合でも、処理時間が予想以上にかかっているときは、同様に何か問題があることが考えられます。

IPv6の疎通確認には、**ping6**コマンドを使用します。pingコマンドと同様に、疎通を確認したいホストを引数に指定してping6コマンドを実行します。

■ IPv6の疎通確認

```
$ ping6 2001:db8::1 [Enter]
PING 2001:db8::1(2001:db8::1) 56 data bytes
64 バイト応答 送信元 2001:db8::1: icmp_seq=1 ttl=64 時間=0.102ミリ秒
64 バイト応答 送信元 2001:db8::1: icmp_seq=2 ttl=64 時間=0.102ミリ秒
64 バイト応答 送信元 2001:db8::1: icmp_seq=3 ttl=64 時間=0.103ミリ秒
64 バイト応答 送信元 2001:db8::1: icmp_seq=4 ttl=64 時間=0.096ミリ秒
64 バイト応答 送信元 2001:db8::1: icmp_seq=5 ttl=64 時間=0.101ミリ秒
^C ─── Ctrl-Cを入力して終了させる
--- 2001:db8::1 ping 統計 ---
送信パケット数 5, 受信パケット数 5, 0% packet loss, time 4192ms
rtt min/avg/max/mdev = 0.096/0.100/0.103/0.002 ms
```

リンクローカルアドレスを引数に指定して実行する場合は、アドレスの後に「%」と通信を行うインターフェース名を指定します。

■ リンクローカルアドレスを引数に指定する場合

```
$ ping6 fe80::a00:27ff:fec2:b2a0%enp0s3 [Enter]
PING fe80::a00:27ff:fec2:b2a0%enp0s3(fe80::a00:27ff:fec2:b2a0%enp0s3) 56 data bytes
64 バイト応答 送信元 fe80::a00:27ff:fec2:b2a0%enp0s3: icmp_seq=1 ttl=64 時間=0.314ミリ秒
64 バイト応答 送信元 fe80::a00:27ff:fec2:b2a0%enp0s3: icmp_seq=2 ttl=64 時間=0.101ミリ秒
```

DNSサービスの確認

ホスト名を指定して通信を行っている場合、DNSに問題があって、IPアドレスを解決できていない可能性も考えられます。そこで、DNSが正しく動作しているかどうか確認しましょう。その確認には、**host**コマンドを使用します。

引数にドメイン名を指定して実行すると、指定したドメイン名のIPアドレスを/etc/resolv.confの「nameserver」で指定した各DNSキャッシュサーバに問い合わせます。

■ IPアドレスをDNSキャッシュサーバに問い合わせる

```
$ host www.example.com Enter
www.example.com has address 192.168.2.4
```

いずれかのDNSキャッシュサーバから応答が得られれば、上記のようにIPアドレスを出力します。特定のDNSサーバに問い合わせるには、ドメイン名の後に問い合わせたいDNSサーバを指定します。

■ 特定のDNSサーバに問い合わせる

```
$ host www.example.com 192.168.1.1 Enter
;; connection timed out; no servers could be reached
```

指定したDNSサーバが正常に動作していない場合や、DNSサーバとの間の通信に問題がある場合は、上記のようにタイムアウトなどが発生し、IPアドレスが得られなかったという結果が出力されます。

経路の確認

サーバと他のホストとの疎通が確認できないときは、途中のネットワークのどこかに問題があるかもしれません。そこで、サーバと他のホストとの間のネットワークの経路を確認します。その確認には、**tracepath**コマンドを使用します。ホストを引数に指定してtracepathコマンドを実行すると、そのホストまでの経路が出力されます。

■ ホストまでの経路を調べる

```
$ tracepath -n 192.168.0.2 Enter
 1?: [LOCALHOST]                        pmtu 1500
 1:   応答なし
 2:   192.168.2.254                                      1.142ミリ秒
 3:   192.168.0.2                                        2.188ミリ秒 !H
     Resume: pmtu 1500
```

各行には、経路上のルータと、そのルータに到達するまでの時間が出力されます。上記のように、最後まで出力されれば、経路に問題がないと言えます。ですが、途中の経路が「応答なし」と出力され、最後まで経路が表示されない場合は、その箇所に問題がある可能性があります。

■ 経路に問題がある場合の表示例

```
$ tracepath -n 192.168.40.1 Enter
 1?: [LOCALHOST]                          pmtu 1500
 1:  応答なし
 2:  192.168.2.254                                   0.951ミリ秒
 3:  211.5.215.230                                   1.711ミリ秒
 4:  応答なし
 5:  応答なし
^C
```

ただし、その箇所のルータがtracepathに対応していない可能性もあります。ですので、出力結果に「応答なし」が含まれる場合は、別のホストを指定して再確認します。

パケットフィルタリングの停止

AlmaLinux 9/Rocky Linux 9では、標準でパケットフィルタリングが有効になっています。ですので、パケットフィルタリングが原因で通信できない可能性が考えられます。パケットフィルタリングが原因かどうか確認するため、パケットフィルタリングの機能を一時的に停止しましょう。そのためには、パケットフィルタリングサービスを以下の手順で停止します。

■ パケットフィルタリングサービスの停止

```
$ sudo systemctl stop firewalld.service Enter
```

そして、サーバにアクセスできるかどうか確認します。アクセスできる場合は、パケットフィルタリングの設定に問題がありますので、設定を見直します。

パケットフィルタリングを停止している間は、外のマシンから不正なアクセスが行われる可能性があります。そのため、停止させる時間が短くて済むよう、できる限り手早く確認しましょう。確認後、パケットフィルタリング機能を再び起動するには、パケットフィルタリングサービスを以下の手順で開始します。

■ パケットフィルタリングサービスの起動

```
$ sudo systemctl start firewalld.service Enter
```

サービスのチェック

サーバにアクセスできないとき、ネットワークの問題ではなく、サービスそのものが停止している可能性もあります。そこで、アクセスできないサービスが使用するTCPやUDPのポートを使用しているかどうかを確認します。TCPもしくはUDPのポートの状態を確認するには、**ss**コマンドを使用します。

TCPでリッスンしているポートを確認するには、「-t」、「-r」、「-l」オプションを指定してssコマンドを実行します。また、「-r」オプションを指定すると、IPアドレスとポートではなく、ホスト名やサービス名などが表示されます。

■ TCPでリッスンしているポートを確認する

```
$ ss -trl Enter
State    Recv-Q   Send-Q      Local Address:Port      Peer Address:Port  Process
LISTEN   0        128               0.0.0.0:ssh              0.0.0.0:*
LISTEN   0        128                  [::]:ssh                 [::]:*
```

「-r」の代わりに「-n」を指定すると、IPアドレスやポート番号を数値のまま出力します。

■ IPアドレスやポート番号を数値のまま出力させる

```
$ ss -tnl Enter
State    Recv-Q   Send-Q      Local Address:Port      Peer Address:Port  Process
LISTEN   0        128               0.0.0.0:22               0.0.0.0:*
LISTEN   0        128                  [::]:22                  [::]:*
```

UDPでリッスンしているポートを確認するには、「-u」および「-l」オプションを指定してssコマンドを実行します。

■ UDPでリッスンしているポートを確認する

```
$ ss -url Enter
State    Recv-Q   Send-Q      Local Address:Port      Peer Address:Port  Process
UNCONN   0        0              localhost:323              0.0.0.0:*
UNCONN   0        0              localhost:323                 [::]:*
```

サービスを起動しているのに、そのサービスが使用するはずのポートをリッスンしていない場合は、設定を間違えている可能性があります。正しいポート番号を使用しているかどうか、設定ファイルを確認しましょう。

あるいは、サービスが使用するポートを、別のサービスがすでに使用している可

＊4　LiSt Open Files

能性があります。ポートを使用しているプロセスを確認するには、**lsof**＊4コマンドを使用します。以下のように、「-i」オプションとポート番号を指定してlsofコマンドを実行します。ログインしているユーザ以外が利用しているポートも確認するためには、sudoを使って、管理ユーザ権限で実行する必要があります。

■　ポートを使用しているサービスを確認する

```
$ sudo lsof -i:22 Enter ——— ポート番号22を使用しているプロセスを表示
COMMAND  PID   USER    FD    TYPE DEVICE SIZE/OFF NODE NAME
sshd     733   root    3u    IPv4 18496       0t0  TCP *:ssh (LISTEN)
sshd     733   root    4u    IPv6 18507       0t0  TCP *:ssh (LISTEN)
sshd     1120  root    4u    IPv4 21103       0t0  TCP almalinux9b:s
sh->192.168.30.89:42414 (ESTABLISHED)
sshd     1124  admin   4u    IPv4 21103       0t0  TCP almalinux9b:s
sh->192.168.30.89:42414 (ESTABLISHED)
$ sudo lsof -i4:22 Enter ——— IPv4のTCPのポート22を使用しているプロセスを表示
COMMAND  PID   USER    FD    TYPE DEVICE SIZE/OFF NODE NAME
sshd     733   root    3u    IPv4 18496       0t0  TCP *:ssh (LISTEN)
sshd     1120  root    4u    IPv4 21103       0t0  TCP almalinux9b:s
sh->192.168.30.89:42414 (ESTABLISHED)
sshd     1124  admin   4u    IPv4 21103       0t0  TCP almalinux9b:s
sh->192.168.30.89:42414 (ESTABLISHED)
```

上記の場合、ポート番号22を使用しているプロセスはsshdであることがわかります。サービス自体を起動できない場合は、システムログを確認して、サービスが起動できない原因を調査します。システムログについては、Section 17-03で説明します。

Section 17-03

システムログの検査を行う

システムログは、Linuxカーネルやサービス、アプリケーションなどが出力するメッセージのことです。システムログには、トラブルのきっかけとなる情報が記録されていることが多いため、トラブルの原因を見つけるときには必ず参照します。このセクションでは、システムログの種類と参照の仕方について説明します。

このセクションのポイント

■dmesgコマンドを使うと、カーネルメッセージを見ることができる。
②/var/log/messagesを見ると、いろいろなサービスやアプリケーションのメッセージを確認できる。

カーネルメッセージ

AlmaLinux 9/Rocky Linux 9では、システムログの機能を提供するrsyslogd[*1]が標準で起動されています。rsyslogdは、それぞれが出力するメッセージを集めてログファイルに出力します。ディスクやメモリなどのデバイスに問題のある可能性があるときは、Linuxカーネルのメッセージを確認します。Linuxカーネルが出力するメッセージは、**dmesg**コマンドで見ることができます。

> *1　Reliable and extended SYSLOGD

■ Linuxカーネルが出力するメッセージ

```
$ dmesg Enter
[    0.000000] Linux version 5.14.0-70.13.1.el9_0.x86_64 (mockbuild@ee9f53f0204948
ea9fbc92126aa5f4b7) (gcc (GCC) 11.3.1 20220421 (Red Hat 11.3.1-2), GNU ld version
2.35.2-19.el9) #1 SMP PREEMPT Tue May 17 15:53:11 EDT 2022
[    0.000000] The list of certified hardware and cloud instances for Red Hat
Enterprise Linux 9 can be viewed at the Red Hat Ecosystem Catalog, https://catalog.
redhat.com.
[    0.000000] Command line: BOOT_IMAGE=(hd0,msdos1)/vmlinuz-5.14.0-70.13.1.el9_0.
x86_64 root=/dev/mapper/almalinux-root ro resume=/dev/mapper/almalinux-swap rd.lvm.
lv=almalinux/root rd.lvm.lv=almalinux/swap rhgb quiet
[    0.000000] [Firmware Bug]: TSC doesn't count with P0 frequency!
[    0.000000] x86/fpu: Supporting XSAVE feature 0x001: 'x87 floating point
registers'
[    0.000000] x86/fpu: Supporting XSAVE feature 0x002: 'SSE registers'
[    0.000000] x86/fpu: Supporting XSAVE feature 0x004: 'AVX registers'
[    0.000000] x86/fpu: xstate_offset[2]:  576, xstate_sizes[2]:  256
[    0.000000] x86/fpu: Enabled xstate features 0x7, context size is 832 bytes,
using 'standard' format.
[    0.000000] signal: max sigframe size: 1776
[    0.000000] BIOS-provided physical RAM map:
[    0.000000] BIOS-e820: [mem 0x0000000000000000-0x000000000009fbff] usable
```

```
[    0.000000] BIOS-e820: [mem 0x000000000009fc00-0x000000000009ffff] reserved
[    0.000000] BIOS-e820: [mem 0x00000000000f0000-0x00000000000fffff] reserved
[    0.000000] BIOS-e820: [mem 0x0000000000100000-0x000000003ffefff] usable
[    0.000000] BIOS-e820: [mem 0x000000003fff0000-0x000000003fffffff] ACPI data
[    0.000000] BIOS-e820: [mem 0x00000000fec00000-0x00000000fec00fff] reserved
[    0.000000] BIOS-e820: [mem 0x00000000fee00000-0x00000000fee00fff] reserved
[    0.000000] BIOS-e820: [mem 0x00000000fffc0000-0x00000000ffffffff] reserved
[    0.000000] NX (Execute Disable) protection: active
[    0.000000] SMBIOS 2.5 present.
[    0.000000] DMI: innotek GmbH VirtualBox/VirtualBox, BIOS VirtualBox 12/01/2006
[    0.000000] Hypervisor detected: KVM
[    0.000000] kvm-clock: Using msrs 4b564d01 and 4b564d00
[    0.000000] kvm-clock: cpu 0, msr 1d201001, primary cpu clock
[    0.000001] kvm-clock: using sched offset of 8595189094 cycles
[    0.000003] clocksource: kvm-clock: mask: 0xffffffffffffffff max_cycles:
0x1cd42e4dffb, max_idle_ns: 881590591483 ns
[    0.000005] tsc: Detected 1759.945 MHz processor
[    0.000348] e820: update [mem 0x00000000-0x00000fff] usable ==> reserved
[    0.000350] e820: remove [mem 0x000a0000-0x000fffff] usable
......
```

カーネルメッセージには、ハードウェアに関する情報やネットワーク、ファイルシステム、メモリなど、Linuxカーネルに関する情報が含まれます。それらの中に、何らかのエラーやワーニングなどが出力されていないか確認します。

システムメッセージ

サービスが起動しないときは、システムメッセージに関連するメッセージが出力されていないか確認します。サービスやアプリケーションなどが出力するメッセージは、主に/var/log/messagesに記録されます。

■ サービスやアプリケーションなどが出力するメッセージ（/var/log/messages）

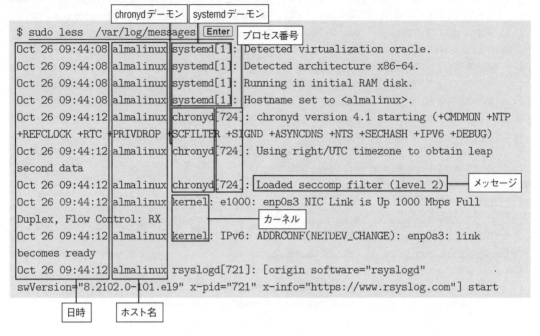

各種サービスを提供するデーモンやコマンド、Linuxカーネルなど、大半のシステムメッセージが記録されています。関連するデーモンやコマンドが出力したメッセージに、エラーやワーニングに関するものが含まれていないか確認します。

運用と管理

サーバの状態は常に変化します。ディスクの空き容量がなくなったり、必要なプロセスが異常終了したりして、サーバの動作がおかしくなることがあります。この Chapter では、サーバを安定して運用するために必要な、サーバの状態確認、パッケージのアップデート、バックアップとリストアの手順について説明します。

はじめての AlmaLinux 9 & Rocky Linux 9 Linux サーバエンジニア入門編

Section 18-01

ファイルシステムの状態を管理する

サーバのリソースの中で最も重要なものに挙げられるのがディスクです。このセクションでは、ディスクの状態を確認するための手順と、ディスクの空き容量が少なくなったときの対処方法を紹介します。

このセクションのポイント

■① df コマンドを使うと、ディスクの使用状況を確認できる。
■② du コマンドを使うと、ファイルやディレクトリ以下すべてのディスク使用量を確認できる。
■③ あまり使われていないファイルを圧縮することで、ディスク使用量を節約できる。

■ ディスクの状態の確認

ディスクは、1つ以上のパーティションに分けて使用します。そして、各パーティションは、データの容量が決まっています。また、作成できるファイル数にも上限があります。サーバを運用していると、パーティションに割り当てられたデータ容量を使い切ってしまったり、ファイル数の上限に達してしまったりして、新たにファイルが作成できなくなることがあります。

そこで、ディスクの状態を定期的に確認し、空き容量が少なくなってきたときに、不要なファイルを削除したり、あまり使われていないファイルを圧縮したりするなどの処理を行います。

*1 Disk Free

ディスクの状態を確認するには、**df**[*1] コマンドを使用します。df コマンドをそのまま実行すると、各パーティションの容量に対する使用状況を確認できます。

■ パーティションごとの使用状況の確認

```
$ df Enter
```

ファイルシス	1K-ブロック	使用	使用可	使用%	マウント位置
devtmpfs	921016	0	921016	0%	/dev
tmpfs	936656	0	936656	0%	/dev/shm
tmpfs	936656	9644	927012	2%	/run
tmpfs	936656	0	936656	0%	/sys/fs/cgroup
/dev/mapper/almalinux-root	8374272	4833184	3541088	58%	/
/dev/sda1	999320	135448	795060	15%	/boot
tmpfs	187328	32	187296	1%	/run/user/42
tmpfs	187328	3528	183800	2%	/run/user/1000

デバイスファイル	ディスク容量	使用量	空き容量	使用率	マウントポイント

また「-i」オプションを指定して df コマンドを実行すると、ファイル数の使用状況を確認できます。

■ ファイル数の使用状況の確認

```
$ df -i Enter
```

ファイルシス	Iノード	I使用	I残り	I使用%	マウント位置
devtmpfs	230254	366	229888	1%	/dev
tmpfs	234164	1	234163	1%	/dev/shm
tmpfs	234164	785	233379	1%	/run
tmpfs	234164	17	234147	1%	/sys/fs/cgroup
/dev/mapper/almalinux-root	4192256	167153	4025103	4%	/
/dev/sda1	65536	309	65227	1%	/boot
tmpfs	234164	23	234141	1%	/run/user/42
tmpfs	234164	42	234122	1%	/run/user/1000

デバイスファイル　ファイル数の上限　使用ファイル数　　使用率　マウントポイント

未使用ファイル数

大きなファイルを探す

　　空き容量が少なくなってくると、不要なファイルを削除したり、あまり使われていないファイルを圧縮したりするなどの処理が必要になります。これらの作業は、サイズの大きなファイルやディレクトリに対して行うと効果的です。そこでまず、サイズの大きなファイルを探し出す手順を説明します。

*2　Disk Usage

　　ファイルやディレクトリ単位のディスク使用量を確認するには、**du**[*2]コマンドを実行します。大きなファイルを探す場合には、所有者に関わらずファイル情報が取得できるように、sudoコマンドを使って管理者モードで調査を行います。ファイルを引数に指定すると、指定したファイルのディスク使用量をKByte単位で出力します。

■ 指定したファイルのディスク使用量の確認

```
$ sudo du /boot/vmlinuz-5.14.0-70.13.1.el9_0.x86_64 Enter
10904    /boot/vmlinuz-5.14.0-70.13.1.el9_0.x86_64
```

　　ディレクトリを引数に指定すると、指定したディレクトリと、その配下にあるすべてのディレクトリのディスク使用量を、KByte単位で出力します。

■ 指定したディレクトリと配下のディレクトリのディスク使用量を出力する場合

```
$ sudo du /var/log Enter
0        /var/log/private
0        /var/log/samba/old
0        /var/log/samba
1472     /var/log/audit
4        /var/log/sssd
0        /var/log/chrony
4252     /var/log/anaconda
```

```
60        /var/log/libvirt/qemu
60        /var/log/libvirt
0         /var/log/swtpm/libvirt/qemu
0         /var/log/swtpm/libvirt
0         /var/log/swtpm
7008      /var/log
```

引数なしで実行した場合は、カレントディレクトリのディスク使用量が出力されます。

■ カレントディレクトリのディスク使用量を出力する場合

```
$ pwd [Enter]
/etc/NetworkManager
$ sudo du [Enter]
0         ./conf.d
0         ./dispatcher.d/no-wait.d
0         ./dispatcher.d/pre-down.d
0         ./dispatcher.d/pre-up.d
0         ./dispatcher.d
0         ./dnsmasq-shared.d
0         ./dnsmasq.d
4         ./system-connections
8         .
```

また「-s」オプションを指定して実行すると、引数に指定したディレクトリのディスク使用量だけを出力し、その配下にあるディレクトリのディスク容量は出力しません。

■ 指定したディレクトリのディスク使用量を出力する場合

```
$ sudo du -s /boot [Enter]
184576  /boot
```

sortコマンドと組み合わせることで、ディスク使用量の高い順に出力することができます。これにより、ディスク使用量の大きなディレクトリやファイルを洗い出すことができます。

■ ディスク使用量の高い順に出力する場合

```
$ sudo du -s /usr/* | sort -nr [Enter]
703268  /usr/share
504952  /usr/lib64
430356  /usr/lib
183524  /usr/bin
```

```
93000      /usr/libexec
56200      /usr/sbin
48         /usr/include
8          /usr/local
0          /usr/tmp
0          /usr/src
0          /usr/games
```

ちなみに、「-m」オプションを指定して実行すると、出力結果がMByte単位になります。

■ 結果をMByte単位で出力する場合

```
$ sudo du -m /boot [Enter]
0          /boot/efi/EFI/almalinux
0          /boot/efi/EFI
0          /boot/efi
4          /boot/grub2/i386-pc
5          /boot/grub2/locale
3          /boot/grub2/fonts
11         /boot/grub2
1          /boot/loader/entries
1          /boot/loader
181        /boot
```

dfとduの出力結果の違い

　dfコマンドもduコマンドも、ディスクの使用量を調べるためのコマンドです。普通は、それぞれの出力結果が大きく違うことはありません。しかし場合によっては、dfコマンドの結果の方が、duコマンドの結果よりも大きくなることがあります。

　ファイルを削除すると、そのファイルはファイルシステムから削除され、使用していたデータは解放されて空き容量に加えられます。ですが、もし削除したファイルを他のプロセスが使っていると、そのファイルのデータは解放されません。ファイルシステムからは削除され、参照できなくなりますが、ファイルを使用中のプロセスからは依然として参照できます。そして、プロセスがそのファイルをクローズしたとき、ようやくデータが解放されます。

図18-1　dfとduの出力結果の違い

■プロセスが使用していない場合

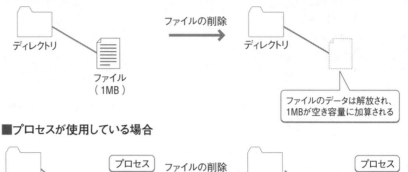

■プロセスが使用している場合

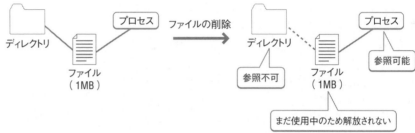

　duコマンドでは削除されたファイルを参照できないため、出力結果にこのファイルのデータ分の容量が含まれません。ですが、dfコマンドの出力結果には含まれますので、dfコマンドの出力結果の方が大きくなります。

　これとは逆に、duコマンドの出力結果が大きくなることがあります。これは、duコマンドが通常4096Byte単位でカウントを行うためです。そのため、4096Byteよりも小さなファイルがたくさんあると、実際の使用量よりも大きな値が出力されることがあります。

ファイルの圧縮

　あまり使われていないファイルを圧縮することで、ディスクの使用量を節約できます。ファイルを圧縮するには、**gzip**コマンドや**bzip2**コマンドを実行します。圧縮したいファイル名を指定してgzipコマンドを実行すると、そのファイルを圧縮し「.gz」を付加したファイル名に置き換えます。

■　ファイルの圧縮

```
$ ls -l /var/log/messages-20221025  [Enter] ―― ファイルサイズの確認
-rw-------. 1 root root 792703 10月 25 17:05 /var/log/messages-20221025
$ sudo gzip /var/log/messages-20221025 [Enter] ―― ファイルサイズの圧縮
$ ls -l /var/log/messages-20221025.gz [Enter] ―― ファイルサイズの確認
-rw-------. 1 root root 133147 10月 25 17:05 /var/log/messages-20221025.gz
```

圧縮したファイルを伸張する（元に戻す）には、**gunzip** コマンドを実行します。

■ 圧縮したファイルの伸張

```
$ sudo gunzip /var/log/messages-20221025.gz   [Enter] ── ファイルの伸長
$ ls -l /var/log/messages-20221025 [Enter] ── ファイルサイズの確認
-rw-------. 1 root root 792703 10月 25 17:05 /var/log/messages-20221025
```

bzip2 コマンドと **bunzip2** コマンドも、同様に使用できます。

■ bzip2コマンドとbunzip2コマンドを使う場合

```
$ sudo bzip2 /var/log/messages-20221025   [Enter] ── ファイルの圧縮
$ ls -l /var/log/messages-20221025.bz2 [Enter] ── ファイルサイズの確認
-rw-------. 1 root root 56518 10月 25 17:05 /var/log/messages-20221025.bz2
$ sudo bunzip2 /var/log/messages-20221025.bz2 [Enter] ── ファイルサイズの伸長
$ ls -l /var/log/messages-20221025 [Enter] ── ファイルサイズの確認
-rw-------. 1 root root 792703 10月 25 17:05 /var/log/messages-20221025
```

一般的には、bzip2の方が圧縮後のファイルサイズが小さくなります。ただし、その分処理時間がかかります。

Section 18-02

プロセス管理コマンド

プロセスの管理を行う

サーバでは、さまざまなプロセスが動作しています。サーバを運用する上で、適切なサービスやプロセスが動作しているかどうか、あるいは不要なプロセスが動作していないか確認することは、とても重要なことです。このセクションでは、サービスおよびプロセスの状態を確認する方法について説明します。

このセクションのポイント

■1 systemctlコマンドを使うと、サービスの状態を確認することができる。
■2 topコマンドを使うと、システム全体のプロセスの状況を確認できる。
■3 psコマンドを使うと、プロセスごとの状態を確認することができる。
■4 killコマンドやkillallコマンドを使うと、プロセスを強制終了させることができる。

サービスの状態の確認

引数に「status」とサービス名を指定してsystemctlコマンドを実行すると、そのサービスを提供するプロセスが動作しているかどうか確認することができます。

■ プロセスの動作の確認

```
$ sudo systemctl status sshd.service Enter
● sshd.service - OpenSSH server daemon          ── ロードしたサービスの起動スクリプト
     Loaded: loaded (/usr/lib/systemd/system/sshd.service; enabled; vendor pres>
     Active: active (running) since Tue 2022-10-25 16:55:58 JST; 14min ago
       Docs: man:sshd(8)                         ── 現在のサービス状態は動作中
             man:sshd_config(5)
   Main PID: 760 (sshd)
      Tasks: 1 (limit: 60232)
     Memory: 6.7M
        CPU: 76ms
     CGroup: /system.slice/sshd.service
             └─760 "sshd: /usr/sbin/sshd -D [listener] 0 of 10-100 startups"
                                             ── サービスのログの一部が表示される
10月 25 16:55:58 almalinux9kvm systemd[1]: Starting OpenSSH server daemon...
10月 25 16:55:58 almalinux9kvm sshd[760]: Server listening on 0.0.0.0 port 22.
10月 25 16:55:58 almalinux9kvm sshd[760]: Server listening on :: port 22.
10月 25 16:55:58 almalinux9kvm systemd[1]: Started OpenSSH server daemon.
10月 25 16:56:17 almalinux9kvm sshd[1259]: Accepted password for admin from 192>
10月 25 16:56:17 almalinux9kvm sshd[1259]: pam_unix(sshd:session): session open>
```

システム全体のプロセスの状況の確認

topコマンドを実行すると、サーバのロードアベレージやプロセス数、実行頻度の高いプロセスの状態が出力されます。引数なしでtopコマンドを実行すると、3秒毎に以下を出力し続けます。

■ topコマンドの実行

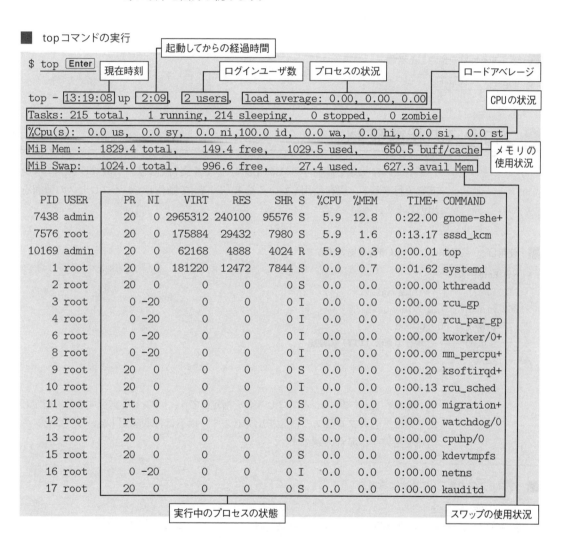

`q`を押すと、topコマンドが終了します。

表示間隔を変更するには、「-d」オプションと秒数を指定してtopコマンドを実行します。以下は、表示間隔を1.5秒に指定した場合の例です。

■ 表示間隔を指定した場合

```
$ top -d 1.5 Enter
```

　　　　指定した回数を表示した後、topコマンドを終了するには「-n」オプションと回数を指定してtopコマンドを実行します。以下は、1回表示したらtopコマンドを終了させる場合の例です。

■ 表示する回数を指定した場合

```
$ top -n 1 Enter
```

プロセスの状態確認

　　　　プロセスの状態を確認するには、psコマンドを実行します。引数なしでpsコマンドを実行すると、現在使用している端末（TTY）で動作しているプロセスの情報を出力します。

■ 使用している端末のプロセス情報を出力する

```
$ ps Enter
  PID TTY          TIME CMD
21862 pts/1    00:00:00 bash
29177 pts/1    00:00:00 ps
$ tty Enter —— 現在の端末（TTY）の確認
/dev/pts/0
```

　　　　引数に「-C」オプションとプロセス名を指定してpsコマンドを実行すると、指定したプロセス名のプロセスの情報を出力します。以下は、「sshd」というプロセスの情報を出力する場合の例です。

■ プロセス名を指定して出力する場合

```
$ ps -C sshd Enter
  PID TTY          TIME CMD
 1191 ?        00:00:00 sshd
21855 ?        00:00:00 sshd
21860 ?        00:00:04 sshd
```

　　　　「-e」オプションを指定してpsコマンドを実行すると、サーバ上で動作するすべてのプロセスの情報を出力します。

■　すべてのプロセスの情報を出力する場合

```
$ ps -e Enter
    PID TTY          TIME CMD
      1 ?        00:00:00 systemd
      2 ?        00:00:00 kthreadd
      3 ?        00:00:00 rcu_gp
      4 ?        00:00:00 rcu_par_gp
      6 ?        00:00:00 kworker/0:0H-events_highpri
......
```

「-f」オプションを指定してpsコマンドを実行すると、詳細の情報を出力します。以下は、「systemd」というプロセスの詳細情報を出力する場合の例です。

■　情報の詳細を出力する場合

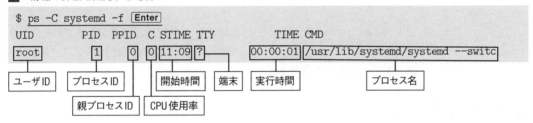

プロセスの強制終了

プロセスを終了するには、**kill**コマンドを使用します。プロセスIDを指定してkillコマンドを実行すると、そのプロセスに対してSIGTERMシグナルを送信します。自ユーザ以外のプロセスを終了する場合には、sudoを使って管理者モードで実行する必要があります。SIGTERMシグナルを受信したプロセスは、通常では終了されます。以下は、プロセスIDが24206のプロセスを強制終了する場合の例です。24206と、24206を親プロセスとする24206の2つのプロセスが強制終了したことがわかります。

■　プロセスの強制終了

```
$ ps -C sshd -f Enter ── プロセスIDなどの確認
UID         PID  PPID  C STIME TTY          TIME CMD
root        837     1  0 10月29 ?       00:00:00 /usr/sbin/sshd -D -oCiphers=aes2
root      24206   837  0 11:34 ?        00:00:00 sshd: admin [priv] ── 停止するプロセス
admin     24226 24206  0 11:34 ?        00:00:00 sshd: admin@pts/0
root      26030   837  0 13:23 ?        00:00:00 sshd: admin [priv]
admin     26035 26030  0 13:24 ?        00:00:00 sshd: admin@pts/1
```

```
$ sudo kill 24206 [Enter] ─── プロセスの強制終了
$ ps -C sshd -f [Enter] ─── プロセスの終了を確認
UID        PID  PPID  C STIME TTY           TIME CMD
root       837    1   0 10月29 ?        00:00:00 /usr/sbin/sshd -D -oCiphers=aes2
root     26030  837   0 13:23 ?         00:00:00 sshd: admin [priv]
admin    26035 26030  0 13:24 ?         00:00:00 sshd: admin@pts/1
```

それでもプロセスが終了しない場合は、「-9」オプションもしくは「-s 9」をつけてkillコマンドを実行して、プロセスを強制終了します（SIGKILLシグナルを送信します）。

■ オプションをつけて強制終了する場合

```
$ sudo kill -9 24206 [Enter]
```

また、**killall**コマンドは、プロセスIDではなくプロセス名を指定してプロセスを終了するためのコマンドです。以下は、プロセス名が「in.telnetd」のプロセスをすべて強制終了する場合の例です。

■ プロセス名を指定して強制終了する場合

```
$ sudo kill -C in.telnetd [Enter] ─── プロセスの確認
  PID TTY          TIME CMD
16800 ?        00:00:00 in.telnetd
16865 ?        00:00:00 in.telnetd
$ sudo killall in.telnetd [Enter] ─── in.telnetdをすべて強制終了
$ ps -C in.telnetd [Enter] ─── プロセスが強制終了したことを確認
  PID TTY          TIME CMD
```

Section 18-03
パッケージのアップデートを行う

Almalinux 9/Rocky Linux 9のパッケージの多くは、セキュリティホールに対する修正やバグフィックスなどで、頻繁に更新されています。このセクションでは、セキュリティアドバイザリの内容を確認して、パッケージをアップデートするまでの手順を説明します。

このセクションのポイント

■①セキュリティアドバイザリの内容を見て、アップデートするかどうか判断する。
■②パッケージの種類によっては、サーバの再起動が必要になる。

■ セキュリティアドバイザリの確認

AlmaLinux 9に関するセキュリティアップデートの情報は、ALmaLinuxのメーリングリストでアナウンスされています。以下のURLからメーリングリストに登録すると、セキュリティアップデートの情報がメールで送られてくるようになります。Rocky Linuxでは、セキュリティアドバイザリのメーリングリストは用意されていていますが、今のところ情報が提供されていません。そのため、AlmaLinuxのメーリングリストを参考にします。また、セキュリティアップデートの情報はすべて公開されていますので、メーリングリストに登録しなくても、確認することができます。

［AlmaLinuxメーリングリスト］
https://lists.almalinux.org/mailman3/lists/announce.lists.almalinux.org/

［AlmaLinuxアドバイザリ一覧］
https://errata.almalinux.org/

［Rocky Linuxアドバイザリ一覧］
https://errata.rockylinux.org/

以下は、AlmaLinuxのメーリングリストから送られてくるメールの例です。

```
Subject: [Security Advisory] ALSA-2022:6590: mysql security, bug fix, and
                            └── アドバイザリのIDと内容の要約

Hi,

You are receiving an AlmaLinux Security update email because you subscribed to
receive errata notifications from AlmaLinux.
```

AlmaLinux: 9 ——— **対象となるAlmaLinuxのバージョン**
Type: Security ——— **タイプ**
Severity: Moderate ——— **重要度（緊急度が高い場合は、できるだけ早くアップデートする）**
Release date: 2022-10-19 ——— **発行日**

Summary: ——— **概要**

MySQL is a multi-user, multi-threaded SQL database server. It consists of the MySQL
server daemon (mysqld) and many client programs and libraries.

The following packages have been upgraded to a later upstream version: mysql
(8.0.30). (BZ#2122589)

Security Fix(es): ——— **修正されたセキュリティ**

* mysql: Server: Optimizer multiple unspecified vulnerabilities (CPU Apr 2022) (CVE-
2022-21412, CVE-2022-21414, CVE-2022-21435, CVE-2022-21436, CVE-2022-21437, CVE-
2022-21438, CVE-2022-21440, CVE-2022-21452, CVE-2022-21459, CVE-2022-21462, CVE-
2022-21478, CVE-2022-21479)
......
* mysql: Server: Federated unspecified vulnerability (CPU Jul 2022) (CVE-2022-21547)
* mysql: Server: Security: Encryption unspecified vulnerability (CPU Jul 2022) (CVE-
2022-21538)

For more details about the security issue(s), including the impact, a CVSS score,
acknowledgments, and other related information, refer to the CVE page(s) listed in
the References section.

Bug Fix(es): ——— **修正されたバグ**

* Default logrotate set to wrong log file (BZ#2122592)

Full details, updated packages, references, and other related information: https://
errata.almalinux.org/9/ALSA-2022-6590.html ——— **詳しい内容を見るためのURL**

This message is automatically generated, please don't reply. For further questions,
please, contact us via the AlmaLinux community chat: https://chat.almalinux.org/.
Want to change your notification settings? Sign in and manage mailing lists on
https://lists.almalinux.org.

Kind regards,
AlmaLinux Team

・メールのサブジェクト

メールのサブジェクトには、アドバイザリを区別するためのIDが含まれています。先頭の4文字が種別を表します。「ALSA」がセキュリティホールの修正を表すアドバイザリ、「ALBA」がバグフィックスを表すアドバイザリ、そして「ALEA」が機能拡張を表すアドバイザリです。

・Type, Severity

アドバイザリの種類と重要度を表します。アドバイザリのIDの先頭4文字が「ALSA」の場合は「Security」、「ALBA」の場合は「bugfix」、「ALEA」の場合は「enhancement」になります。

アドバイザリの重要度は、重要度の高いものから順に、「Critical(重大)」「Important(重要)」「Moderate(中)」「Low(低)」があります。

・Release date

アドバイザリの発行日です。

・Summary

アドバイザリの内容の簡単なサマリです。

・Security Fix(es)

対処が必要なセキュリティに関する解説です。

アドバイザリに関連のあるCVEのが表示されます。CVEとは、セキュリティホールにIDを付与するための米国の仕様です。以下からその情報を参照することができます。

http://cve.mitre.org/

・Bug Fix(es)

修正されたバグに関する情報です。

・Full details

詳細を確認するためのURLです。このURLをクリックして表示されるページでは、メールに記載されている情報に加えて、更新されたパッケージの一覧を確認することができます。サーバにインストールされているパッケージのアドバイザリがあった場合、これらの情報を見て、パッケージをアップデートするかどうか判断します。特に、Security Advisory で重要度が「Critical」や「Important」になっている場合には、できるだけ早くパッケージをアップデートする必要があります。

アップデート手順の確認

パッケージの種類によって、パッケージのアップデート後に必要となる作業が異なります。例えば、httpdやdhcpdなどの常駐してサービスを提供するプログラムが含まれるパッケージの場合には、アップデート後にサービスを再起動する必要があります。Linuxカーネルであるkernelやglibcなどの標準ライブラリをアップデートした場合は、サーバを再起動する必要があります。

Section 18-04

バックアップとリストアを行う

サーバには重要なデータが含まれるため、データのバックアップを定期的に取る必要があります。このセクションでは、tarコマンドによるファイルやディレクトリ単位でのバックアップの方法と、xfsdumpおよびxsfrestoreコマンドによるファイルシステム単位でのバックアップの方法を紹介します。

このセクションのポイント

■ tarコマンドにより、ファイルやディレクトリ単位で保存・リストアができる。
■ xsfdumpコマンドにより、ファイルシステムを保存できる。
■ xsfrestoreコマンドにより、xsfdumpコマンドで作成したバックアップファイルをリストアできる。

ディレクトリの保存とリストア

*1 Tape ARchiver

ディレクトリの保存とリストアには、**tar**[*1]コマンドを使用します。

指定したディレクトリ以下をアーカイブファイルに保存するには、tarコマンドを以下のように実行します。

■ アーカイブファイルへの保存の指定方法

```
tar --selinux -cf アーカイブファイル名 ディレクトリ...
```

1つめの引数の--selinuxは、SELinuxのコンテキストも含めてバックアップを行うという指定です。

2つめの引数には動作オプションを指定しています。cは、アーカイブを作成（create）することを指定し、fは次の引数でアーカイブファイル名を指定することを示しています。4番目以降の引数は、バックアップするディレクトリです。例えば、/etc/以下を/tmp/etc.tarという名前のアーカイブファイルに保存するには、以下のように実行します。

■ /etc/以下を/root/etc-backup.tarに保存する場合

```
$ cd / Enter
$ sudo tar --selinux -cf /tmp/etc.tar etc Enter
```

アーカイブファイルの内容を確認するには、2つ目の引数を「-tf」とし、3つ目の引数にアーカイブファイルを指定します。

■　アーカイブファイルの確認

```
$ tar -tf /tmp/etc.tar [Enter]
etc/
etc/mtab
etc/fstab
etc/crypttab
etc/lvm/
etc/lvm/devices/
etc/lvm/devices/system.devices
etc/lvm/archive/
etc/lvm/archive/almalinux_00000-207905762.vg
etc/lvm/backup/
……
```

アーカイブファイルの内容をカレントディレクトリにリストアするには、tarコマンドを以下のように実行します。

■　アーカイブファイルの内容をカレントディレクトリにリストアする場合の指定方法

```
tar --selinux -xf アーカイブファイル名
```

アーカイブファイルの内容をリストアするため「x」オプションを指定しています。アーカイブファイルの作成や参照のときと同様、「f」オプションでファイル名を指定しています。また、SELinuxのタイプ情報も復元するため「--selinux」オプションを指定しています。例えば、先ほど保存した /tmp/etc.tarをカレントディレクトリにリストアするには、以下のように実行します。

■　/root/etc-backup.tarをカレントディレクトリにリストアする場合

```
$ cd /tmp [Enter] ——— リストア先に移動
$ sudo tar --selinux -xf /tmp/etc.tar [Enter] ——— リストア
```

ファイルシステムの保存

ファイルシステム単位のバックアップを取るには、**xfsdump**コマンドを使用します。
ファイルシステムの内容をすべてバックアップファイルに保存するには、xfsdumpコマンドを以下のように実行します。

■　ファイルシステムの内容をバックアップファイルに保存する場合の指定方法

```
xfsdump -L セッションラベル -M メディアラベル -f バックアップファイル ［ファイルシステム］
```

「-L」オプションで、セッションラベルを指定します。セッションラベルはファイルシステムのリストア時に使用します。バックアップの回数やレベル、いつ行ったといった情報を統一して指定しておくと良いでしょう。リストア時にどのファイルを使ってリストアすればよいかが、すぐわかります。

「-M」オプションでは、メディアラベルを指定します。メディアラベルにはメディアの識別情報を指定すると良いでしょう。例えば、テープデバイスを使用してファイルシステムのバックアップを行う場合には、テープに付けた名前をメディアラベルに指定しておくとわかりやすいです。

「-f」オプションでバックアップ先のファイル名を指定します。ファイルシステムのバックアップファイルは、必ず別のファイルシステム上に作成します。バックアップファイルは非常にサイズが大きくなりますので、外付けUSBハードディスク等を用意し、そこにバックアップファイルを保存することをお勧めします。

USBハードディスクの接続方法は、USBメモリと同じですので、Chapter 6を参考に設定を行います。ここでは、/backupにUSBハードディスクが接続されているものとして説明します。**[ファイルシステム]** には、「/home」のようなマウントポイントか、「/dev/mapper/almalinux-home」のようなデバイスファイルを指定します。例えば、/homeのバックアップを、/backup/home.dumpというバックアップファイルに保存するには、以下のように実行します。

■ /homeのバックアップを/backup/root.dumpに保存する場合

```
$ sudo xfsdump -L "/home level:0 2022102601" -M "number:0" -f /backup/home.dump /
dev/mapper/almalinux-home Enter
xfsdump: using file dump (drive_simple) strategy
xfsdump: version 3.1.10 (dump format 3.0) - type ^C for status and control
xfsdump: WARNING: most recent level 0 dump was interrupted, but not resuming that
dump since resume (-R) option not specified
xfsdump: level 0 dump of almalinux9b:/home
xfsdump: dump date: Wed Oct 26 09:50:06 2022
xfsdump: session id: 6295dee2-53cf-4972-a763-ddcfe9d3eb8d
xfsdump: session label: "/home level:0 2022102601"
xfsdump: ino map phase 1: constructing initial dump list
xfsdump: ino map phase 2: skipping (no pruning necessary)
xfsdump: ino map phase 3: skipping (only one dump stream)
xfsdump: ino map construction complete
xfsdump: estimated dump size: 34368 bytes
xfsdump: creating dump session media file 0 (media 0, file 0)
xfsdump: dumping ino map
xfsdump: dumping directories
xfsdump: dumping non-directory files
xfsdump: ending media file
xfsdump: media file size 25600 bytes
```

```
xfsdump: dump size (non-dir files) : 1632 bytes
xfsdump: dump complete: 0 seconds elapsed
xfsdump: Dump Summary:
xfsdump:   stream 0 /backup/home.dump OK (success)
xfsdump: Dump Status: SUCCESS
```

また、xfsdumpコマンドは、フルバックアップだけでなく、前回作成したバック
アップからの差分だけを保存することもできます。その際の使用方法は、以下のと
おりです。

■ 前回のバックアップからの差分だけを保存する場合の指定方法

```
xfsdump -l [0-9] -f バックアップファイル ファイルシステム
```

オプションには、バックアップのレベルを表す0から9までの数字と「-l」オプショ
ンを新たに指定する必要があります。レベルを指定しないか、レベルに0を指定し
た場合は、フルバックアップを行います。レベルに1以上を指定した場合は、以前
実施した、指定したレベルより低いレベルでのバックアップからの差分バックアップ
を行います。ですので、最初にレベル0でフルバックアップを取った後、レベル1、
2、…、9と、差分バックアップを9回まで行うことができます。

例えば、/に対する、レベル1の差分バックアップを/backup/home1.dumpと
いうファイルで保存するには、以下のように実行します。

■ /homeのレベル1の差分バックアップを /backup/root1.dumpに保存する場合

```
$ sudo xfsdump -l 1 -L "/home level:1 2022102601" -M "number:0" -f /backup/home1.
dump /dev/mapper/almalinux-home Enter
xfsdump: using file dump (drive_simple) strategy
xfsdump: version 3.1.10 (dump format 3.0) - type ^C for status and control
xfsdump: level 1 incremental dump of almalinux9b:/home based on level 0 dump begun
Wed Oct 26 09:50:06 2022
xfsdump: dump date: Wed Oct 26 09:52:09 2022
xfsdump: session id: b49ddc55-6d96-43e1-93bb-93f89c7592f5
xfsdump: session label: "/home level:1 2022102601"
xfsdump: ino map phase 1: constructing initial dump list
xfsdump: ino map phase 2: pruning unneeded subtrees
xfsdump: ino map phase 3: skipping (only one dump stream)
xfsdump: ino map construction complete
xfsdump: estimated dump size: 29952 bytes
xfsdump: creating dump session media file 0 (media 0, file 0)
xfsdump: dumping ino map
xfsdump: dumping directories
xfsdump: dumping non-directory files
```

```
xfsdump: ending media file
xfsdump: media file size 25000 bytes
xfsdump: dump size (non-dir files) : 1600 bytes
xfsdump: dump complete: 0 seconds elapsed
xfsdump: Dump Summary:
xfsdump:   stream 0 /backup/home1.dump OK (success)
xfsdump: Dump Status: SUCCESS
```

また、以下のように「-I」オプションを指定することで、バックアップの履歴を一覧表示することができます。

■ バックアップ履歴表示

```
$ sudo xfsdump -I Enter
file system 0:
        fs id:          ff31f44a-5d67-469e-afbc-becb0c829bd7
        session 0:
                mount point:    almalinux9:/home
                device:         almalinux9:/dev/mapper/almalinux-home
                time:           Wed Oct 26 09:47:07 2022
                session label:  "/home level:0 2022102601"
                session id:     8262f4af-62f7-428f-9759-ce3096231511
                level:          0
                resumed:        NO
                subtree:        NO
                streams:        1
                stream 0:
                        pathname:       /home/home.dump
                        start:          ino 132 offset 0
                        end:            ino 136 offset 0
                        interrupted:    NO
                        media files:    1
                        media file 0:
                                mfile index:    0
                                mfile type:     data
                                mfile size:     26256
                                mfile start:    ino 132 offset 0
                                mfile end:      ino 136 offset 0
                                media label:    "number:0"
                                media id:       185bb518-5c67-40c9-a63a-381be0390d6e
        session 2:
                mount point:    almalinux9:/home
                device:         almalinux9:/dev/mapper/almalinux-home
```

```
                time:          Wed Oct 26 09:52:09 2022
                session label: "/home level:1 2022102601"
                session id:    b49ddc55-6d96-43e1-93bb-93f89c7592f5
                level:         1
                resumed:       NO
                subtree:       NO
                streams:       1
                stream 0:
                        pathname:      /backup/home1.dump
                        start:         ino 136 offset 0
                        end:           ino 138 offset 0
                        interrupted:   NO
                        media files:   1
                        media file 0:
                                mfile index:   0
                                mfile type:    data
                                mfile size:    25000
                                mfile start:   ino 136 offset 0
                                mfile end:     ino 138 offset 0
                                media label:   "number:0"
                                media id:      1b8cd553-6432-458b-b946-1e72f6f9a6f7
xfsdump: Dump Status: SUCCESS
```

> **メモ**
>
> バックアップの取得中にファイルの内容が変更されると、ファイルの内容が正確にバックアップされない場合があります。そのため、様々なサービスが動作している状態でバックアップを取得することは好ましくありません。可能であれば、レスキューターゲットでバックアップをすることが推奨されています。

ファイルシステムのリストア

xfsdumpコマンドで作成したバックアップファイルを使用してデータをリストアするには、**xfsrestore**コマンドを使用します。最も簡単な使用方法は、以下のとおりです。

■ データのリストアの指定方法

```
xfsrestore -rf バックアップファイル リストアディレクトリ
```

これにより、指定したディレクトリに、バックアップファイルの内容をリストアします。「-r」オプションでリストア、「-f」オプションでバックアップファイル名を指定します。例えば、前述のフルバックアップファイル/backup/home.dumpおよびレ

ベル1の差分バックアップファイル/backup/home.dumpを/backup/でリストアするには、以下のように実行します。

■ /backup/root.dumpと/backup/root1.dump を /backupでリストアする場合

```
$ sudo xfsrestore -rf /backup/home.dump /backup/ Enter ──── フルバックアップのリスト
xfsrestore: using file dump (drive_simple) strategy
xfsrestore: version 3.1.10 (dump format 3.0) - type ^C for status and control
xfsrestore: searching media for dump
xfsrestore: examining media file 0
xfsrestore: dump description:
xfsrestore: hostname: almalinux9
xfsrestore: mount point: /home
xfsrestore: volume: /dev/mapper/almalinux-home
xfsrestore: session time: Wed Oct 26 09:50:06 2022
xfsrestore: level: 0
xfsrestore: session label: "/home level:0 2022102601"
xfsrestore: media label: "number:0"
xfsrestore: file system id: ff31f44a-5d67-469e-afbc-becb0c829bd7
xfsrestore: session id: 6295dee2-53cf-4972-a763-ddcfe9d3eb8d
xfsrestore: media id: 6aa1b51c-ba33-429f-b49c-f1b2f594e4da
xfsrestore: using online session inventory
xfsrestore: searching media for directory dump
xfsrestore: reading directories
xfsrestore: 2 directories and 4 entries processed
xfsrestore: directory post-processing
xfsrestore: restoring non-directory files
xfsrestore: restore complete: 0 seconds elapsed
xfsrestore: Restore Summary:
xfsrestore:    stream 0 /backup/home.dump OK (success)
xfsrestore: Restore Status: SUCCESS
$ sudo xfsrestore -rf /backup/home1.dump /backup/ Enter ──── 差分バックアップのリスト
xfsrestore: using file dump (drive_simple) strategy
xfsrestore: version 3.1.10 (dump format 3.0) - type ^C for status and control
xfsrestore: searching media for dump
xfsrestore: examining media file 0
xfsrestore: dump description:
xfsrestore: hostname: almalinux9
xfsrestore: mount point: /home
xfsrestore: volume: /dev/mapper/almalinux-home
xfsrestore: session time: Wed Oct 26 09:52:09 2022
xfsrestore: level: 1
xfsrestore: session label: "/home level:1 2022102601"
xfsrestore: media label: "number:0"
xfsrestore: file system id: ff31f44a-5d67-469e-afbc-becb0c829bd7
```

```
xfsrestore: session id: b49ddc55-6d96-43e1-93bb-93f89c7592f5
xfsrestore: media id: 1b8cd553-6432-458b-b946-1e72f6f9a6f7
xfsrestore: using online session inventory
xfsrestore: searching media for directory dump
xfsrestore: reading directories
xfsrestore: 2 directories and 6 entries processed
xfsrestore: directory post-processing
xfsrestore: restoring non-directory files
xfsrestore: restore complete: 0 seconds elapsed
xfsrestore: Restore Summary:
xfsrestore:   stream 0 /backup/home1.dump OK (success)
xfsrestore: Restore Status: SUCCESS
```

　　　　　xfsrestoreコマンドによって、カレントディレクトリの所有者、グループやセキュリ
ティコンテキストも変更されます。そのため、AlmaLinux 9/Rocky Linux 9に標
準で存在するディレクトリでは、xfsrestoreコマンドを実行しないようにしましょう。
　　　　　また、「-r」オプションの代わりに「-t」オプションを指定することで、バックアッ
プファイルの内容を出力します。

■　バックアップファイルの内容を出力する場合の指定方法

```
xfsrestore -tf バックアップファイル
```

SSL/TLS 証明書の作成

最近では、インターネットで安全な通信を行うための暗号通信技術が頻繁に使われるようになりました。SSL/TLS は、その中でも最もよく使われている暗号通信技術です。ネットワークサーバで暗号通信をサポートするためには、信用できるサーバであることを証明するための証明書が必要です。この Chapter では、証明書の作り方について解説します。

はじめての AlmaLinux 9 & Rocky Linux 9 Linux サーバエンジニア入門編

Section
19-01
SSL/TLS証明書を理解する

SSL/TLS証明書は、暗号通信で信頼できるサーバであることを証明するために使われます。証明書には、用途や必要とされる信頼度に応じていくつかの種類があります。このセクションでは、証明書の役割や種類について整理しておきましょう。

SSL/TLSと証明書

> *1 Secure Sockets Layer
>
> *2 Transport Layer Security

SSL^{*1}は、ＷＷＷサーバとブラウザとの間の通信が安全にできるようにするために開発された暗号通信技術です。SSLには、通信を暗号化する機能だけではなく、通信相手の信頼性を確認する機能も用意されていました。**TLS**^{*2}は、その技術をより発展させ、安全性を高めたものです。一般的には、SSL/TLSを総称して「SSL」と呼ぶことも多いのですが、現在主に使われているのはTLSです。

■ SSL/TLS通信の概要

例えば、ブラウザとＷＷＷサーバの間の通信の場合を見てみましょう。図19-1は、その通信の様子を図示したものです。

ブラウザとＷＷＷサーバの間の通信は、通常はHTTPと呼ばれるプロトコルで行われ、暗号化されていません。そのため、何らかの方法で通信の情報を入手することができれば、情報は丸見えになってしまいます。例えば、無料のWi-Fiネットワークの中には、情報を盗み見ることを意図して作成されているものもあるかもしれません。そうしたネットワークでは、情報を簡単に盗み見ることができてしまうのです。

図19-1 信頼できないネットワーク

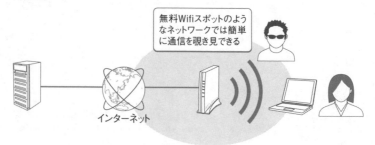

無料Wifiスポットのようなネットワークでは簡単に通信を覗き見できる

インターネット

しかし、個人情報やクレジットカードの情報を簡単に盗み見ることができては、私たちは安心してインターネットを使うことができません。そのため、通信を暗号化する必要があります。このときに使われるのがSSL/TLSという技術です。重要な情報を入力するようなページでは、SSL/TLSを使ってHTTPの通信を暗号化する

プロトコルHTTPSが使われているのです。暗号通信を行うページは、次のように
URLで区別されています。

通常のページ：http://www.example.com/
暗号通信するページ：https://www.example.com/

通常のページのURLは「http:」で始まるのに対して、暗号通信するページは
「https:」で始まるのです。

図19-2　SSL/TLSの通信手順

①httpsで通信を開始
②証明書を送付
③証明書を検査
④暗号通信を確立

ブラウザは、ユーザが「https:」で始まるページへのリンクをクリックすると、ま
ずサーバから**証明書**を取り寄せます。そして、相手のサーバが信頼できるかを検証
します。サーバの証明書が、正式な機関（**認証局**）から発行された証明書であれば、
その機関が発行するデータを元に内容が解読できるようになっているのです。

証明書が正式なものであることがわかると、ブラウザは証明書から相手サーバ
の名前などの情報を取り出して、これから通信しようとしているサーバ名（www.
example.com）と比較します。これによって、相手サーバが本当に意図している
サーバかを自動的に確認してくれるのです。

相手サーバが信頼できるものとわかったら、サーバとの間に暗号通信セッション
を作ります。このときにも、サーバの証明書の中に含まれたデータが使われます。

このように、SSL/TLSの通信においては、証明書が非常に重要な役割を果たし
ているのです。

■ 証明書を確認する

ブラウザで証明書を確認することができます。例えば、Googleの検索ページは
HTTPSでアクセスすることができます。

図19-3のように、https://www.google.co.jp/にアクセスすると、ブラウザの
URLの部分に鍵マークが表示されているのがわかります。これは、このページで
暗号通信が行われることを示しています。この鍵マークをクリックすると、ポップ
アップが表示され、接続の安全性の情報が表示されます。

図19-3　ブラウザでHTTPSページにアクセス

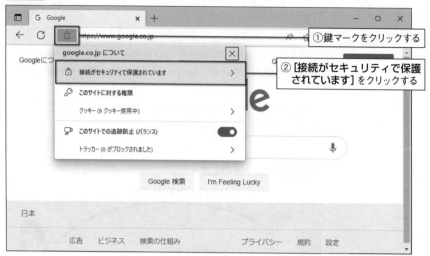

詳細な情報を見たい場合には、[**接続がセキュリティで保護されています**] をクリックします。すると、図19-4のような画面が表示されます。

図19-4　接続の安全性の情報画面

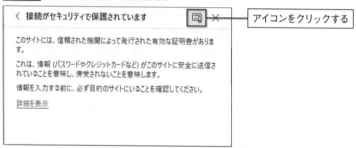

[接続がセキュリティで保護されています] の右側にあるアイコンをクリックします。すると、図19-5のような証明書ビューアーが表示されます。

図19-5 証明書ビューアー

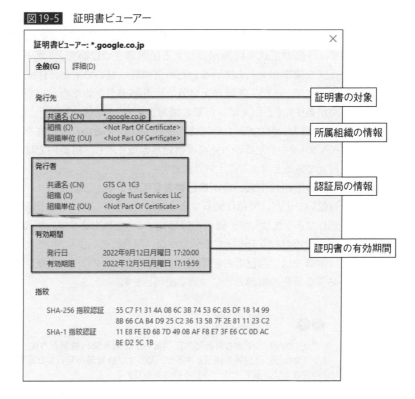

この画面を見ると、証明書が発行された対象の名称 (*.google.co.jp) などの情報がわかります。また、認証局が「GTS CA 1C3」という名前の組織であることもわかります。この画面には、証明書の有効期限 (2022年12月5日) が表示されています。証明書は定期的に更新する必要があり、更新時に発行先の組織が存在することの確認も行われているのです。

証明書の種類

SSL/TLSで使われる証明書には、発行した認証局によって次の3つの種類があります。

- グローバル証明書
- プライベート証明書
- 自己署名証明書

グローバル証明書は、正式な認証局が発行した証明書です。先ほどの図19-5の証明書は、「GTS CA 1C3」という機関が発行したグローバル証明書でした。グローバル証明書は、正式な機関が発行するため信頼性が高く、インターネット上な

どで広く使われています。しかし、取得や更新のために費用が掛かります。

これに対して、**プライベート証明書**は正式な認証局が発行していない証明書です。外部の正式な機関が発行する証明書までは必要としない場合に利用します。正式な機関が発行していないため信頼性は低いですが、作成は無料で行うことができます。ただ、認証局を自分で作る必要があるため、やや面倒であるという欠点があります。例えば、企業の情報システム部のような部門が、組織の中で使う暗号通信のためにプライベート証明書を発行するという使い方をすることができます。インターネット全体から見れば信頼度が低くても、組織内では十分に信頼できる発行元であると考えることができます。

最も信頼性が低いのが**自己署名証明書**です。認証局がサーバ自身なので信頼性は低いですが、簡単に発行することができます。サーバの信頼性の証明としての信頼性はありませんが、通信を暗号化することはできます。組織内などで、サーバの信頼性そのものを検証する必要がない場合に使います。

本書では、自己署名証明書の作成方法と、グローバル証明書を発行するために必要な情報の取得方法について説明します。

プライベート証明書も自己署名証明書も、正式な発行機関が作成したものではないため、ブラウザなどの通信先で検証をすると、知らない認証局が発行した証明書として扱われます。その場合には、警告が表示される場合があります。

Section 19-02 自己署名証明書を作成する

自己署名証明書は、最も簡単に作ることができる証明書です。サーバの信頼性の検証がそれほど重要でない時によく使われます。ここでは、自己署名証明書の作成方法について解説します。

このセクションのポイント

■1 自己署名証明書の作成には、発行対象の組織の情報やサーバ名などが必要である。
■2 パスフレーズは設定した方が安全だが、運用上は削除する場合もある。
■3 自己署名証明書の場合には、利用者が証明書を受け入れる必要がある。

証明書発行の準備

AlmaLinux 9/Rocky Linux 9には、自己署名証明書が簡単に作成できるような仕組みが用意されています。まずは、証明書発行の準備をしましょう。

証明書を発行するためのツールは/usr/share/doc/openssl/Makefile.certificateとして保管されています。これを、証明書の保管用ディレクトリである/etc/pki/tls/certsにコピーします。

```
$ sudo cp /usr/share/doc/openssl/Makefile.certificate  /etc/pki/tls/certs/Makefile Enter
```

自己署名証明書の作成

自己署名証明書を発行するには、次のような情報が必要です。発行の作業に入る前にこうした情報を決めておきましょう。

- 組織の情報
  組織名と、組織の所属する国コード（2文字）・県・市町村の英語名
- 管理者の情報
  サーバ管理者の部署名（英語名）とメールアドレス
- サーバの情報
  この証明書を使うときに使うサーバの名称
- パスフレーズ
  証明書の鍵情報を安全に管理するためのパスワード

■ 自己署名証明書の発行

自己署名証明書を発行するためには、以下のような手順で作業を行います（ここでは、www.example.comという名称で証明書を発行します）。

■ 自己署名証明書の発行手順

```
$ cd /etc/pki/tls/certs Enter ── ①作業用ディレクトリへ移動
$ sudo make www.example.com.crt Enter ── ②自己署名証明書の作成
umask 77 ; \
/usr/bin/openssl genrsa -aes128 2048 > www.example.com.key
Enter PEM pass phrase:******** Enter ── ③パスフレーズを入力
Verifying - Enter PEM pass phrase:******** Enter ── ④パスフレーズを再入力
umask 77 ; \
/usr/bin/openssl req -utf8 -new -key www.example.com.key -x509 -days 365 -out www.
example.com.crt
Enter pass phrase for www.example.com.key:******** Enter ── ⑤パスフレーズを再入力
You are about to be asked to enter information that will be incorporated
into your certificate request.
What you are about to enter is what is called a Distinguished Name or a DN.
There are quite a few fields but you can leave some blank
For some fields there will be a default value,
If you enter '.', the field will be left blank.
-----
Country Name (2 letter code) [XX]:JP Enter ── ⑥組織の存在する国コード
State or Province Name (full name) []:Aichi Enter ── ⑦組織の存在する県
Locality Name (eg, city) [Default City]:Nagoya Enter ── ⑧組織の存在する市町村
Organization Name (eg, company) [Default Company Ltd]:Example Company, LTD Enter
                                                    └── ⑨組織の名称
Organizational Unit Name (eg, section) []:Information Management Enter
                                                    └── ⑩管理者の部署
Common Name (eg, your name or your server's hostname) []:www.example.com Enter
                                                    └── ⑪サーバの名称
Email Address []:admin@example.com Enter ── ⑫管理者のメールアドレス
```

②では、makeコマンドの引数にwww.example.com.crtを指定しています。「www.example.com」は単なるファイルの名前です。最後のサフィックス（.crt）が証明書を意味しています。ファイル名は自由に変更できますが、サフィックスには必ず「.crt」を指定します。

この手順で、/etc/pki/tls/certs/にwww.example.com.keyという鍵ファイルと、www.example.com.crtという証明書のファイルが作成されます。WWWサーバやPOP/IMAPサーバに設定を行うには、この2つのファイルが必要になります。

■ パスフレーズの削除

この証明書を利用する場合には、証明書の作成時に入力したパスフレーズを入力する必要があります。WWWサーバやPOP/IMAPサーバなどで使う場合には、サービスの起動時にパスフレーズを入力する必要があります。そのため、システムを起動したときに自動的に起動することができなくなるという欠点があります。また、利用するソフトウェアによっては、パスフレーズを設定していると正しく動作しない場合もあります。そのため、パスフレーズを削除することができます。

■ パスフレーズの削除

```
$ sudo mv www.example.com.key www.example.com.key.org Enter
$ sudo openssl rsa -in www.example.com.key.org -out www.example.com.key Enter
Enter pass phrase for www.example.com.key.org:******** Enter ── パスフレーズを入力
writing RSA key
```

最初にwww.example.com.keyを作成するときに設定したパスフレーズを入力します。www.example.com.keyにパスフレーズが削除された鍵が保管されます。

> **注意**
>
> パスフレーズを削除すると、証明書を誰でも使うことができるようになってしまいます。そのため、証明書と鍵ファイルは、厳重に管理して下さい。

Section 19-03 グローバル証明書を取得する

グローバル証明書は、インターネットで広く使われていてる証明書です。入手には費用が掛かりますが、高い信頼性を手に入れることができます。ここでは、グローバル証明書を発行するために必要なCSR情報の取得方法について解説します。

このセクションのポイント

■グローバル証明書を取得するには、CSRという情報が必要である。
②CSRの作成の時にできた鍵は、認証局に渡す必要はない。
③鍵ファイルは失くさないように厳重に保管しておく。

証明書申請書の作成

グローバル証明書を発行してもらうためには、証明書の対象となる組織やサーバなどの情報を記載した申請書にあたるファイルを作成する必要があります。これは、**CSR**[*1]と呼ばれています。

*1 Certificate Signing Request

申請書を作成するために必要な情報は、自己署名証明書を発行するときに準備すべき情報とまったく同じです。そのため、CSRの作成に先立って、これらの情報を揃えておきましょう。

最初にMakefileを準備する必要があります。Section 19-02「証明書発行の準備」を参考にファイルをコピーしておきます。次に、そのMakefileを使って、次の例のようにCSRを作成します。

■ CSRの作成手順

```
$ cd /etc/pki/tls/certs [Enter] ──── ①作業用ディレクトリへ移動
$ sudo make www.example.com.csr [Enter] ──── ②自己署名証明書の作成
umask 77 ; \
/usr/bin/openssl genrsa -aes128 2048 > www.example.com.key
Enter PEM pass phrase:******** [Enter] ──── ③パスフレーズを入力
Verifying - Enter PEM pass phrase:******** [Enter] ──── ④パスフレーズを再入力
umask 77 ; \
/usr/bin/openssl req -utf8 -new -key www.example.com.key -out www.example.com.csr
Enter pass phrase for www.example.com.key:******** [Enter] ──── ⑤パスフレーズを再入力
You are about to be asked to enter information that will be incorporated
into your certificate request.
What you are about to enter is what is called a Distinguished Name or a DN.
There are quite a few fields but you can leave some blank
For some fields there will be a default value,
If you enter '.', the field will be left blank.
-----
```

```
Country Name (2 letter code) [XX]:JP Enter ──── ⑥組織の存在する国コード
State or Province Name (full name) []:Aichi Enter ──── ⑦組織の存在する県
Locality Name (eg, city) [Default City]:Nagoya Enter ──── ⑧組織の存在する市町村
Organization Name (eg, company) [Default Company Ltd]:Example Company, LTD Enter
                                                      └──── ⑨組織の名称

Organizational Unit Name (eg, section) []:Information Management Enter
                                                      └──── ⑩管理者の部署

Common Name (eg, your name or your server's hostname) []:www.example.com Enter
                                                      └── ⑪サーバの名称

Email Address []:admin@example.com Enter ──── ⑫管理者のメールアドレス


Please enter the following 'extra' attributes
to be sent with your certificate request
A challenge password []: Enter ──── ⑬Enter だけを入力
An optional company name []: Enter ──── ⑭Enter だけを入力
```

②では、makeコマンドの引数にwww.example.com.csrを指定しています。
「www.example.com」は単なるファイルの名前です。最後のサフィックス（.csr）
がCSRの作成を意味しています。ファイル名は自由に変更できますが、サフィック
スには必ず「.csr」を指定します。

⑬⑭は入力しない項目です。この項目は空にしておく必要があります。

この手順で、/etc/pki/tls/certs/にwww.example.com.keyという鍵ファイル
と、www.example.com.csrというCSRのファイルが作成されます。

注意

> 証明書の発行機関には、CSRファイルだけを送ります。鍵ファイルは、証明書が発行された
> 後に必要です。失くしてしまうと、証明書が使えなくなりますので、厳重に保管しておきます。

TECHNICAL MASTER

Index 索 引

著者紹介

株式会社デージーネット

1999年の設立当初から、Linuxやオープンソースソフトウェアを使ったシステム構築を手がける。これまで、多くのインターネットプロバイダやネットサービス向けのサーバを構築してきた。特に、オープンソースを使ったHAクラスタ、大規模メールシステムなど、ミッションクリティカルなサーバの構築を多く手がけている。また、オープンソースソフトウェアの導入や運用の課題を解決するためのコンサルティングも行ってきた。
近年は、「よりよい技術で、インターネット社会の安心と便利に貢献する」というテーマの下で、まだ日本ではあまり利用が進んでいないようなオープンソースソフトウェアを調査し紹介する活動を、積極的に行っている。また、特に最近は、Web会議システム、チャットシステム、オンラインストレージなどをセキュリティの厳しい自治体などに導入するサービスや、全文検索システム、資産管理システム、問合管理システムなど、DXを進めるためのシステムに注力している。

https://www.designet.co.jp/

著書：「Linuxで作るアドバンストシステム構築ガイド」、秀和システム、2009
　　　「CentOS 7 システム管理ガイド systemd/NetworkManager/Firewalld 徹底攻略」、
　　　秀和システム、2015
　　　「入門 LDAP/OpenLDAP ディレクトリサービス導入・運用ガイド 第3版」、
　　　秀和システム、2017

恒川 裕康（つねかわ・ひろやす）

株式会社デージーネット代表取締役社長。1990年代初めから、商用LINUXの移植業務に携わり、1995年からUNIX/Linuxを使ったISPなどのネットワーク構築業務を行う。1999年にデージーネットを設立し、代表取締役に就任。現在は、デージーネットOSS研究室が研究した様々なOSSを紹介する活動を行っている。また、IoTプラットフォームや機械学習基盤においてOSSを普及する活動にも力を入れている。また、経営のかたわらで、オープンソースソフトウェアの活用やシステム管理に関する執筆、講演活動などを行っている。

著書：「ネットワークサーバ構築ガイド」シリーズ（共著）、秀和システム、2002-2020
　　　「ドラッカーさんに教わったIT技術者が変わる50の習慣」、秀和システム、2014
　　　「ドラッカーさんに教わったIT技術者のための50の考える力」、秀和システム、2016
Email: tune1111@gmail.com

テ ク ニ カ ル マ ス タ ー
TECHNICAL MASTER
アルマリナックス
はじめてのAlmaLinux 9 &
ロッ キー リナックス
Rocky Linux 9
リナックス　　　　　　　　　　　　にゅうもんへん
Linuxサーバエンジニア入門編

| 発行日 | 2023年　2月20日 | 第1版第1刷 |

著　者　デージーネット

発行者　斉藤　和邦

発行所　株式会社　秀和システム

〒135-0016

東京都江東区東陽2-4-2　新宮ビル2F

Tel 03-6264-3105（販売）Fax 03-6264-3094

印刷所　三松堂印刷印刷株式会社

©2023 DesigNET　　　　　　　　　　　Printed in Japan

ISBN978-4-7980-6867-1 C3055